高等教育土建学科专业"十二五"规划教材
国家示范性高职院校工学结合系列教材

建筑工程施工准备

（建筑工程技术专业）

安沁丽　陈年和　主编

中国建筑工业出版社

图书在版编目（CIP）数据

建筑工程施工准备/安沁丽，陈年和主编．—北京：中国建筑工业出版社，2010.9
（高等教育土建学科专业"十二五"规划教材．国家示范性高职院校工学结合系列教材．建筑工程技术专业）
ISBN 978-7-112-12433-6

Ⅰ.①建… Ⅱ.①安…②陈… Ⅲ.①建筑工程-施工准备 Ⅳ.①TU721

中国版本图书馆 CIP 数据核字（2010）第 171521 号

本书共为 10 个单元，内容为：施工现场项目经理部的建立，施工图的自审和会审，施工进度计划的编制方法，标后施工组织设计的编制，施工现场准备，施工组织设计的贯彻实施，施工项目技术管理，施工项目进度控制，施工项目质量控制，施工项目成本控制等。

本书既可作为建筑工程技术专业、建设工程监理专业学生的教材，也可作为相关技术人员的参考用书。

责任编辑：朱首明　刘平平
责任设计：陈　旭
责任校对：张艳侠　赵　颖

高等教育土建学科专业"十二五"规划教材
国家示范性高职院校工学结合系列教材
建筑工程施工准备
（建筑工程技术专业）
安沁丽　陈年和　主编
*
中国建筑工业出版社出版、发行（北京西郊百万庄）
各地新华书店、建筑书店经销
北京嘉泰利德公司制版
廊坊市海涛印刷有限公司印刷
*

开本：787×1092毫米　1/16　印张：19½　插页：5　字数：480 千字
2010 年 9 月第一版　2016 年 2 月第六次印刷
定价：42.00 元
ISBN 978-7-112-12433-6
（19692）

版权所有　翻印必究
如有印装质量问题，可寄本社退换
（邮政编码 100037）

本系列教材编委会

主　任：袁洪志

副主任：季　翔

编　委：沈士德　王作兴　韩成标　陈年和　孙亚峰

　　　　　陈益武　张　魁　郭起剑　刘海波

序

20世纪90年代起，我国高等职业教育进入快速发展时期，高等职业教育占据了高等教育的半壁江山，职业教育迎来了前所未有的发展机遇，特别是国家启动示范性高职院校建设项目计划，促使高职院校更加注重办学特色与办学质量、深化内涵、彰显特色。我校自2008年成为国家示范性高职院校建设单位以来，在课程体系与教学内容、教学实验实训条件、师资队伍、专业及专业群、社会服务能力等方面进行了深化改革，探索建设具有示范特色的教育教学体制。

本系列教材是在工学结合思想指导下，结合"工作过程系统化"课程建设思路，突出"实用、适用、够用"特点，遵循高职教育的规律编写的。本系列教材的编者大部分具有丰富的工程实践经验和较为深厚的教学理论水平。

本系列教材的主要特点有：（1）突出工学结合特色。邀请施工企业技术人员参与教材的编写，教材内容大多采用情境教学设计和项目教学方法，所采用案例多来源于工程实践，工学结合特色显著，以培养学生的实践能力。（2）突出实用、适用、够用特点。传统教材多采用学科体系，将知识切割为点。本系列教材以工作过程或工程项目为主线，将知识点串联，把实用的理论知识和实践技能在仿真情境中融会贯通，使学生既能掌握扎实的理论知识，又能学以致用。（3）融入职业岗位标准、工作流程，体现职业特色。在本系列教材编写中根据行业或者岗位要求，把国家标准、行业标准、职业标准及工作流程引入教材中，指导学生了解、掌握相关标准及流程。学生掌握最新的知识、熟知最新的工作流程，具备了实践能力，毕业后就能够迅速上岗。

根据国家示范性建设项目计划，学校开展了教材编写工作。在编写工程中得到了中国建筑工业出版社的大力支持，在此，谨向支持或参与教材编写工作的有关单位、部门及个人表示衷心感谢。

本系列教材的付梓出版也是学校示范性建设项目成果之一，欢迎提出宝贵意见，以便在以后的修订中进一步完善。

徐州建筑职业技术学院

2010.9

前 言

本教材是应高职高专"建筑工程类专业"教学需求，为该专业建筑工程施工准备这一主要的职业岗位课程提供的适用教材，其目的是使学生系统地掌握如何根据具体的工程条件，以最优的方案解决建筑施工准备工作的问题，即如何根据拟建工程的性质和规模、施工季节和环境、工期的长短、工人的素质和数量、机械的装备程度、材料供应情况等各种技术经济条件和技术统一的全局出发，从许多可行的方案中选定最优的方案，编制可行的施工组织设计，并在施工组织设计贯彻实施的过程中，做好施工技术管理、进行成本、进度和质量控制，从而具备从事建筑工程项目组织与管理的基本能力。

本教材在编写时，坚持"以综合素质培养为基础，以能力培养为主线"原则，既注重理论知识的应用，更体现教材的实践性。本教材以单位工程的施工组织设计为项目载体，以完成项目的实际工作为学习单元，基于完成单元中的任务进行教学单元的分解和建构，并据此进行教学设计、组织和实施。本教材的课程标准与施工员职业岗位能力实现零距离对接。

本教材基于上述思路，共十单元，分别是施工项目经理部的建立、施工图的自审和会审、施工进度计划的编制、标后施工组织设计的编制、施工现场的准备、施工组织设计的贯彻实施、施工项目的技术管理、施工项目的进度控制、施工项目的质量控制和成本控制。

本书由徐州建筑职业技术学院安沁丽编写单元1、3、4、7、8、9、10，刘凤翰（南京交通职业技术学院）编写单元5，孙武编写单元2，王玮编写单元6。

本书既可作为建筑工程技术专业、建设工程监理专业学生的教材，也可作为工业与民用建筑专业本科学生及建筑施工技术人员的参考书。

建筑工程施工准备课程时刻处于动态和发展过程之中，会随着技术进步、社会发展、观念更新等的变化而变化，因此课程的开发需要在实践中不断地更新、丰富和完善。限于编者水平有限，加之时间仓促，本教材难免存在疏漏和不妥之处，恳请读者批评指正。

目 录

单元 1　施工现场项目经理部的建立
　1.1　项目经理部 ·· 002
　1.2　建筑工程项目经理 ·· 017
　1.3　组建施工队伍 ··· 024
　单元小结 ·· 026
　练习题 ··· 026

单元 2　施工图的自审和会审
　2.1　施工图的自审 ··· 028
　2.2　施工图的会审 ··· 030
　单元小结 ·· 033
　练习题 ··· 033

单元 3　施工进度计划的编制方法
　3.1　进度计划的概念及其主要作用 ··· 036
　3.2　流水施工原理与横道计划 ·· 037
　3.3　网络进度计划的编制 ··· 066
　单元小结 ·· 100
　练习题 ··· 101
　单元课业 ·· 103

单元 4　标后施工组织设计的编制
　4.1　编制说明和资料收集 ··· 108
　4.2　工程概况和施工条件 ··· 115
　4.3　施工方案的选定 ··· 117
　4.4　施工进度计划的编制 ··· 133
　4.5　单位工程施工平面图的设计 ·· 140
　4.6　施工组织设计实例 ·· 147
　单元小结 ·· 180
　练习题 ··· 180

单元课业 ………………………………………………………… 181

单元 5　施工现场准备
　　5.1　三通一平 ……………………………………………………… 187
　　5.2　临时设施搭设 …………………………………………………… 202
　　5.3　施工物资进场 …………………………………………………… 208
　　5.4　施工现场管理 …………………………………………………… 216
　　单元小结 ……………………………………………………………… 220
　　练习题 ………………………………………………………………… 221

单元 6　施工组织设计的贯彻实施
　　6.1　施工组织设计的审批与开工报告 ……………………………… 224
　　6.2　施工组织设计的实施 …………………………………………… 229
　　单元小结 ……………………………………………………………… 233
　　练习题 ………………………………………………………………… 233

单元 7　施工项目技术管理
　　7.1　施工技术管理概述 ……………………………………………… 236
　　7.2　技术管理制度 …………………………………………………… 238
　　单元小结 ……………………………………………………………… 244
　　练习题 ………………………………………………………………… 244

单元 8　施工项目进度控制
　　8.1　施工项目进度控制概述 ………………………………………… 246
　　8.2　施工项目进度计划的实施 ……………………………………… 250
　　8.3　实际进度的监测 ………………………………………………… 254
　　单元小结 ……………………………………………………………… 265
　　练习题 ………………………………………………………………… 266

单元 9　施工项目质量控制
　　9.1　工程项目质量管理概述 ………………………………………… 268
　　9.2　项目施工质量控制 ……………………………………………… 272
　　9.3　质量控制点的设置 ……………………………………………… 279
　　9.4　施工质量检查及评定 …………………………………………… 282
　　单元小结 ……………………………………………………………… 285
　　练习题 ………………………………………………………………… 286

单元 10　施工项目成本控制
　　10.1　施工项目成本控制概述 ·· 288
　　10.2　施工项目成本控制的内容 ·· 292
　　10.3　施工项目成本控制的实施 ·· 296
　　单元小结 ·· 303
　　练习题 ·· 303
参考文献 ·· 304
附图 ·· 插页

单元1
施工现场项目经理部的建立

引　言

　　施工现场项目经理部是企业临时性的基层施工管理机构，建立施工项目经理部的目的是为了使施工现场更具有生产组织功能，更好地实行施工项目管理的总目标。本章着重介绍施工项目的管理机构——项目经理部。

学习目标

　　通过本章学习，你将能够：
　　1. 根据工程项目的特点组建项目经理部
　　2. 熟悉项目经理部的运行，且能制定项目经理部的各项规章制度
　　3. 会组建施工队伍

1.1 项目经理部

学习目标
  1. 项目经理部的概念、地位和作用
  2. 项目经理部常见的组织形式

关键概念
  项目经理部、组织形式

1.1.1 项目经理部概述

施工现场设置项目经理部，有利于各项管理工作的顺利进行。因此，大中型施工项目，施工方必须在施工现场设立项目经理部，并根据目标控制和管理的需要设立专业职能部门；小型施工项目，一般也应设立项目经理部，但可简化。

1. 项目经理部的概念

项目经理部是由项目经理在企业的支持下组建并领导的进行项目管理的组织机构。项目经理部由项目经理领导，接受企业职能部门的指导、监督、检查、服务和考核，并负责对项目资源进行合理使用和动态管理。

项目经理部是施工现场管理的一次性且具有弹性的施工生产经营管理机构，随项目的开始而产生，随项目的完成而解体。

2. 项目经理部的地位

项目经理部是施工项目管理的核心，其职能是对施工项目从开工到竣工实行全过程的综合管理。施工项目完成的好坏，在很大程度上取决于项目经理部的整体素质、管理水平和工作效率。

对企业来讲，项目经理部既是企业的一个下属单位，必须服从企业的全面领导，又是一个施工项目机构独立利益的代表，同企业形成一种经济责任内部合同关系，代表企业对施工项目的各方面活动全面负责。它一方面是企业施工项目的管理层，另一方面又对劳务作业层担负着管理和服务的双重职能。对业主来讲，项目经理部是建设单位成果目标的直接责任者，是业主直接监督控制的对象。

3. 项目经理部的作用

施工项目经理部是由企业授权，并代表企业履行工程承包合同，进行项目管理的工作班子。施工项目经理部的作用有：

(1) 施工项目经理部是企业在某一工程项目上的一次性管理组织机构，由企业委任的施工项目经理领导。

(2) 施工项目经理部对施工项目从开工到竣工的全过程实施管理，对作业层负有管理和服务的双重职能，其工作质量好坏将对作业层的工作质量有重大影响。

(3) 施工项目经理部是代表企业履行工程承包合同的主体，是对最终建筑产品和建设单位全面负责、全过程负责的管理实体。

(4) 施工项目经理部是一个管理组织体，要完成项目管理任务和专业管理任务；凝聚管理人员的力量，调动其积极性，促进合作；协调部门之间、管理人员之间的关系，发挥每个人的岗位作用，为共同目标进行工作；贯彻组织责任制，搞好管理；做好项目与企业部门之间、与建设单位、施工单位、作业队、材料和构件等供货方的信息沟通工作。

1.1.2 项目经理部的设置

1. 项目经理部的设置原则

(1) 根据所选择的项目组织形式组建

不同的组织形式决定了企业对项目的不同管理方式，提供的不同管理环境，以及对项目经理授予权限的大小。同时对项目经理部的管理力量配备、管理职责也有不同的要求，要充分体现责权利的统一。

(2) 根据项目的规模、复杂程度和专业特点设置

如大型施工项目的项目经理部要设置职能部、处；中型施工项目的项目经理部要设置职能处、科；小型施工项目的项目经理部只要设置职能人员即可。在施工项目的专业性很强时，可设置相应的专业职能部门，如水电处、安装处等。项目经理部的设置应与施工项目的目标要求相一致，便于管理，提高效率，体现组织现代化。

(3) 根据施工工程任务需要调整

项目经理部是弹性的一次性的工程管理实体，不应成为一级固定组织，不设固定的作业队伍。应根据施工的进展，业务的变化，实行人员选聘进出，优化组合，及时调整，动态管理。项目经理部一般是在项目施工开始前组建，工程竣工交付使用后解体。

(4) 适应现场施工的需要设置

项目经理部人员配置可考虑设专职或兼职，功能上应满足施工现场的计划与调度、技术与质量、成本与核算、劳务与物资、安全与文明施工的需要。不应设置经营与咨询、研究与发展、政工与人事等与项目无关的部门。

(5) 应建立有益于组织运转的管理制度。

2. 施工项目经理部的设置步骤

(1) 根据企业批准的项目管理规划大纲，确定项目经理部的管理任务和组织形式。

(2) 确定项目经理部的层次，设立职能部门和工作岗位。

(3) 确定人员、职责、权限。

(4) 由项目经理根据项目管理目标责任书进行目标分解。

(5) 组织有关人员制定规章制度和目标责任考核、奖惩制度。

3. 施工项目经理部的规模

施工项目经理部的规模等级，国家尚无具体规定，结合有关企业推行施工项目管理的实际，一般按项目的性质和规模划分。只有当施工项目的规模达到以下要求时才实行项目管理：$1\times10^4 m^2$ 以上的公共建筑、工业建筑、住宅建设区及其他工程项目投资在500万元以上的，均实行项目管理。表1-1给出了试点的项目经理部规模等级的划分标准，供参考。

施工项目经理部规模等级　　　　　　表1-1

施工项目经理部等级	施工项目规模		
	群体工程建筑面积（万 m^2）	或单体工程建筑面积（万 m^2）	或各类工程项目投资（万元）
一级	15 及以上	10 及以上	8000 及以上
二级	10~15	5~10	3000~8000
三级	2~10	1~5	500~3000

建筑面积在2万 m^2 以下的群体工程，或面积在1万 m^2 以下的单体工程，按照项目经理负责制有关规定，实行栋号承包。以栋号长为承包人，直接与公司（或工程部）经理签订承包合同。

4. 施工项目经理部的部门设置和人员配置

施工项目经理部是市场竞争的核心、企业管理的重心、成本管理的中心。为此，施工项目经理部应优化设置部门、配置人员，全部岗位职责能覆盖项目施工的全方位、全过程，人员应素质高、一专多能、有流动性。项目经理部的部门设置和人员配置与施工项目的规模和类型有关，应能满足施工全过程的项目管理，成为履行合同的主体。表1-2列出了不同等级的施工项目经理部部门设置和人员配置要求，可供参考。

施工项目经理部的部门设置和人员配置参考　　　　　　表1-2

施工项目经理部等级	人数	项目领导	职能部门	主要工作
一级 二级 三级	30~45 20~30 15~20	项目经理 总工程师 总经济师 总会计师	经营核算部门	预算、资金收支、成本核算、合同、索赔、劳动分配等
			工程技术部门	生产调度、施工组织设计、进度控制、技术管理、劳动力配置计划、统计等
			物资设备部门	材料工具询价、采购、计划供应、运输、保管、管理、机械设备租赁及配套使用等
			监控管理部门	施工质量、安全管理、消防、保卫、文明施工、环境保护等

1.1.3 项目经理部的组织形式及选择

项目经理部的组织形式是指施工项目管理组织中处理管理层次、管理跨度、部门设置和上下级关系的组织结构的类型。项目经理部的组织形式多种多样,随着社会生产力水平的提高和科学技术的发展,还将不断产生新的结构。这里介绍几种典型的基本形式。

1. 直线式

如图1-1所示为直线式组织形式。

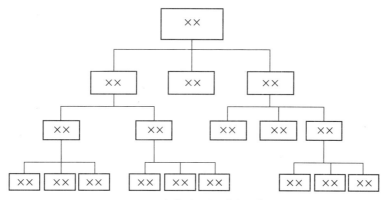

图1-1 直线式组织形式示意图

(1) 特征

直线式组织形式是一种线性组织机构,其本质就是使命令线性化,即每一个工作部门,每一个工作人员都只有一个上级。

(2) 优点

直线式组织形式具有结构简单、职责分明、指挥灵活等优点。

(3) 缺点

项目经理的责任重大,往往要求其是全能式人物。

(4) 适用范围

这种组织形式比较适合于中小型项目。

直线式组织形式要求组织结构的层次不要过多,否则会妨碍信息的有效沟通。

如图1-2所示为某施工单位项目经理部的组织结构图。

2. 直线职能式

直线职能式项目管理组织是指结构形式呈直线状且设有职能部门或职能人员的组织,每个成员(或部门)只受一位直接领导人指挥。它不同于直线式项目组织。直线职能式的组织模式见图1-3。

(1) 特征

一般都设有三个管理层次:一是施工项目经理部,负责施工项目决策管理和工作;二是施工项目专业职能管理部门,负责施工项目内部专业管理业务;三是施工项

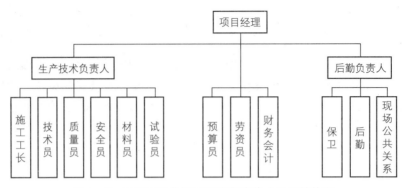

图1-2 某施工单位项目经理部直线式组织结构图

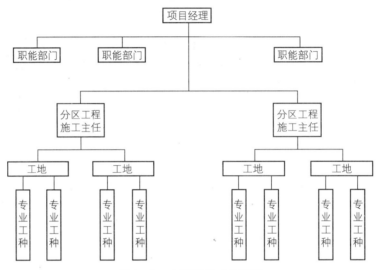

图1-3 直线职能式示意图

目的具体操作队伍,负责项目施工的具体实施。

(2) 优点

有利于实现专业化的管理和统一指挥,有利于集中各方面的专业管理力量,积累经验,强化管理。

(3) 缺点

信息传递缓慢和不容易进行适应环境变化的调整。

(4) 适用范围

这种组织形式适合于大规模综合性施工项目。

图1-4为某施工单位项目经理部直线职能式组织结构图。该工程计划配置管理人员40名。

(1) 项目决策层岗位设置及人数安排:共4人,其中项目经理、总工程师各1人,生产副经理2名,土建和安装各1人。

(2) 一般管理层设置及人数安排:共36人,其中技术部4人(技术员2人,试验计量员、资料员各1人);工程部12人(测量组4人,钢筋组5人,现场组织协调

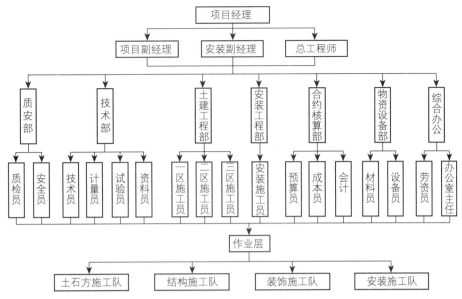

图 1-4 某施工项目经理部直线职能式组织结构图

3 人）；质安部 4 人（安全员、质检员各 2 人）；预算合约部 2 人；物资设备部 5 人（材料员 4 人，设备员 1 人）；安装部 7 人；综合办 2 人（劳资员、保安队长各 1 人）。

（3）项目经理部在土石方施工阶段、结构工程阶段、装饰工程阶段及设备安装阶段分别选用 4 支专业劳动队伍。

3. 工作队式

如图 1-5 所示为工作队式组织形式。虚线内表示项目组织。

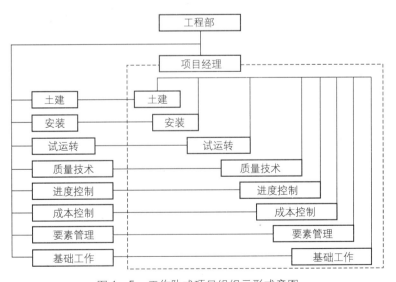

图 1-5 工作队式项目组织示形式意图

(1) 特征

1) 项目经理一般由企业任命或选拔，由项目经理在企业内招聘或抽调职能部门的人员组成项目经理部。

2）项目经理部成员在项目工作过程中，由项目经理领导，原单位领导只负责业务指导及考察，不能干预其工作或调回人员。

3）项目管理组织与项目同寿命，项目结束后项目经理部撤销，所有人员仍回原在部门和岗位。

（2）优点

1）项目经理部成员来自企业各职能部门，熟悉业务，各有专长，协同工作，能充分发挥其作用。

2）各专业人才都在现场办公，减少了扯皮和等待时间，办事效率高，解决问题快。

3）项目经理权力集中，受干扰少，决策及时，指挥灵便。

4）由于减少了项目与职能部门的结合部，项目与企业的职能部门关系弱化，易于协调关系，减少行政干预，使项目经理的工作易于展开。

5）不打乱企业的原建制。

（3）缺点

1）各类人员来自不同部门，彼此不够熟悉，难免配合不力。

2）各类人员在同一时期内所担负的管理工作任务可能有很大差别，很容易产生忙闲不均，导致人员的浪费。

3）由于项目施工一次性特点，有些人员容易产生临时观点。

4）由于同一专业人员分配于不同项目，相互交流困难，专业职能部门的优势难以发挥。

（4）适用范围

这种组织形式适合于工期要求紧的施工项目，或要求多工种、多部门密切配合的施工项目。

4. 部门控制式

如图1-6所示为部门控制式组织形式。

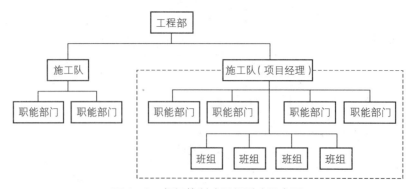

图1-6 部门控制式组织形式示意图

(1) 特征

按职能原则建立施工项目经理部，在不打乱企业现行建制的条件下，企业将施工项目委托给某一专业部门或施工队，由专业部门或施工队领导在本单位组织人员组成项目经理部，并负责实施施工项目管理。

(2) 优点

1) 人才作用发挥充分。这是因为相互熟悉的人组合，人事关系易协调。
2) 从接受任务到组织运转启动，时间短。
3) 职责明确，职能专一，关系简单。

(3) 缺点

1) 不利于精简机构。
2) 不能适应大型复杂项目或者涉及各个部门的项目，局限性较大。

(4) 适用范围

适用于小型的、专业性较强、不需涉及众多部门的项目。

5. 矩阵式

矩阵式组织形式是现代大型项目管理中应用最为广泛的新型组织形式，是目前推行项目法施工的一种较好的组织形式。如图1-7所示为矩阵式组织形式。

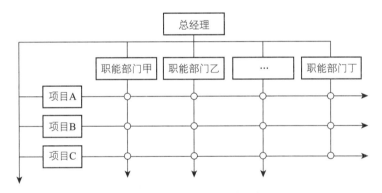

图1-7 矩阵式组织形式示意图

(1) 特征

1) 按照职能原则和对象原则结合起来建立的项目管理组织，既能发挥职能部门的纵向优势又能发挥项目组织的横向优势。

2) 企业专业职能部门是相对长期稳定的，项目管理组织是临时性的。职能部门负责人对项目组织中本单位人员负有组织调配、业务指导、业绩考察责任。项目经理将参与项目组织的职能人员在横向上有效地组织在一起，为实现项目目标协同工作。

3) 矩阵中的成员接受原单位负责人和项目经理的双重领导，但部门的控制力大于项目的控制力。

4）项目经理的工作由多个职能部门支持，项目经理没有人员包袱；但要求在横向和纵向有良好的协作配合关系，这就对整个企业和项目组织的管理水平和组织渠道的畅通提出了较高的要求。

(2) 优点

1) 兼有部门控制式和工作队式两种项目组织形式的优点，将职能原则和项目原则融为一体，取得了企业长期例行性管理和项目一次性管理的一致。

2) 打破了一个职工只接受一个部门领导的原则，大大加强了部门之间的协调，便于集中各种专业知识、技能人才，迅速完成某个工程项目，提高了管理组织的灵活性。

3) 以尽可能少的人力实现多个项目的高效管理。通过职能部门的协调，可根据项目的需求配置人才，防止人才短缺或浪费，项目组织有较好的弹性和应变能力。

(3) 缺点

1) 由于人员来自职能部门，且仍受职能部门控制，这样就影响了他们在项目上的积极性，项目的组织作用大为削弱。

2) 由于矩阵式组织的复杂性和结合部多，组织内部的人际关系、业务关系、沟通渠道等都较复杂，容易造成信息量膨胀，引起信息梗阻或失真，这就要求在协调内部关系时必须有强有力的组织措施和办法来解决。因此，项目组织的层次、职责、权限要明确划分。

3) 双重领导造成的矛盾使当事人无所适从，影响工作。

4) 在项目施工高峰期，如果管理人员身兼多职，往往难以确定管理目标的优先顺序，有时难免顾此失彼。

(4) 适用范围

1) 同时承担多个施工项目管理的企业。在这种情况下，各项目对专业技术人才和管理人员都有需求，加在一起数量较大，采用矩阵式组织可以充分利用有限的人才对多个项目进行管理，特别有利于发挥优秀人才的作用。

2) 大型、复杂的施工项目，需要多部门、多技术、多工种配合施工，在不同施工阶段，对不同人员有着不同的数量和搭配需求，宜采用矩阵式项目组织形式。

图1-8为某施工单位项目经理部矩阵式组织结构图

6. 事业部式

(1) 特征

1) 在企业内部按地区、工程类型或经营内容设立事业部，事业部对内是一个职能部门，对外则享有相对独立的经营权，可以是一个独立单位。地区事业部，可以是公司的驻外办事处，也可以是公司在外地设立的具有独立法人资格的分公司；专业事业部是公司根据其经营范围成立的事业部，如桩基础公司、装饰公司、钢结构公司等。如图1-9所示为事业部式组织形式。

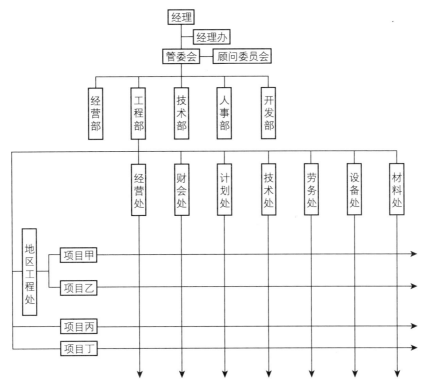

图1-8 某施工单位项目经理部矩阵式组织结构图

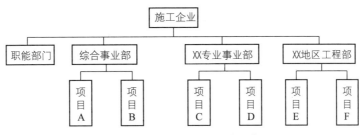

图1-9 事业部式组织形式示意图

2) 在事业部下设项目经理部。项目经理由事业部委派,一般对事业部负责,经特殊授权时,也可直接对业主负责,具体选择时可根据其授权程度决定。

(2) 优点

事业部式项目经理部能迅速适应环境变化,能充分调动发挥事业部的积极性和独立经营作用,便于延伸企业的经营职能,有利于开拓企业的经营业务领域。

(3) 缺点

事业部的独立性强,企业对项目经理部的约束力减弱,协调指导机会减少,以致有时会造成企业结构松散。因此,必须加强制度约束,加大企业的综合协调能力。

(4) 适用范围

适合大型经营型企业承包施工项目时采用,特别适用于远离企业本部的施工项目、海外工程项目。

当一个地区只有一个项目,没有后续工程时,不宜设立地区事业部,即它适用于在一个地区有长期市场或有多种专业化施工力量的企业采用。在这种情况下,事业部与地区市场寿命相同,地区没有项目时,该事业部应予以撤销。

1.1.4 项目经理部组织形式的选择

1. 对施工项目管理组织形式的选择要求

(1) 适应施工项目的一次性特点,有利于资源合理配置,动态优化,连续均衡施工。

(2) 有利于实现公司的经营战略,适应复杂多变的市场竞争环境和社会环境,能加强施工项目管理,取得综合效益。

(3) 能为企业对项目的管理和项目经理的指挥提供条件,有利于企业对多个项目的协调和有效控制,提高管理效率。

(4) 有利于强化合同管理、履约责任,有效地处理合同纠纷,提高公司信誉。

(5) 要根据项目的规模、复杂程度及其所在地与企业的距离等因素,综合确定施工项目管理组织形式,力求层次简化,责权明确,便于指挥、控制和协调。

(6) 根据需要和可能,在企业范围内,可考虑几种组织形式结合使用。如事业部制式与矩阵制式项目组织结合;工作队式与事业部制式项目组织结合;但工作队式与矩阵制式不可同时采用,否则会造成管理渠道和管理秩序的混乱。

2. 选择施工项目管理组织形式须考虑的因素

选择施工项目管理组织形式应考虑企业类型、规模、人员素质、管理水平,并结合项目的规模、性质和要求等诸因素综合考虑,作出决策。表1-3所列内容可供决策时参考。

选择施工项目管理组织形式参考因素　　　　表1-3

组织形式	项目性质	企业类型	企业人员素质	企业管理水平
直线式	·小型施工项目 ·简单施工项目	·小型建筑施工企业 ·工程任务单一的企业	·人员素质较差 ·技术力量较弱 ·项目经理能力强	·管理水平较低 ·基础工作较差
直线职能式	·大型施工项目 ·需多工种、多部门、多技术配合的项目	·大型综合建筑企业 ·实力强的企业	·人员素质较高 ·项目经理的能力强 ·专业人才较多	·管理水平高 ·管理经验丰富
工作队式	·大型施工项目 ·复杂施工项目 ·工期紧的施工项目	·大型综合建筑企业 ·项目经理能力强的建筑企业	·人员素质较高 ·专业人才多 ·技术素质较高	·管理水平较高 ·管理经验丰富 ·基础工作较强
部门控制式	·小型施工项目 ·简单施工项目 ·只涉及个别少数部门的项目	·小型建筑施工企业 ·工程任务单一的企业 ·大中型直线职能制企业	·人员素质较差 ·技术力量较弱 ·专业构成单一	·管理水平较低 ·基础工作较差 ·项目经理人员较缺

续表

组织形式	项目性质	企业类型	企业人员素质	企业管理水平
矩阵制式	·需多工种、多部门、多技术配合的项目 ·管理效率要求高的项目	·大型综合建筑企业 ·经营范围广的企业 ·实力强的企业	·人员素质较高 ·专业人员紧缺 ·有一专多能人才	·管理水平高 ·管理经验丰富 ·管理渠道畅通信息流畅
事业部制式	·大型施工项目 ·远离企业本部的项目 ·事业部制企业承揽的项目	·大型综合建筑企业 ·经营能力强的企业 ·跨地区承包企业 ·海外承包企业	·人员素质高 ·专业人才多 ·项目经理的能力强	·经营能力强 ·管理水平高 ·管理经验丰富 ·资金实力雄厚 ·信息管理先进

1.1.5 施工项目经理部的运行和解体

1. 施工项目经理部的运行原则

项目经理部的运作是公司整体运行的一部分，它应处理好与企业、主管部门、外部及其他各种关系。

（1）处理好与企业及主管部门的关系

项目经理部与企业及其主管部门的关系：一是在行政管理上，二者是上下级行政关系，又是服从与服务、监督与执行的关系；二是在经济往来上，根据企业法人与项目经理签订的"项目管理目标责任状"，严格履约，以实计算，建立双方平等的经济责任关系；三是在业务管理上，项目经理部作为企业内部项目的管理层，接受企业职能部门的业务指导和服务。

（2）处理好与外部的关系

1）协调总分包之间的关系。项目管理中总包单位与分包单位在施工配合中，处理经济利益关系的原则是严格按照国家有关政策和双方签订的总分包合同及企业的规章制度办理，实事求是。

2）协调处理好与劳务作业层之间的关系。经理部与作业层队伍或劳务公司是甲乙双方平等的劳务合同关系。劳务公司提供的劳务要符合项目经理部为完成施工需要而提出的要求，并接受项目经理部的监督与控制。同时，坚持相互尊重、支持、协商解决问题，坚持为作业层创造条件，特别是不损害作业层的利益。

3）协调土建与安装分包的关系。本着"有主有次，确保重点"的原则，统一安排好土建、安装施工。服从总进度的需要，定期召开现场协调会，及时解决施工中交叉矛盾。

4）重视公共关系。施工中要经常和建设单位、设计单位、监理单位以及政府主管行政部门取得联系，主动争取他们的支持和帮助，充分利用他们各自的优势为工程项目服务。

（3）取得公司的支持和指导

项目经理部的运行只有得到公司强有力的支持和指导，才会高水平的发挥。两者的关系应本着大公司、小项目的原则来建设。公司应是项目运行的强大后盾，由于公司的强大使项目运行不会因项目经理的水平稍低而降低水平，从而保证公司各个项目都能代表公司的整体水平。

2. 项目经理部的运行程序

建设有效的管理组织是项目经理的首要职责，它是一个持续的过程。项目经理部的运作需要按照以下程序进行：

（1）成立项目经理部。它应结构健全，包容项目管理的所有工作。选择合适的成员，他们的能力和专业知识应是互补的，形成一个工作群体。项目经理部要保持最小规模，最大可能地使用现有部门中的职能人员。

（2）项目经理的目标是要把人们的思想和力量集中起来，真正形成一个组织，使他们了解项目目标和项目组织规则，公布项目的工作范围、质量标准、预算及进度计划的标准和限制。

（3）明确和磋商经理部中的人员安排，宣布对成员的授权，指出职权使用的限制和注意问题。对每个成员的职责及相互间的活动进行明确定义和分工，使个人知道，各岗位有什么责任，该做什么，如何做，什么结果，需要什么，制定或宣布项目管理规范、各种管理活动的优先级关系、沟通渠道。

（4）随着项目目标和工作逐步明确，成员们开始执行分配到的任务，开始缓慢推进工作。项目管理者应有有效的符合计划要求的、上层领导能积极支持的工作。由于任务比预计的更繁重、更困难，成本或进度计划的限制可能比预计更紧张，会产生许多矛盾。项目经理要与成员们一起参与解决问题，共同做出决策，应能接受和容忍成员的任何不满，做导向工作，积极解决矛盾，决不能希望通过压制来使矛盾自行消失。项目经理应创造并保持一种有利的工作环境，激励成员朝预定的目标共同努力，鼓励每个人都把工作做得很出色。

（5）随着项目工作的深入，各方应互相信任，进行很好的沟通和公开的交流，形成和谐的相互依赖关系。

（6）项目经理部成员经常变化，过于频繁的流动不利于组织的稳定，没有凝聚力，造成组织摩擦大，效率低下。如果项目管理任务经常出现变化，尽管它们时间、形式不同，也应设置相对稳定的项目管理组织机构，才能较好地解决人力资源的分配问题，不断地积累项目工作经验，使项目管理工作专业化，而且项目组成员都为老搭档，彼此适应，协调方便，容易形成良好的项目文化。

（7）为了确保项目管理的需求，对管理人员应有一整套招聘、安置、报酬、培训、提升、考评计划。应按照管理工作职责确定应做的工作内容，所需要的才能和背景知识，以此确定对人员的教育程度、知识和经验等方面的要求。如果预计到由于这种能力要求在招聘新人时会遇到困难，则应给予充分的准备时间进行培训。

3. 施工项目经理部的工作内容

项目经理部的工作内容主要有如下几个方面：

1）在项目经理领导下制定《施工项目管理实施规划》及项目管理的各项规章

制度。

2）对进入项目的资源和生产要素进行优化配置和动态管理。

3）有效控制项目工期、质量、成本和安全等目标。

4）协调企业内部、项目内部以及外部各系统之间的关系，增进项目各部门之间的沟通，提高工作效率。

5）对施工项目目标和管理行为进行分析、考核和评价，对各类责任制度的执行结果实施奖罚。

4. 施工项目经理部的解体

（1）施工项目经理部解体的必要性

施工项目经理部作为一次性组织机构在施工项目目标实现后应及时解体，其解体的必要性主要体现在以下几个方面：

1）有利于企业公平公正地评价项目管理的实际效果。

2）有利于适应不同类型的施工项目对管理层的需求，便于施工项目管理层的重组和匹配。

3）有利于打破传统的管理模式，改变传统的思想观念。

4）有利于促进施工项目管理的发展和管理人才的职业化。

（2）施工项目经理解体的条件

1）工程项目已经竣工验收。工程项目已经经过建设的相关各方（包括政府建设主管部门、项目业主、监理单位、设计单位等）的联合验收确认并形成书面材料。

2）与各分包单位已经结算完毕。

3）已协助企业管理层与项目业主签订了《工程质量保修书》。

4）《施工项目管理目标责任书》已经履行完成，并经过企业管理层审计合格。

5）施工项目经理部在解体之前应与企业管理层办妥各种交接手续。

6）项目经理部在解体之前应做好现场清理工作。

施工项目经理部在完成以上工作后，进一步办理解体手续。

【工程案例】

黄河小浪底水利枢纽工程承包商的现场组织结构

黄河小浪底水利枢纽位于河南省洛阳市以北40km黄河最后一段峡谷的出口处，其开发目标是以防洪、防凌、减淤为主，兼顾供水、灌溉、发电，蓄清排浑、除害兴利，综合利用。枢纽工程由拦河主坝、泄洪排沙系统和引水发电系统组成。

小浪底工程土建工程分成三个标，分别为一标大坝工程标，承包商为以意大利英波吉罗为责任公司的黄河承包商；二标进水口、洞群、溢洪道工程标，承包商为以德国旭普林为责任公司的中德意联营体；三标发电设施标，承包商为以法国杜美兹为责任公司的小浪底联营体。小浪底工程三个国际土建标工程规模都较大，现场各承包商的组织结构设置都较为全面。下面以二标承包商的现场机构为例简要介绍承包商的组织结构。

二标承包商的现场机构如图1-10所示,现场设项目经理,项目经理下设商务、合同、设备、安全、质量、施工、技术、费用控制等部门。

商务管理机构下面设有当地和外籍人员人事部、仓库、计算机中心和后勤方面的学校、医院、食堂、超市及俱乐部等结构。商务经理主要负责人员的雇佣和管理,设备、材料的订购和运输,与银行有关的事务,外籍职员、家庭和当地劳务营地的运行和管理以及学校、医院等服务设施的管理等。

技术部的主要职责:保存和管理施工图纸;在生产部门的配合下准备"施工方法说明";准备合同进度计划并随工程进展不断更新;控制现场的施工进度并向工地经理汇报可能引起延误的各种不利因素。

合同部的主要职责:就工程条件的变化和变更向工程师提出索赔意向,负责索赔日常管理及索赔文件的准备;负责工程计量和月支付;负责管理分包商。

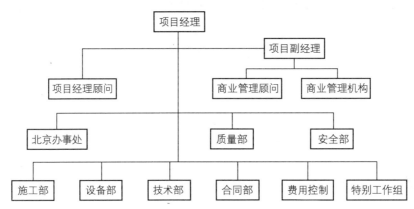

图1-10 二标段承包商现场组织机构图

费用控制部的主要职责:收集各部门、各施工项目每月的实际花费和成本,并与当月的实际收入和当月的原计划目标相比较,将比较结果递交现场经理和行政经理及总部,由高层管理人员采取相应措施控制工地的成本与支出。

设备部主要职责:负责现场所需要设备的安装、运行;负责机械的修理和维护以及生产所需的水、电、气等生产系统的提供和运行等。设备部下面设有机械维修车间,并配有电子、电工人员及各主要生产设施的值班机械师等。

施工部分为混凝土部和开挖部两部分。混凝土部分成混凝土浇筑、仓面清理、混凝土表面修补等分部和水及气供应、钢筋加工、预制厂、制冷系统、木工房及运输索道等生产附属结构。开挖部包括明挖、洞挖,公路维护、石料场和道路开挖、廊道开挖等分部。

特别工作组主要是在特大工程施工过程中出现较大技术问题、合同问题或工程实际进度与计划进度出现较大差距时,为解决这些问题而临时采用的一种特殊机构。

随着工作的进展和重点的转移,承包商的组织结构也随之发生变化。如二标承包商前期的开挖量大，又有混凝土工作，故在施工部下又分为开挖和混凝土两个部，在开挖工作基本结束后，大部分是混凝土工作，承包商又把两部合并为一部。

解析：小浪底工程二标承包商根据合同工程的特点（大部分为地下开挖工程）和员工生活需要，在现场设立了庞大的商务管理机构，其他部门的划分按照职能进行划分，因此其现场组织结构是典型的直线职能型组织。

（资料来源：王卓甫，杨高升．工程项目管理原理与案例二北京：中国水利水电出版社，2005）

【课后讨论】

1. 顶岗实习的施工单位，项目经理部采用的哪一种组织形式？说明其优缺点。
2. 地铁工程一般采用什么形式的项目组织管理机构？

1.2　建筑工程项目经理

学习目标

1. 项目经理地位、责、权、利
2. 项目部各成员的岗位职责

关键概念

项目经理、岗位职责

一个施工项目是一项一次性的整体任务，在完成这个任务的过程中，现场必须有一个最高的责任者和组织者，这就是施工项目经理。项目经理的理念和经营管理水平直接影响着项目经理部的工作效率和业绩。只有优秀睿智的项目经理领导的项目经理部，才是高效精干并具有创新开拓精神的施工项目管理责任主体。优秀的项目经理部既是企业经济效益和社会信誉的直接责任人，又是业主对项目投资的最基本保证。

1.2.1　施工项目经理与项目经理责任制

1. 施工项目经理的概念

施工项目经理是施工承包企业法定代表人在施工项目上的一次性授权代理人，是对施工项目管理实施阶段全面负责的管理者。一个称职的施工项目经理必须在政治水平、知识结构、业务技能、管理能力、身心健康等诸方面具备良好的素质。

2. 施工项目经理责任制的含义

施工项目经理责任制是指以施工项目经理为主体的施工项目管理目标责任制度。它是以施工项目为对象，以项目经理为主体，以项目管理目标责任书为依据，以求得项目产品的最佳经济效益为目的，实行从施工项目开工到竣工验收交工的施工活动以及售后服务在内的一次性全过程的管理责任制度。

3. 施工项目经理责任制的作用

(1) 建立和完善以施工项目管理为基点的适应市场经济的责任管理机制；

(2) 明确项目经理与企业、职工三者之间的责、权、利、效关系；

(3) 利用经济手段、法制手段对项目进行规范化科学化管理；

(4) 强化项目经理人的责任与风险意识，对工程质量、工期、成本、安全、文明施工等方面全面负责，全过程负责，促使施工项目高速优质低耗地全面完成。

1.2.2 施工项目经理的地位、作用及要求

1. 项目经理的地位

施工项目经理是施工项目目标的全面实现者，既要对建设单位的成果性目标负责，又要对施工企业的效率性目标负责，他的中心地位体现如下：

(1) 施工项目经理是建筑业企业法定代表人在施工项目上负责管理和合同履行的委托代理人，是施工项目实施阶段的第一责任人。从企业内部看，施工项目经理是施工项目实施过程中所有工作的总负责人，是项目动态管理的体现者，是生产要素合理投入和优化组合的组织者；从对外方面看，作为企业法定代表人的项目经理，不直接对每个项目业主负责，而是由施工项目经理在委托授权范围内对建设单位直接负责。

(2) 施工项目经理是协调各方面关系，使之相互协作、密切配合的桥梁和纽带。施工项目经理对项目管理目标的实现承担着全部责任，即合同责任，履行合同义务，执行合同条款，处理合同纠纷，受法律的约束和保护。

(3) 施工项目经理对施工项目的实施进行控制，是各种信息的集散中心。所有信息通过各种渠道汇集到施工项目经理处，施工项目经理通过对各种信息进行汇总分析，及时做出应对决策，并通过指令、计划和协议等形式，对上反馈信息，对下、对外发布信息。通过信息的集散和处理达到对施工项目进行控制的目的。

(4) 施工项目经理是施工项目责、权、利的主体。施工项目经理是项目总体的组织管理者，是项目中人、财、物、技术、信息等所有生产要素的组织管理人。他不同于技术、财务等专业的总负责人，施工项目经理必须把组织管理职责放在首位。首先，施工项目经理必须是项目实施阶段的责任主体，是项目目标的最高责任者，而且目标实现还应该不超出限定的资源条件。责任是施工项目经理责任制的核心，它构成了施工项目经理工作的压力和动力，是确定施工项目经理利益的依据。其次，施工项目经理必须是项目的权力主体，因为权力是确保施工项目经理能够承担起责任的条件与前提，所以权力的范围，必须视施工项目经理所承担的责任而定。如果没有必要的

权力，施工项目经理就无法对工作负责。最后，施工项目经理还必须是施工项目的利益主体。利益是施工项目经理工作的动力，是因施工项目经理负有相应的责任而得到的报酬，所以利益的形式及利益的大小须与施工项目经理的责任对等。如果没有相应的利益，施工项目经理就不愿承担相应的责任，也不会认真行使相应的权力，也难以处理好与施工项目经理部、国家、企业和职工之间的利益关系。

2. 项目经理的作用

项目经理在施工企业中的作用主要表现在以下几个方面：

（1）顺应企业发展方向与目标，并组织实施。

（2）建立精干高效的组织管理机构，并顺应形势与环境的变化及时做出调整。

（3）合理配置资源，将企业资金同其他生产要素有效地结合起来，使各种资源都充分发挥作用，创造更多利润。

（4）协调各方面的利害关系，包括投资者、劳动者和社会各方面的利益关系，使各得其所，调动各方面的积极性，实现企业总体目标。

3. 项目经理的要求

高素质的项目经理是施工企业立足市场谋求发展之本，是施工企业竞争取胜的重要砝码。项目经理的个性不同，爱好也不一样，但在项目管理中，对项目经理的基本要求则是相同的。这不仅是指项目经理要取得某个级别的资质证书，而且要求项目经理应具备一定的基本能力。

（1）能力要求

1）合同履约能力

现代企业的项目经理应该是履行合同的专家。项目经理应该会谈判，善谈判，会签合同，更会履行合同并在合同履行过程中依法索赔。

2）风险控制能力

做项目经理是要担风险的。一项工程不是凭口号凭决心就能建成的。建设过程本身就存在风险。施工过程要采取各种手段预防、降低和转移风险。

3）科学的组织领导能力

项目上虽有人、财、物等多种因素，但项目经理最主要的还是和人打交道，所以项目经理要发挥自己的人格魅力，用爱构筑起一个团结、和谐的战斗群体。

4）程序优化能力

任何工作都有个先后程序，要按科学的程序进行安排，要学会应用统筹法、网络计划技术等现代化的科学管理方法和手段，找出主要矛盾点，找准影响工期、质量的关键工序，制定相应措施，就一定能确保项目的工期和质量。

5）环境协调能力

现在的工地是企业面向社会的窗口，要协调处理好和顾客的关系，和竞争对手、合作伙伴的关系，和周围百姓的关系，和当地政府管理部门的关系等，这也是市场经济竞争的一方面。

6）依法维权的能力

作为一个现代企业的项目经理要学法、懂法、懂制度、懂规章。一方面避免自己犯法，另一方面也学会正确运用法律维护自己的权益和利益。

7）提炼总结能力

一个项目经理要会总结，善于总结。一个项目完成了，要把经验教训都总结出来，要经过认真思考，提炼总结出有价值的东西，以指导今后的工作。

(2) 项目经理的素质要求

1）政治素质

施工项目经理是建筑施工企业的重要管理者，应具备较高的政治素质，要求思想觉悟高、政策观念强，在施工项目管理中能认真执行党和国家的方针、政策，遵守国家的法律和地方法规，执行上级主管部门的有关决定，自觉维护国家的利益，保护国家财产，正确处理国家、企业和职工三者的利益关系。

2）领导素质

施工项目经理是一名领导者，应具有较高的组织领导工作能力，应该博学多识，通情明理；多谋善断，灵活机变；知人善任，善与人同；公道正直，以身作则；铁面无私，赏罚严明。

3）知识素质

施工项目经理应具有大中专以上相应学历和文凭，懂得建筑施工技术知识、项目管理基本知识等，还应取得住房城乡建设部认定的相应的资质证书。

4）实践经验

每个项目经理，必须具有一定的施工实践经历和按规定经过一段时间实际锻炼。

5）身体素质

施工现场生活条件和工作条件都因现场性强而相当艰苦，因此，必须具有健康的身体，以保持充沛的精力和旺盛的斗志。

1.2.3 施工项目经理责、权、利

1. 施工项目经理的职责

施工项目经理的职责主要包括两个方面：一是要保证施工项目按照规定的目标快速、优质、低耗、安全地全面完成，另一方面要保证各生产要素在授权范围内最大限度的优化配置。《建筑施工企业项目经理资质管理办法》中规定，项目经理对项目施工负有全面负责管理的责任，在承担工程项目管理过程中，履行以下职责：

(1) 贯彻执行国家和工程所在地政府的有关法律、法规和政策，执行企业的各项管理制度。

(2) 严格财经制度，加强财经管理，正确处理国家、企业与个人的利益关系。

(3) 执行项目承包合同中由项目经理负责履行的各项条款。

(4) 对工程项目施工进行有效控制，执行有关技术规范和标准，积极推广应用新技术、新工艺、新材料、新设备，确保工程质量和工期，实现职业健康安全、文明生

产，努力提高经济效益。

各施工承包企业都应制定本企业的项目经理管理办法，规定项目经理的职责，对上述的四大职责制定实施细则。

2. 施工项目经理的权限

赋予施工项目经理一定的权力是确保项目经理承担相应责任的先决条件。为了履行项目经理的职责，施工项目经理必须具有一定的权限，这些权限应由企业法人代表授予，并用制度和目标责任书的形式具体确定下来。施工项目经理在授权和企业规章制度范围内，应具有以下权限：

（1）用人决策权

施工项目经理有权决定项目管理机构班子的设置，聘任有关管理人员，选择作业队伍，对班子内的成员的任职情况进行考核监督，决定奖惩乃至辞退。当然，项目经理的用人权应当以不违背企业的人事制度为前提。

（2）财务决策权

施工项目经理应有权根据施工项目的需要或生产计划的安排，做出投资动用、流动资金周转、固定资产购置、机械设备租赁等决策，也要对项目管理班子内的计酬方式、分配方案等做出决策。

（3）进度计划控制权

根据施工项目进度总目标和阶段性目标的要求，对工程施工进度进行检查、调整，并对资源进行调配，从而对进度计划进行有效的控制。

（4）技术质量决策权

根据施工项目管理实施规划或施工组织设计，有权批准重大技术方案和重大技术措施，必要时召开技术方案论证会，把好技术决策关和质量关，防止技术上的决策失误，主持处理重大质量事故。

（5）设备、物资采购权

对采购方案、目标、到货要求，乃至对供货单位的选择、项目库存策略等进行决策，对由此而引起的重大支付问题做出决策。

3. 施工项目经理的利益

施工项目经理最终利益是项目经理行使权力和承担责任的结果，也是市场经济条件下责、权、利相互统一的具体体现。施工项目经理应享有以下利益：

（1）获得工资和奖励。

（2）项目完成后，按照《施工项目管理目标责任书》的规定，经审计后给予奖励或处罚。

（3）除上述的物质奖励外，还可获得表彰、记功等奖励。

1.2.4　项目部各成员的岗位职责

对于一些小型项目，项目经理部通常采用直线式的项目组织机构，项目经理下设技术员、施工员、质检员、安全员、材料员及资料员等，其岗位职责分工如下。

1. 技术员岗位职责

(1) 参加图纸会审,组织会审单位将会审时提出的问题及解决方法进行详细笔录,写成正式文件列入工程档案。

(2) 编制施工组织设计和施工方案,并报上一级技术主管部门审批后组织实施。

(3) 针对施工图要点、施工组织设计、质量保证措施、安全保证措施、施工顺序等施工方案及新工艺、新材料的推广应用进行技术交底,并跟踪指导检查。

(4) 隐蔽工程及分项工程和竣工验收,均应当在自检互检的基础上准备好有关资料,会同建设单位、设计单位及有关部门进行检查,验收合格办理签证手续。

(5) 每周负责组织一次由各班组长参加的质量、安全、文明施工互查工作,做好记录,提出所发现问题的整改措施,并负责实施。

(6) 深入施工现场,检查施工中技术措施和安全措施的实施情况,及时解决施工中的技术及安全问题。

2. 施工员岗位职责

(1) 在项目经理的领导下,对主管的分部分项工程施工进度和质量负责。

(2) 参加编制与贯彻单位工程的施工组织设计,制定单位工程施工方案,认真熟悉施工图纸、技术规程和工艺标准。

(3) 负责抓好施工前的准备工作,协调各工种之间的配合,合理组织、计划、安排,及时协助班组长解决存在的问题。

(4) 制定每天的施工计划,协同质检员检查班组长对当天施工的各项工程质量措施落实情况,坚持逐日认真填写施工日记。

(5) 组织施工人员学习规范标准,并检查施工技术措施的落实情况及建筑材料、构配件、半成品的质量控制情况。

(6) 经常检查施工人员执行质量、安全操作规程的情况,坚决制止违章操作蛮干行为。

(7) 强化施工质量、安全的管理,认真贯彻工程技术质量检验标准及安全规范标准,坚持循环检查制度和交接班检查制度。

3. 质检员岗位职责

(1) 熟悉图纸,了解设计要求,熟悉施工规范,技术规程,熟悉质量标准。

(2) 参加图纸会审、施工组织设计审查、施工技术措施和质量要求的交底。

(3) 做好进场材料的复检工作;制止使用不合格的原材料、半成品;制止安装无出厂合格证的机械设备。

(4) 在施工班组自检并提出自检记录的基础上配合工序、中间交接和交工验收,认真进行检查签证。

(5) 参加工程交工验收,参加质量等级评定。

(6) 参加质量事故分析、坚持事故处理"四不放过"的原则,对质量事故进行分析处理。

(7) 记好质量检查工作日记,发现质量事故的苗头,及时向有关领导和部门反映以便采取措施及时预防。

（8）协助公司推行全面质量管理，开展创优活动。

4. 安全员岗位职责

（1）在公司有关部门领导下督促项目部认真贯彻执行国家颁布的安全生产法律、法规及公司制定的安全规章制度，发现问题及时制止纠正和向领导及时汇报。

（2）指导项目生产班组安全员开展安全工作。

（3）协助有关部门做好项目部安全生产宣传教育和培训，总结和推广安全生产的先进经验，组织项目部开展经常性安全活动、安全竞赛、安全达标等。

（4）检查并指导项目部填写安全资料。

（5）负责监督检查项目安全技术措施方案及安全技术交底的落实情况。

（6）深入现场每道工序，掌握安全重点部位的情况，检查各种防护设施，制止违章指挥、冒险蛮干，执罚要以理服人，坚持原则，秉公办事。

（7）定期对施工现场的安全进行检查，做好检查记录，负责组织项目部有关人员进行安全自检评定，并督促项目部限期整改安全问题，发现安全隐患及时制止。

（8）督促项目部有关人员按规定及时分发和正确使用个人防护用具、保健食品和清凉饮料。

（9）协助有关部门做好防尘毒、防暑降温和女工保护工作。

（10）发生工伤事故，要保护好现场，及时上报公司领导，参与工伤事故的调查，不隐瞒事故情节，真实地向有关领导汇报情况。

5. 材料员岗位职责

（1）深入现场了解情况，根据施工现场生产任务需要，做好料具采购，运输供应工作。

（2）熟悉各种材料的规格和验收标准，进场材料除应有产品说明书或材料合格证外，还必经过对原材料进行试验，否则禁止使用。

（3）实行定额储备，计划用料。按施工平面堆放材料，加强对现场材料的管理和使用。

（4）掌握施工进度，做好材料的分批采购、进场工作，每月用书面向项目部汇报材料的储备情况。调查材料余缺、处理积压料具，做好废旧料具的回收和修理工作。

（5）及时掌握市场信息，搞好成本核算，提高经济效益。

6. 资料员岗位责任制

（1）保证所有与质量有关的文件和资料处于受控状态，各使用场所能获得所需文件的有效版本，防止使用失效或作废文件。

（2）负责文件的登记、标识、编目、收发、查阅、保管、复制和作废文件的处理、并做好记录、负责归档。

（3）配合质检员及时准确做好隐蔽工程检查验收记录和签证；做好质量安全事故处理调查记录和签证；负责办理分部分项工程验收的各方签证工作。

（4）负责制作和送检材料试验，及时整理检验记录和材料复验报告。

【课后讨论】

1. 担任项目经理必须具备的条件。
2. 注册建造师和项目经理的关系。

1.3 组建施工队伍

学习目标
1. 劳动力配置的要求、方法和组织形式
2. 劳务分包

关键概念
优化配置

建筑劳动力的资源通常有两种：一种是企业内部的固定工人，一种是由建筑劳务市场提供。随着建筑企业改革的深入，企业固定工人已逐渐减少，工人主要来自劳务市场。

1.3.1 劳动力的优化配置

1. 劳动力配置的要求

（1）数量合适

根据工程量的多少和合理的劳动定额，结合施工工艺和工作面的情况确定劳动者的数量，使劳动者在工作时间内满负荷工作。

（2）结构合理

劳动力在组织中的知识结构、技能结构、年龄结构、体能结构、工种结构等方面，应与所承担的生产任务相适应，满足施工和管理的需要。

（3）素质匹配

素质匹配是指劳动者的素质结构与物质形态的技术结构相匹配；劳动者的技能素质与所操作的设备、工艺技术的要求相适应；劳动者的文化程度、业务知识、劳动技能、熟练程度和身体素质等与所担负的生产和管理工作相适应。

2. 劳动力配置的方法

人力资源的高效率使用，关键在于制定合理的人力资源使用计划。企业管理部门应审核项目经理部的进度计划和人力资源需求计划，并做好下列工作：

（1）在人力资源需求计划的基础上编制工种需求计划，防止漏配。必要时根据实际情况对人力资源计划进行调整。

（2）人力资源配置应贯彻节约原则，尽量使用自有资源；若现在劳动力不能满足要求，项目经理部应向企业申请加配，或在企业授权范围内进行招募，或把任务转包出去；如现有人员或新招收人员在专业技术或素质上不能满足要求，应提前进行培训，再上岗作业。

（3）人力资源配置应有弹性，让班组有超额完成指标的可能，激发工人的劳动积极性。

（4）尽量使项目使用的人力在组织上保持稳定，防止频繁变动。

（5）为保证作业需要，工种组合、能力搭配应适当。

（6）应使人力资源均衡配置以便于管理，达到节约的目的。

3. 劳动力的组织形式

企业内部的劳务承包队，是按作业分工组成的，根据签订的劳务合同可以承包项目经理部所辖的一部分或全部工程的劳务作业任务。其职责是接受企业管理层的派遣，承包工程，进行内部核算，并负责职工培训，思想工作，生活服务，支付工人劳动报酬等。

项目经理部根据人力需求计划、劳务合同的要求，接收劳务分包公司提供的作业人员，根据工程需要，保持原建制不变，或重新组合。组合的形式有以下三种：

（1）专业班组。即按施工工艺由同一工种（专业）的工人组成的班组。专业班组只完成其专业范围内的施工过程。这种组织形式有利于提高专业施工水平，提高劳动熟练程度和劳动效率，但各工种之间协作配合难度较大。

（2）混合班组。即按产品专业化的要求由相互联系的多工种工人组成的综合性班组。工人在一个集体中可以打破工种界限，混合作业，有利于协作配合，但不利于专业技能及操作水平的提高。

（3）大包队。大包队实际上是扩大了的专业班组或混合班组，适用于一个单位工程或分部工程的综合作业承包，队内还可以划分专业班组。优点是可以进行综合承包，独立施工能力强，有利于协作配合，简化了项目经理部的管理工作。

1.3.2 劳务分包合同

项目所使用的劳动力无论是来自企业内部，还是企业外部，均应通过劳务分包合同进行管理。

劳务分包合同是委托和承接劳动任务的法律依据，是签约双方履行义务、享受权利及解决争议的依据，也是工程顺利实施的保障。劳务分包合同的内容应包括工程名称，工作内容及范围，提供劳务人员的数量、合同工期，合同价款及确定原则，合同价款的结算和支付，安全施工，重大伤亡及其他安全事故处理，工程质量、验收与保修，工期延误，文明施工，材料机具供应，文物保护，发包人、承包人的权利和义务，违约责任等。

劳务合同通常有两种形式：一是按施工预算中的清工承包；一是按施工预算或投标价承包。一般根据工程任务的特点与性质来选择合同形式。

【课后讨论】

1. 混合结构、框架结构等工程施工，劳动力采用什么样的组织形式？
2. 施工现场劳动力的数量主要根据什么来确定？

单元小结

本章详细介绍了项目经理部的组织形式、项目经理的相关内容，简要介绍了施工队伍的组建。在学习本章内容时应注意采用对比的方法：四种项目经理部组织形式的比较，还应注意借助图形理解有关内容。

练习题

1. 简述项目经理部的设置原则。
2. 项目经理部的特点是什么？
3. 项目经理部解体的条件是什么？
4. 项目经理具有哪些权限？
5. 劳动力的组织形式有几种？

单元2
施工图的自审和会审

引　言

　　一个建筑物或构筑物的施工依据就是施工图纸，学好图纸，掌握图纸内容，明确工程特点和各项技术要求，理解设计意图，是确保工程质量和工程顺利进行的重要前提。本章主要介绍施工图的自审和会审的相关内容。

学习目标

　　通过本章的学习，你将能够：
　　1. 掌握熟悉图纸和自审图纸的要求
　　2. 能编写图纸自审纪要
　　3. 掌握图纸会审的程序

2.1 施工图的自审

学习目标
1. 图纸自审的组织、要求
2. 图纸自审的内容

关键概念
图纸自审

2.1.1 熟悉图纸阶段

1. 熟悉图纸工作的组织

由施工单位该工程项目经理部组织有关工程技术人员认真熟悉图纸，了解设计意图与建设单位要求以及施工应达到的技术标准，明确工艺流程。

2. 熟悉图纸的要求

(1) 先粗后细。先看平面图、立面图、剖面图，对整个工程的概貌有一个了解，对总的长宽尺寸、轴线尺寸、标高、层高、总高有一个大体的印象。然后再看细部做法，核对总尺寸与细部尺寸、标高是否相符，门窗表中的门窗型号、规格、形状、数量是否与结构相符等。

(2) 先小后大。先看小样图，后看大样图。核对在平面图、立面图、剖面图中标注的细部做法，与大样图的做法是否相符；所采用的标准构件图集编号、类型、型号，与设计图纸有无矛盾，索引符号有无漏标之处，大样图是否齐全等。

(3) 先建筑后结构。先看建筑图，后看结构图。把建筑图与结构图互相对照，核对其轴线尺寸、标高是否相符，有无矛盾，查对有无遗漏尺寸，有无构造不合理之处。

(4) 先一般后特殊。先看一般的部位和要求，后看特殊的部位和要求。特殊部位变形缝的设置、防水处理要求和抗震、防火、保温、隔热、防尘、特殊装修等技术要求。

(5) 图纸与说明结合。在看图时对照设计总说明和图中的细部说明，核对图纸和说明有无矛盾，规定是否明确，要求是否可行，做法是否合理等。

(6) 土建与安装结合。看土建图时，有针对性地看一些安装图，核对与土建有关的安装图有无矛盾，预埋件、预留洞、槽的位置、尺寸是否一致，了解安装对土建的要求，以便考虑在施工中的协作配合。

（7）图纸要求与实际情况结合。核对图纸有无不符合现场施工实际之处，如建筑物相对位置、场地标高、地质情况等是否与设计图纸相符；对一些特殊的施工工艺、新方法施工单位能否做到等。

2.1.2 自审图纸阶段

1. 自审图纸的组织

由施工单位该项目经理部组织各工种人员对本工种的有关图纸进行审查，掌握和了解图纸中的细节；在此基础上，由总承包单位内部的土建与水、暖、电等专业，共同核对图纸，消除差错，协商施工配合事项；最后，总承包单位与外分包单位（如：桩基施工、装饰工程施工、设备安装施工等）在各自审查图纸基础上，共同核对图纸中的差错及协商有关施工配合问题。

2. 自审图纸的依据

（1）建设单位和设计单位提供的初步设计或扩大初步设计（技术设计）、施工图设计、建筑总平面图、土方数量设计和城市规划等资料文件。

（2）调查、搜集的原始资料。

（3）设计规范、施工验收规范和有关技术规定等。

3. 熟悉、审查设计图纸的目的

（1）为了能够按照设计图纸的要求顺利地进行施工，生产出符合设计要求的最终建筑产品（建筑物或构筑物）。

（2）为了能够在拟建工程开工之前，使从事建筑施工技术和经营管理的工程技术人员充分地了解、掌握设计图纸和设计意图、结构与构造特点和技术要求等。

（3）通过审查，发现设计图纸中存在的问题和错误，使其在施工开始之前改正，为拟建工程的施工提供一份准确、齐全的设计图纸。

4. 审查图纸的内容

（1）审查拟建工程的建设地点与建筑总平面图同国家、城市或地区规划是否一致，以及建筑物或构筑物的设计功能和使用要求是否符合环境保护、防火及低碳节能的要求。

（2）审查设计图纸是否完整齐全以及设计图纸和资料是否符合国家有关工程建设的设计、施工方面的方针和政策。

（3）审查建筑图与其他结构图、设备图在几何尺寸、坐标、标高、说明等方面是否一致，技术要求是否正确。

（4）审查地基处理与基础设计同拟建工程地点的工程地质和水文地质等条件是否一致，以及建筑物或构筑物与原地下构筑物及管线之间有无矛盾。深基础的基坑支护及降水方案是否可靠，材料设备能否解决。

（5）明确拟建工程的结构形式和特点，审查设计图纸中的形体复杂、施工难度大和技术要求高的分部分项工程或新结构、新材料、新工艺，在施工技术和管理水平上能否满足质量和工期要求，选用的材料、构配件、设备等能否解决。

（6）审查工业项目的生产工艺流程和技术要求，掌握配套投产的先后次序和相互关系，检查设备安装图纸与其相配合的土建施工图纸在坐标、标高上是否一致，检查土建施工质量是否满足设备安装的要求。

（7）明确建设期限，分期分批投产或交付使用的顺序和时间、工程所用的主要材料、设备的数量、规格、货源和供货日期。

（8）明确建设单位、设计单位和施工单位等之间的协作配合关系，以及建设单位可以提供的施工条件。

（9）审查设计是否考虑了施工的需要，比如相关结构构件的承载力、刚度和稳定性是否满足设置内爬、附着、固定式塔式起重机等使用的要求。

【实训】

给定学生一套完整框架结构施工图纸，学生分组进行图纸的自审，并记录下相关问题。

【课后讨论】

1. 砖混结构图纸自审的要点是什么？
2. 框架结构图纸自审的要点是什么？

2.2 施工图的会审

学习目标

1. 图纸会审的程序
2. 现场签证

关键概念

图纸会审

2.2.1 图纸会审的组织、程序及要求

1. 图纸会审的组织

一般工程的图纸会审应由建设单位组织并主持会议，设计单位交底，施工单位、监理单位参加。重点工程或规模较大及结构、装修较复杂的工程，如有必要可邀请各主管部门、消防及有关的协作单位参加。

2. 图纸会审的程序

图纸会审时，首先由设计单位的工程主要设计人员向与会者说明拟建工程的设计

依据、意图和功能要求,并对特殊结构、新材料、新工艺和新技术提出设计要求;然后施工单位根据自审记录以及对设计意图的了解,提出对设计图纸的疑问和建议;最后在统一认识的基础上,对所探讨的问题逐一地做好记录,形成"图纸会审纪要",由建设单位正式行文,参加单位共同会签、盖章,作为与设计文件同时使用的技术文件和指导施工的依据,以及建设单位与施工单位进行工程结算的依据。

3. 图纸会审的要求

图纸会审应填写图纸会审记录,由建设、监理、设计和施工四方共同签字、盖章,作为指导施工和工程结算的依据。图纸会审记录见表2-1。

图纸会审记录　　　　　　　　　　表2-1

工程名称		日期	年　月　日	
时　间		地点		
序　号	提出的图纸问题		图纸修订意见	设计负责人
各单位项目负责人签字	建设单位		(建设单位公章)	
	设计单位			
	监理单位			
	施工单位			

2.2.2 现场签证阶段

在拟建工程施工的过程中,如果发现施工的条件与设计图纸的条件不符,或者发现图纸中仍然有错误,或者因为材料的规格、质量不能满足设计要求,或者因为施工单位提出了合理化建议,需要对设计图纸进行修订时,应遵循技术核定和设计变更的签证制度,进行图纸的施工现场签证。如果设计变更的内容对拟建工程的规模、投资影响较大时,要报请项目的原批准单位批准。在施工现场的图纸修改、技术核定和设计变更资料，都要有正式的文字记录，归入拟建工程施工档案，作为指导施工、竣工验收和工程结算的依据。设计变更、洽商记录见表2-2。图2-1为某工程设计变更流程图。

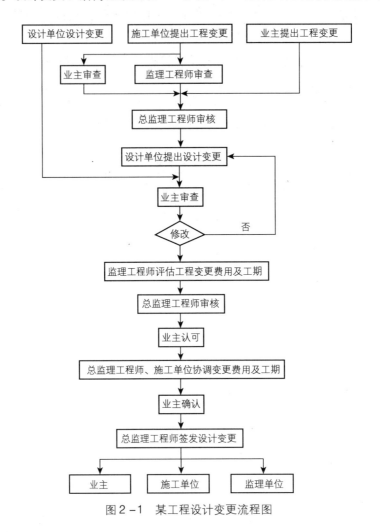

图2-1 某工程设计变更流程图

设计变更、洽商记录　　　　　　　　　表2-2

工程名称		时间	年　月　日
内容：			

续表

施工单位	项目经理：	建设或监理单位	专业技术人员： （专业监理工程师）	设计单位	专业设计人员：
	技术负责人：				
	专职质检员：		项目负责人： （总监理工程师）		项目负责人：

【实训】

小组各成员采用角色扮演法，分别模拟建设单位代表，施工单位技术负责人，设计人员及监理单位人员进行图纸的会审，解答图纸自审时提出的问题，并形成图纸会审纪要。

【课后讨论】

1. 监理单位在图纸会审过程中的作用？
2. 设计人员没有签字的会审纪要具有法律效力吗？

单元小结

本章主要介绍了两部分内容：图纸的自审和会审，通过本章的学习，学生应该掌握审查图纸的内容，重点掌握施工图的会审程序。

练习题

1. 简述图纸会审的程序。
2. 简述审查图纸的内容。

单元3
施工进度计划的编制方法

引 言

施工进度计划是施工组织设计的重要内容之一,是指导施工的直接依据,其计划过程主要解决施工项目的进度安排和资源配置问题。进度计划的表达方法有两种:横道计划和网络计划。本章将主要介绍进度计划编制的相关内容。

学习目标

通过本章的学习,你将能够:

1. 根据工程条件组织流水施工
2. 编制横道图进度计划
3. 编制网络图进度计划
4. 计算双代号网络图的时间参数

3.1 进度计划的概念及其主要作用

学习目标

掌握进度计划的作用

关键概念

进度计划

3.1.1 进度计划的概念

进度计划是对施工项目实施过程所需开展的相关施工过程在实施时间和资源配置方面的事先安排。

对施工活动实施时间的事先安排，其实就是选择施工项目实施进度的过程，其主要内容通常是根据施工承包合同对施工项目总工期的要求，通过对组成施工项目的一系列施工活动进行逻辑分析，进而计算这些施工活动的开始、结束和延续时间，在此基础上，确定施工项目的计划进度。

对施工活动资源配置的事先安排，其实就是为施工项目的实施选择所需资源的过程，其主要内容通常是根据资源可获得性的限制，在明确施工技术和组织方法的基础上，选择具体资源并计算相应的需求数量，在此基础上，确定施工项目实施过程不同时间阶段上的资源需求强度。

3.1.2 进度计划的主要作用

进度计划能全面地反映施工过程所包括不同施工活动和相应资源需求在时间上的分布情况，这种分布情况正是施工项目的管理者在组织施工和实施控制时所必需的。

1. 进度计划是辅助决策的有效工具

影响施工项目实施效果的因素多种多样，且这些因素之间也相互影响，相应的，为提高施工项目实施效果所做的决策工作也必将是一种系统化的过程。由于进度计划过程是对计划目标以及影响计划目标的共同因素进行选择、评估，并在权衡利弊的基础上做出决定的过程，所以进度计划是实现系统化决策的辅助决策工具。

2. 进度计划是组织施工的路标

进度计划向包括项目经理到专业生产班组在内的所有项目参与者提供了明确的工作目标，只有在这种目标的指引下，不同的项目参与者才能协调一致地从事相应的施工作业。

3. 进度计划是施工项目成本估算的直接依据

在施工过程中使用劳动力、机械设备以及分包商的费用是施工项目成本的重要组成部分。在成本估算的实践中，这些费用通常是在进度计划提供相应资源和材料需求数量的基础上进行估算的。从这个意义上讲，进度计划是施工项目成本估算的直接依据。

4. 进度计划是实施控制的依据

对施工项目实施控制的主要目的是确保施工过程能按照计划的要求向前推进。为此，必须以进度计划为评判标准，通过跟踪施工项目的实施效果，并定期与计划目标相对比，及时发现偏差并采取相应措施予以纠正。

【课后讨论】
1. 工程中常用的进度计划的形式是哪一种？
2. 实际施工的过程中，计划进度和实际进度合拍吗？简述原因。

3.2 流水施工原理与横道计划

学习目标

1. 识读横道计划
2. 选择合理的施工组织方式并组织施工
3. 绘制横道计划并统计资源需要量

关键概念

流水施工、时间参数

横道图又称甘特图（Gantt chart），是一种最直观的表示工作计划和进度的图示方法，也是建筑工程中安排施工进度计划和组织流水施工常用的一种表达方式。

横道图的形式基本形式如附图 1 所示。它以横向表示时间进度，纵向表示施工过程，以活动所对应的横道位置表示活动的起始时间，横道的长短表示活动持续时间的长短。它实质上是图和表的结合形式。如在横道图中加入各活动的工程量、机械需要量、劳动力需要量等，使横道图所表示内容更加丰富。

3.2.1 流水施工的基本概念

流水施工方法是组织施工的一种科学方法。建筑工程的流水施工与工业企业中采用的流水线生产极为相似，不同的是，工业生产中各个工件在流水线上，从前一工序向后一工序流动，生产者是固定的；而在建筑施工中各个施工对象都是固定不动的，专业施工队伍则由前一施工段向后一施工段流动，即生产者是移动的。

3.2.1.1 建筑工程施工组织的方式

任何一个施工项目都是由许多施工过程组成的，而每一个施工过程可以组织一个或多个施工班组来进行施工。对应于相同的施工任务，采用不同的方法组织施工，其施工过程对资源的需求是不同的，在编制进度计划时，必须以既定的施工组织方法为前提。通常，施工组织方式有三种，即依次施工、平行施工和流水施工。

【例 3-1】有三幢相同的砖混结构房屋的基础工程，其施工过程划分、班组人数及工种构成、各施工过程的工程量、完成每幢房屋一个施工过程所需时间等信息，见表 3-1。

每幢房屋基础工程的施工过程及劳动量　　　　表 3-1

施工过程	劳动量/工日	人数	工作班制	施工天数	班组工种
基槽挖土	30	15	1	2	普工
混凝土垫层	20	20	1	1	普工、混凝土工
钢筋混凝土基础	90	30	1	3	普工、混凝土工
基槽回填土	15	15	1	1	普工

根据上述条件，按三种施工组织方式加以比较分析。

1. 依次施工组织方式

依次施工也称顺序施工。即一幢房屋基础工程各施工过程全部完成后，再施工第二幢，依次完成每幢施工任务。这种施工组织方式的施工进度安排，如图 3-1 所示。图下为它的劳动力动态变化曲线，其纵坐标为每天施工班组人数，横坐标为施工进度（天）。将每天各投入施工的班组人数之和连接起来，即可绘出劳动力动态变化曲线。

依次施工的组织，还可以采取依次完成每幢房屋的第一个施工过程后，再开始第二个施工过程的施工任务，依次完成最后一个施工过程的施工任务。其施工进度安排见图 3-2。按施工过程依次施工所需总时间与按幢依次施工相同，但每天所需的劳动力不同。

由图 3-1 和图 3-2 可以看出，依次施工组织方式的优点是每天投入的劳动力较少，机具使用不集中，材料供应较单，施工现场管理简单，便于组织和安排。依次施工组织方式的缺点如下：

（1）由于没有充分地利用工作面去争取时间，工期长；

（2）若按专业成立工作队，各专业工作队不能连续施工，有时间间歇，劳动力和物资使用不均衡；如图 3-1，基槽挖土的工作队在第一施工段基槽挖土工作结束后，需间隔 5 天才开始施工第二段的挖土工作。

（3）若成立混合工作队，则不能实现专业化施工，不利于改进工人的操作方法和施工机具，不利于提高工程质量和劳动生产率；

（4）单位时间内投入的资源量比较少，有利于资源供应的组织；

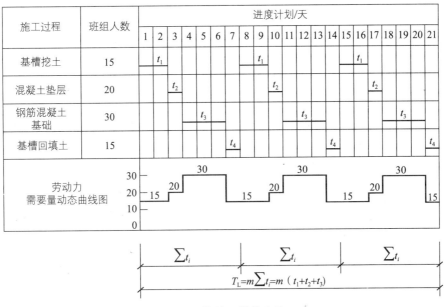

图 3-1 按施工段依次施工

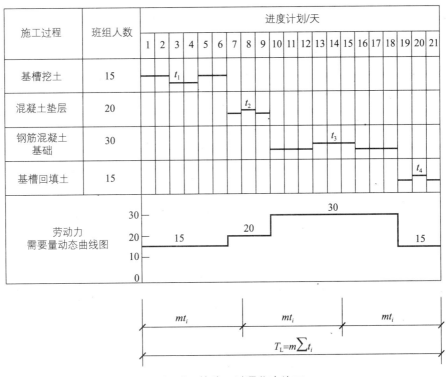

图 3-2 按施工过程依次施工

(5) 施工现场的组织、管理比较简单。

由此可见，采用依次施工不但工期拖得较长，而且在组织安排上也不尽合理。当工程规模比较小，施工工作面又有限时，依次施工是适用的，也是常见的。

2. 平行施工组织方式

平行施工组织方式是全部工程任务的各施工段同时开工、同时完成的一种施工组织方式。在例 3-1 中，如果采用平行施工组织方式，其施工进度计划如图 3-3 所示。

由图 3-3 可以看出，平行施工组织方式具有以下特点：

（1）充分利用了工作面，争取了时间，工期缩至最短；

（2）若按专业成立工作队，各专业工作队不能连续施工，短期内完成任务后，可能有时间间歇，劳动力和物资使用不均衡；

（3）若成立混合工作队，则不能实现专业化施工，不利于改进工人的操作方法和施工机具，不利于提高工程质量和劳动生产率；

（4）单位时间内投入施工的资源量成倍增长，现场临时设施也成倍增加，不利于资源供应工作。

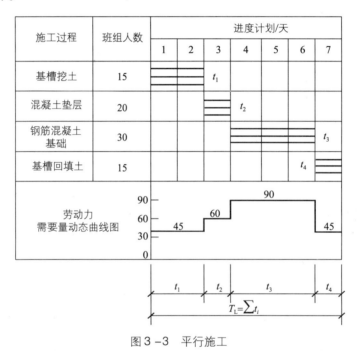

图 3-3 平行施工

（5）施工现场组织、管理较复杂，工程施工的积极效果不良。

平行施工一般适用于工期短的小规模工程。

3. 流水施工组织方式

流水施工是将各工程对象划分为若干施工过程，每个施工过程的施工班组从第一个工程对象开始，连续地、均衡地、有节奏地一个接一个，直至完成最后一个工程的施工任务。不同的施工过程，按照工程的施工工艺要求先后相继投入施工，并尽可能相互搭接平行施工。在例 3-1 中，采用流水施工组织方式，其施工进度计划如图 3-4 所示。

图 3-4 所示的流水施工组织方式，还没有充分利用工作面，例如：第一个施工段基槽挖土，直到第二个施工段挖土后，才开始垫层施工，中间间隔了 3 天浪费了第一段挖土完成后的工作面等。

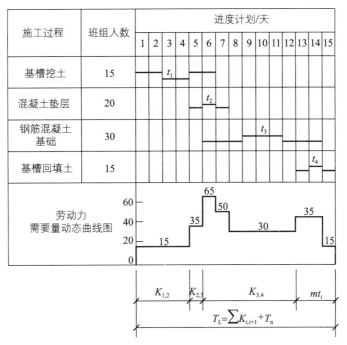

图 3-4 流水施工(全部连续)

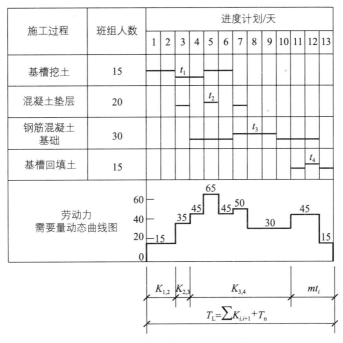

图 3-5 流水施工(部分间断)

为了充分利用工作面,可按图 3-5 所示组织方式进行施工,工期比图 3-4 所示流水施工减少了 2 天。其中,垫层施工队组虽然做间断安排(回填土施工班组不论间断还是连续施工对总工期没有影响),但在一个分部工程若干个施工过程的流水施工组织中,只要安排好主要的施工过程,即工程量大、作业持续时间较长者(本例为钢筋混凝土基础），组织它们连续、均衡地流水施工；而非主要的施工过程，在有利于缩短工期的情况下，可安排其间断施工，这种组织方式仍认为是流水施工的组织方式。

流水施工组织方式具有以下特点：

（1）科学地利用了工作面，争取了时间，工期比较短；

（2）工作队及其工人实现了专业化施工，可使工人的操作技术熟练，更好地保证工程质量，提高劳动生产率；

（3）各专业施工队能够连续作业，使相邻的专业工作队之间最大限度地、合理搭接；

（4）单位时间内投入施工的资源量较为均衡，有利于资源供应的组织；

（5）为文明施工和进行现场的科学管理创造了有利条件。

3.2.1.2 流水施工的技术经济效果及条件

1. 技术经济效果

流水施工在工艺划分、时间排列和空间布置上统筹安排，必然会给工程项目施工带来显著的经济效果，具体可归纳为以下几点：

（1）利于提高劳动生产率。流水施工进入各施工过程的班组专业化程度高，为工人提高技术水平和改进操作方法及革新生产工具创造了有利条件，因而促进劳动生产率不断提高和工人劳动条件的改善，同时使工程质量容易得到保证和提高。

（2）充分发挥施工机械和劳动力的生产效率。流水施工时，各专业工作队按预先规定时间，完成各个施工段的任务，施工组织合理，没有窝工现象，增加了有效劳动时间。在有节奏、连续、均衡地流水施工中，可以保证施工机械和劳动力得到充分、合理利用。

（3）利于施工工期缩短。流水施工能合理地、充分地利用工作面，争取时间，加速工程的施工进度，从而有利于缩短工期。

（4）降低工程成本，提高综合经济效益。流水施工劳动力和物资消耗均衡，加速了施工机械、架设工具等的周转使用次数，而且可以减少现场临时设施，从而节约施工费用。

2. 组织流水施工的条件

流水施工的实质是分工协作与成批生产。在社会化大生产的条件下，分工已经形成，由于建筑产品体形庞大，通过划分施工段就可将单件产品变成假想的多件产品。组织流水施工的条件主要有以下几点：

（1）划分施工段

根据组织流水施工的需要，将拟建工程尽可能地划分为劳动量大致相等的若干个施工段（区），也可称为流水段（区）。

每一个段（区），就是一个假定"产品"。建筑工程组织流水施工的关键是将建筑单件产品变成多件产品，以便成批生产。由于建筑产品体形庞大，通过划分施工段（区）就可将单件产品变成"批量"的多件产品，从而形成流水作业的前提。没有

"批量"就不可能也没必要组织任何流水作业。

（2）划分分部分项工程

首先，将拟建工程根据工程特点及施工要求，划分为若干个分部工程，每个分部工程又根据施工工艺要求、工程量大小、施工队组的组成情况，划分为若干施工过程（即分项工程）。

（3）每个施工过程组织独立的施工队组

在一个流水组中，每个施工过程尽可能组织独立的施工队组，其形式可以是专业队组，也可以是混合队组，这样可以使每个施工队组按照施工顺序依次地、连续地、均衡地从一个施工段转到另一个施工段进行相同的操作。

（4）主要施工过程必须连续、均衡地施工

对工程量较大、施工时间较长的施工过程，必须组织连续、均衡地施工，对其他次要施工过程，可考虑与相邻的施工过程合并或在有利于缩短工期的前提下，可安排其间断施工。

（5）不同的施工过程尽可能组织平行搭接施工

按照施工先后顺序要求，在有工作面的条件下，除必要的技术和组织间歇时间外，尽可能组织平行搭接施工。

3.2.2　流水施工参数

流水施工参数是指组织流水施工时，为了表示各施工过程在时间上和空间上相互依存，引入一些描述施工进度计划图特征和各种数量关系的参数。按其性质的不同，一般可分为工艺参数、空间参数和时间参数三种。

1. 工艺参数

在组织流水施工时，用以表达流水施工在施工工艺上开展顺序及其特征的参数，称为工艺参数。通常，工艺参数包括施工过程和流水强度。

（1）施工过程

1）施工过程的分类

在工程项目施工中，施工过程所包含的施工范围可大可小，既可以是分项工程，也可以是分部工程，还可以是单位工程。根据工艺性质不同，它可以分为制备类、运输类和砌筑安装类三种施工过程。

制备类施工过程，为了提高建筑产品工厂化、装配化、机械化水平和生产能力而形成的施工过程，都是制备类施工过程，如各种混凝土预制构件、各类门窗的生产等。它们不占用施工对象的时间，不影响总工期，因此在施工进度计划图上多不显示（若在工地制作可列入施工计划）。

运输类施工过程是从建筑工地以外将建筑材料、半成品、构件等运到工地仓库、施工现场或加工现场的过程。它一般不占用施工对象的空间，不影响总工期，它只是依附主导施工过程而展开，通常也不列入施工进度计划图中，只有当其占用施工对象的施工时间影响总工期时，方才考虑列入计划。

安装、砌筑类施工过程是直接在施工对象上进行加工生产，最后形成建筑产品的施工过程。它占用时间、空间，影响总工期，所以是编制施工进度计划的主要内容，没有它，施工进度计划也就无从谈起了。如建筑工程的基础、墙身的砌筑作业、混凝土预制构件的安装作业、混凝土浇筑作业等，它们的完成直接形成工程主体。

砌筑安装类施工过程，按其在工程项目过程中的作用、工艺性质和复杂程度不同，可分为主导施工过程和穿插施工过程、连续施工过程和间断施工过程、复杂施工过程和简单施工过程。上述施工过程的划分，仅是从研究施工过程某一角度考虑的。事实上，有的施工过程既是主导的，又是连续的，同时还是复杂的施工过程。因此，在编制施工进度计划时，必须综合考虑施工过程的几个方面的特点，以便确定其在进度计划中的合理位置。

2) 施工过程数

施工过程数是指参与一组流水的施工过程数目，以符号"n"表示。划分施工过程时应考虑以下因素：

A. 施工计划的性质与作用

控制性的施工计划，其施工过程划分可粗些，一般划分至单位工程或分部工程。实施性施工计划，其施工过程划分可细些、具体些，一般划分至分项工程。对月度作业性计划，有些施工过程还可分解为工序，如安装模板、绑扎钢筋等。

B. 施工方案及工程结构

施工过程的划分与工程的施工方案及工程结构形式有关。如厂房的柱基础与设备基础挖土，如同时施工，可合并为一个施工过程，若先后施工，可分为两个施工过程。承重墙与非承重墙的砌筑也是如此。砖混结构、大墙板结构、装配式框架与现浇钢筋混凝土框架等不同结构体系，其施工过程划分及其内容也各不相同。

C. 劳动组织及劳动量大小

施工过程的划分与施工队组的组织形式有关。如现浇钢筋混凝土结构的施工，如果是单一工种组成的施工班组，可以划分为支模板、扎钢筋、浇混凝土三个施工过程；同时为了组织流水施工的方便或需要，也可合并成一个施工过程，这时劳动班组的组成是多工种混合班组。施工过程的划分还与劳动量大小有关。劳动量小的施工过程，当组织流水施工有困难时，可与其他施工过程合并。

D. 施工过程内容和工作范围

施工过程的划分与其内容和范围有关。如直接在施工现场与工程对象上进行的劳动过程，可以划入流水施工过程，如安装砌筑类施工过程等；而场外劳动内容可以不划入流水施工过程，如部分场外制备和运输类施工过程。

综上所述，施工过程的划分既不能太多、过细，那样将给计算增添麻烦，重点不突出；也不能太少、过粗，那样将过于笼统，失去指导作用。

(2) 流水强度

流水强度是指某施工过程在单位时间内所完成的工程量，一般以 V_i 表示。

1) 机械操作的流水强度

$$V_i = \sum_{i=1}^{x} R_i S_i \qquad (3-1)$$

式中 V_i——某施工过程 i 的机械操作流水强度;

R_i——投入施工过程 i 的某种施工机械台数;

S_i——投入施工过程 i 的某种施工机械产量定额;

x——投入施工过程 i 的施工机械种类数。

2) 人工操作的流水强度

$$V_i = R_i S_i \qquad (3-2)$$

式中 R_i——投入施工过程 i 的工作队人数;

S_i——投入施工过程 i 的工作队平均产量定额;

V_i——某施工过程 i 的人工操作流水强度。

2. 空间参数

在组织流水施工时,用以表达流水施工在空间布置上所处状态的参数,称为空间参数。空间参数主要有:工作面、施工段和施工层。

(1) 工作面

某专业工种的工人在从事建筑产品施工生产过程中,所必须具备的活动空间,这个活动空间称为工作面。由于工程产品的固定性,决定了其施工过程中所能提供的工作面是有限的。它的大小是根据相应工种单位时间内的产量定额、工程操作规程和安全规程等的要求确定的。工作面过大或过小,均会制约专业生产班组生产能力的发挥,进而影响其时间生产率。根据施工过程的不同,工作面的大小可以用不同的计量单位。有关工种的工作面见表 3-2。

主要工作面参考数据表 表 3-2

工作项目	每个技工的工作面	说明
砖基础	7.6m/人	以 $1\frac{1}{2}$ 砖计,2 砖乘以 0.8,3 砖乘以 0.55
砌砖墙	8.5m/人	以 1 砖计,$1\frac{1}{2}$ 砖乘以 0.7,2 砖乘以 0.57
毛石墙基	3m/人	以 60cm 计
毛石墙	3.3m/人	以 40cm 计
混凝土柱、墙基础	8m²/人	机拌、机捣
混凝土设备基础	7m²/人	机拌、机捣
现浇钢筋混凝土柱	2.45m²/人	机拌、机捣
现浇钢筋混凝土梁	3.20m²/人	机拌、机捣
现浇钢筋混凝土墙	5m³/人	机拌、机捣
现浇钢筋混凝土楼板	5.3m³/人	机拌、机捣
预制钢筋混凝土柱	3.6m³/人	机拌、机捣
预制钢筋混凝土梁	3.6m³/人	机拌、机捣

续表

工作项目	每个技工的工作面	说　明
预制钢筋混凝土屋架	2.7m³/人	机拌、机捣
预制钢筋混凝土平板、空心板	1.91m³/人	机拌、机捣
预制钢筋混凝土大型屋面板	2.62m³/人	机拌、机捣
混凝土地坪及面层	40m²/人	机拌、机捣
外墙抹灰	16m²/人	
内墙抹灰	18.5m²/人	
卷材屋面	18.5m²/人	
防水水泥砂浆屋面	16m²/人	
门窗安装	16m²/人	

（2）施工段

施工段数和施工层数是指工程对象在组织流水施工中所划分的施工区段数目。一般把平面上划分的若干个劳动量大致相等的施工区段称为施工段，用施工段数用符号 m 表示。划分施工区段的目的，就在于保证不同的施工队组能在不同的施工区段上同时进行施工，消灭由于不同的施工队组不能同时在一个工作面上工作而产生的互等、停歇现象，为流水施工创造条件。

1）划分施工段的原则：

A. 各施工段的劳动量（或工程量）要大致相等（相差宜在15%以内），以保证各施工队组连续、均衡、有节奏地施工。

B. 施工段的数目要合理。施工段数过多势必要减少人数，工作面不能充分利用，拖长工期；施工段数过少，则会引起劳动力、机械和材料供应的过分集中，有时还会造成"断流"的现象。

C. 施工段所能提供的活动空间必须与相应专业生产班组在开展施工作业时所需的工作面相协调。

D. 要有利于结构的整体性。施工段分界线宜划在伸缩缝、沉降缝以及对结构整体性影响较小的位置。当没有结构上的自然界限可以利用时，也应将施工段的界限设置在对结构整体影响较小的部位。

E. 以主导施工过程为依据进行划分。例如在砌体结构房屋施工中，就是以砌砖、楼板安装为主导施工过程来划分施工段的。而对于整体的钢筋混凝土框架结构房屋，则是以钢筋混凝土工程作为主导施工过程来划分施工段的。

F. 当组织流水施工的工程对象有层间关系，分层分段施工时，应使各施工队组能连续施工。即施工过程的施工队组做完第一段能立即转入第二段，施工完第一层的最后一段能立即转入第二层的第一段。因此每层的施工段数必须大于或等于其施工过程数即：$m \geq n$。

2）施工段数（m）和施工过程数（n）的关系：

【例 3-2】 某局部两层的现浇钢筋混凝土结构的建筑物，主体结构工程对进度起控制性作用的施工过程为支模板、绑钢筋和浇筑混凝土，即 $n=3$，设每个施工过程在各施工段上的持续时间均为 3 天，则施工段数与施工过程数之间可能有下述三种情况：

A. 当 $m>n$ 时，设 $m=4$ 即每层分四个施工段组织流水施工时，其进度安排如图 3-6 所示。

施工层	施工过程名称	施工进度/天									
		3	6	9	12	15	18	21	24	27	30
Ⅰ	支模板	①	②	③	④						
	绑扎钢筋		①	②	③	④					
	浇混凝土			①	②	③	④				
Ⅱ	支模板					①	②	③	④		
	绑扎钢筋						①	②	③	④	
	浇混凝土							①	②	③	④

图 3-6 $m>n$ 时流水施工进度安排

从图 3-6 可以看出：当 $m>n$ 时，各专业施工队在完成第一施工层第四个施工段的任务后，能立即转入第二层支模板施工，但每层混凝土浇筑完毕后，不能立即投入支模板，即施工段有空闲，均为 3 天。但工作面的停歇并不一定有害，有时还是必要的，如可以利用停歇的时间做养护、备料、弹线等工作。

B. 当 $m=n$ 时，$m=3$ 即每层分三个施工段组织流水施工时，其进度安排如图 3-7 所示。

从图 3-7 可以看出：当 $m=n$ 时，各施工队组连续施工，施工段上始终有施工队组，工作面能充分利用，无停歇现象，也不会产生工人窝工现象，比较理想。如果采用这种方案，则要求项目管理者必须提高施工管理水平，只能前进，不能后退，不允许有任何的时间拖延。

C. 当 $m<n$ 时，设 $m=2$ 即每层分两个施工段组织施工时，其进度安排如图 3-8 所示。

从图 3-8 可以看出：当 $m<n$ 时，尽管施工段上未出现停歇，但施工队组不能及时进入第二层施工段施工而轮流出现窝工现象。如支模板工作队完成第一层的施工任务后，要停工 3 天才能进行第二层第一段的施工，其他组也同样停工 3 天。这是因为一个施工段只能给一个专业工作队提供工作面，所以在施工段数目小于施工过程数的情况下，超出施工段数的专业工作队就会因为没有工作面而停工；各施工段始终有专业工作队在施工，没有空闲。由此可见，当 $m<n$ 时，流水施工呈现出的特点是：各专业工作队在跨越施工层时，均不能连续施工而产生窝工；施工段没有空闲。这种情况对有数幢同类型建筑物的建筑群，可组织建筑物之间的大流水施工，来弥补停工现

施工层	施工过程名称	施工进度/天							
		3	6	9	12	15	18	21	24
Ⅰ	支模板	①	②	③					
Ⅰ	绑扎钢筋		①	②	③				
Ⅰ	浇混凝土				①	②	③		
Ⅱ	支模板				①	②	③		
Ⅱ	绑扎钢筋					①	②	③	
Ⅱ	浇混凝土						①	②	③

图 3-7　$m=n$ 时流水施工进度安排

施工层	施工过程名称	施工进度/天						
		3	6	9	12	15	18	21
Ⅰ	支模板	①	②					
Ⅰ	绑扎钢筋		①	②				
Ⅰ	浇混凝土			①	②			
Ⅱ	支模板				①	②		
Ⅱ	绑扎钢筋					①	②	
Ⅱ	浇混凝土						①	②

图 3-8　$m<n$ 时流水施工进度安排

象；但对组织单一建筑物的流水施工是不适宜的，应加以杜绝。

从上面的三种情况可以看出，施工段数的多少，直接影响工期的长短，而且要想保证专业工作队能够连续施工，必须满足 $m \geq n$ 要求。

应当指出，当无层间关系或无施工层（如某些单层建筑物、基础工程等）时，则施工段数不受此限制。

(3) 施工层

施工层是指在组织多层建筑物的竖向流水施工时，把建筑物垂直方向划分的施工区段称为施工层，用符号 r 表示。施工层的划分，要考虑施工项目的具体情况，根据建筑物的高度、楼层来确定，如砌筑工程的施工层高度一般为 1.2~1.5m；混凝土结构、室内抹灰、木装饰、油漆玻璃和水电安装等的施工高度，可按楼层进行施工层的划分。

3. 时间参数

在组织流水施工时，用以表达流水施工在时间排列上所处状态的参数，称为时间参数。它包括：流水节拍、流水步距、平行搭接时间、技术与组织间歇时间、流水工期。

（1）流水节拍

流水节拍是指每个专业工作队在各个施工段上完成各自的施工过程所必需的持续时间，用符号 t_i 表示（$i=1$、$2\cdots$）。

1）流水节拍的确定

流水节拍的大小反映施工速度的快慢、资源供应量的大小。因此，合理确定流水节拍，具有重要的意义。流水节拍可按下列三种方法确定：

A. 定额计算法。这是根据各施工段的工程量和现有能够投入的资源量（劳动力、机械台数和材料量等），按下式进行计算。

$$t_i = \frac{Q_i}{S_i R_i N_i} = \frac{P_i}{R_i N_i} \quad (3-3)$$

$$t_i = \frac{Q_i H_i}{R_i N_i} = \frac{P_i}{R_i N_i} \quad (3-4)$$

式中　t_i——某施工过程的流水节拍；

　　　Q_i——某施工过程在某施工段上的工程量；

　　　S_i——某施工队组的计划产量定额；

　　　H_i——某施工队组的计划时间定额；

　　　P_i——在一施工段上完成某施工过程所需的劳动量（工日数）或（机械台班量台班数），按式（3-5）计算；

　　　R_i——某施工过程的施工队组人数或机械台数；

　　　N_i——每天工作班制。

$$P_i = \frac{Q_i}{S_i} = Q_i H_i \quad (3-5)$$

在式（3-3）和式（3-4）中，S_i 和 H_i 应是施工企业的工人或机械所能达到实际定额水平。

但在按上述方法计算时尚应考虑以下几点：优先考虑一班制作业，当然它的前提条件是工程总工期允许和工艺允许，这样安排能有较多的机动时间，如偶遇计划失调可利用夜班加班，追上计划进度，为第二天正常施工创造条件；要充分考虑施工班组的劳动力最佳组合和最合理的工作面，以使其发挥最大的生产效率；要充分考虑机械的生产效率所可能安排的机械台数和机械的工作面，既使机械得以充分利用，又不会因机械台数多而危及安全施工。

B. 经验估算法。主要用于关键施工过程、施工方案等局部施工对象上，如采用新技术、新工艺、新材料、新结构等四新技术的施工项目时，无已有定额可遵循，只有借助经验、试验或相似定额，用三时估算法来估算出施工过程的持续时间。一般按下式计算：

$$t_i = \frac{a + 4c + b}{6} \quad (3-6)$$

式中　t_i——某施工过程在某施工段上的流水节拍；
　　　a——某施工过程在某施工段上的最短估算时间；
　　　b——某施工过程在某施工段上的最长估算时间；
　　　c——某施工过程在某施工段上的最可能估算时间。

C. 倒排计划法。它是某些施工对象事先已规定了完成时间的施工过程，组织流水施工时，根据已定工期，确定施工过程的持续时间和班制，再按已确定的持续时间、班制按公式（3-3）计算出施工需用劳动力人数。当然这样确定了每班劳动力数还需检查施工工作面是否满足最小要求，否则就得采取穿插作业实施搭接施工或多班制施工。

2) 确定流水节拍应考虑的因素

A. 最少人数，就是指合理施工所必需的最少劳动组合人数。如施工现场搅拌混凝土的施工活动的劳动组合必须保证上料、搅拌、运输、浇筑等施工工序的基本人员要求，否则将难于正常工作。

B. 最多人数，是指施工段上满足正常施工的情况下可容纳的最多人数。可按下式确定

最多人数 = 最小施工段上的工作面/每个工人所需最小作业面　　　　（3-7）

C. 要考虑施工机械的充分利用。

D. 要考虑各种材料、构配件等施工现场堆放量、供应能力及其他有关条件的制约。

E. 要考虑施工及技术条件的要求。例如，浇筑混凝土时，为了连续施工有时要按照三班制工作的条件决定流水节拍，以确保工程质量。

F. 确定一个分部工程各施工过程的流水节拍时，首先应考虑主要的、工程量大的施工过程的节拍，其次确定其他施工过程的节拍值。

G. 节拍值一般取整数，必要时可保留0.5天（台班）的小数值。

(2) 流水步距

流水步距是指两个相邻的两个专业施工工作队先后开始施工的合理时间间隔，用符号 $K_{i,i+1}$ 表示（i 表示前一个施工过程，$i+1$ 表示后一个施工过程）。

流水步距的大小，对工期有着较大的影响。一般说来，在施工段不变的条件下，流水步距越大，工期越长；流水步距越小，则工期越短。流水步距还与前后两个相邻施工过程流水节拍的大小、施工工艺技术要求、施工段数目、流水施工的组织方式有关。

流水步距的数目等于（$n-1$）个参加流水施工的施工过程（队组）数。

1) 确定流水步距的基本要求

A. 主要施工队组连续施工的需要。流水步距的最小长度，必须使主要施工专业队组进场以后，不发生停工、窝工现象。

B. 技术间歇的需要。有些施工过程完成后，后续施工过程不能立即投入作业，必须有足够的时间间歇，这个间歇时间应尽量安排在专业施工队进场之前。

C. 最大限度搭接的要求。流水步距要保证相邻两个专业队在开工时间上最大限度地、合理地搭接，不发生前一施工过程尚未全部完成，后一施工过程便开始施工的现象。有时为了缩短工期，某些次要的专业队可以提前插入，但必须技术上可行，而且不影响前一个专业队的正常工作。

2）确定流水步距的方法

确定流水步距的方法很多，简捷、实用的方法主要有累加数列法（潘特考夫斯基法）。

累加数列法没有计算公式，它的文字表达式为："累加数列错位相减取大差"。其计算步骤如下：

A. 将每个施工过程的流水节拍逐段累加，求出累加数列；

B. 根据施工顺序，对所求相邻的两累加数列错位相减；

C. 根据错位相减的结果，确定相邻施工队组之间的流水步距，即相减结果中数值最大者。

【例3-3】如将某钢筋混凝土工程划分为四个施工段，每段有三个施工过程，支模板→扎筋→浇混凝土，各工序施工段流水节拍见表3-3。试确定相邻专业工作队之间的流水步距。

某工程流水节拍　　　　　　　　　表3-3

施工过程 \ 施工段	①	②	③	④
支模板	2	3	3	2
扎筋	2	2	3	3
浇混凝土	3	3	3	2

【解】第一步求流水节拍的累加数列

A（支模）：2，5(2+3)，8(5+3)，10(8+2)

B（扎筋）：2，4(2+2)，7(4+3)，10(7+3)

C（浇混凝土）：3，6(3+3)，9(6+3)，11(9+2)

第二步错位相减

A 与 B

$$\begin{array}{r} 2,\ 5,\ 8,\ 10 \\ -)\ \ \ 2,\ 4,\ 7,\ 10 \\ \hline 2,\ 3,\ 4,\ 3,\ -10 \end{array}$$

B 与 C

$$\begin{array}{r} 2,\ 4,\ 7,\ 10 \\ -)\ \ \ 3,\ 6,\ 9,\ 11 \\ \hline 2,\ 1,\ 1,\ 1,\ -11 \end{array}$$

第三步确定流水步距

因流水步距等于错位相减所得结果中数值最大者，故有

$$K_{A,B} = \max\{2, 3, 4, 3, -10\} = 4 \text{ 天}$$
$$K_{B,C} = \max\{2, 1, 1, 1, -11\} = 2 \text{ 天}$$

(3) 平行搭接时间

在组织流水施工时，有时为了缩短工期，在工作面允许的条件下，如果前一个施工队组完成部分施工任务后，能够提前为后一个施工队组提供工作面，使后者提前进入前一个施工段，两者在同一施工段上平行搭接施工，这个搭接时间称为平行搭接时间，通常以 $C_{i,i+1}$ 表示。这种现象更多地发生在不同工种之间，如吊顶与水、暖、电管线安装工程，就经常这样安排。除了缩短工期之外，还可以及时发现它们之间衔接中的问题，使之得到及时修正，避免返工。

(4) 技术与组织间歇时间

在组织流水施工时，有些施工过程完成后，后续施工过程不能立即投入施工，必须有足够的间歇时间。由建筑材料或现浇构件工艺性质决定的间歇时间称为技术间歇。如现浇混凝土构件的养护时间、抹灰层的干燥时间和油漆层的干燥时间等。由施工组织原因造成的间歇时间称为组织间歇。如基础工程验收、回填土前地下管道检查验收，施工机械转移和砌筑墙体前的墙身位置弹线，以及其他作业前的准备工作等。技术与组织间歇时间用 $Z_{i,i+1}$ 表示。在组织流水施工时，技术间歇和组织间歇有时统一考虑，有时要分别考虑，但二者的概念、内容和作用是不同的，必须结合具体情况具体处理。

(5) 流水工期

流水工期是指完成一项工程任务或一个流水组施工所需的时间，一般可采用式 (3-8) 计算完成一个流水组的工期。

$$T = \sum K_{i,i+1} + T_n \tag{3-8}$$

式中　T——流水施工工期；

　　　$\sum K_{i,i+1}$——流水施工中各流水步距之和；

　　　T_n——流水施工中最后一个施工过程在各施工段上的持续时间之和。

3.2.3　流水施工的分级及计算

1. 流水施工的分级

按流水施工组织的范围不同，流水施工通常可分为：

(1) 分项工程流水施工

分项工程流水施工，也称为细部流水施工。它是一个专业工作队，依次在各个施工段上进行的流水施工，如绑钢筋工作队依次、连续地完成应承担的施工段上绑钢筋任务。

(2) 分部工程流水

分部工程流水是指为完成分部工程而组建起来的全部细部流水的总和。即若干个专业班组依次连续不断地在各施工段上重复完成各自的工作。随着前一个专业班组完

成前一个施工过程之后、接着后一个专业班组来完成下一个施工过程。依此类推,直到所有专业班组都经过了各施工段,完成了分部工程为止。如某现浇钢筋混凝土工程是由安装模板、绑扎钢筋、浇筑混凝土三个细部流水所组成。

(3) 单位工程流水施工

单位工程流水是指为完成单位工程而组织起来的全部专业流水的总和,即所有专业班组依次在一个施工对象的各施工段中连续施工,直至完成单位工程为止。例如,多层框架结构房屋,它是由基础分部工程流水、主体分部工程流水以及装修分部工程流水所组成。单位工程就是各分部工程流水的总和。

(4) 群体工程流水施工

群体工程流水施工,也称为大流水施工。它是在几个单位工程(建筑物或构筑物)之间组织的流水施工,它在施工进度表上,是该群体工程的施工总进度计划。

掌握流水施工的分级,可以根据组织施工对象的不同范围,编制不同级别的流水施工。

2. 流水施工的基本组织方式

根据流水施工节奏特征的不同,流水施工的基本组织方式分为有节奏流水施工和无节奏流水施工两大类。有节奏流水又可分为等节奏流水和异节奏流水。其分类情况如图 3-9 所示。

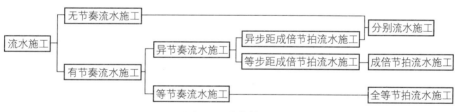

图 3-9 流水施工按节拍和步距的分类

3. 流水施工进度的组织步骤

(1) 把流水施工对象划分为若干个施工过程,并确定其施工顺序。

(2) 把流水施工对象划分为若干个施工段。

(3) 组建专业施工队,并确定其在每一施工段上的流水节拍。

(4) 确定流水步距。

(5) 计算流水工期。

(6) 安排各专业施工队依次地、连续地在各施工段上完成各自的施工任务,并使各专业施工队的工作适当地搭接起来。

(7) 绘制流水施工进度计划表。

3.2.3.1 等节奏流水施工

等节奏流水是指同一施工过程在各施工段上的流水节拍都相等,并且不同施工过程之间的流水节拍也相等的一种流水施工方式。即各施工过程的流水节拍均为常数,故也称为全等节拍流水或固定节拍流水。

如某工程包括甲、乙、丙三道工序,划分为四个施工段,各工序每段作业时间均为 2 天,其进度计划安排如图 3-10 所示。

工序	施工进度/天											
	1	2	3	4	5	6	7	8	9	10	11	12
甲	①		②		③		④					
乙			①		②		③		④			
丙						①		②		③		④

图 3-10 等节奏流水施工进度计划

1. 特征
(1) 同一施工过程在各施工段上的流水节拍相等,均为常数 $t_i = t$。
(2) 流水步距彼此相等,而且等于流水节拍值,即:
$$K_{1,2} = K_{2,3} = \cdots = K_{n-1,n} = K = t \tag{3-9}$$
(3) 各专业工作队在各施工段上能够连续作业,施工段之间没有空闲时间。
(4) 施工班组数(n_1)等于施工过程数(n)。

2. 主要参数的确定
(1) 施工段数(m)的确定
1) 无层间关系时,施工段数(m)按划分施工段的基本要求确定即可;
2) 有层间关系时,为了保证各施工队组连续施工,应取($m \geq n$)。

若一个楼层内各施工过程间的技术、组织间歇时间之和为 $\sum Z_1$,楼层间技术组织间歇时间为 Z_2。如果每层的 $\sum Z_1$ 均相等,Z_2 也相等,则保证各施工队组能连续施工的最小施工段数(m)的确定如下:

$$(m-n) \cdot K = \sum Z_1 + Z_2$$
$$m = n + \frac{\sum Z_1}{K} + \frac{Z_2}{K} \tag{3-10}$$

式中 m——施工段数;
n——施工过程数;
$\sum Z_1$——一个楼层内各施工过程间技术、组织间歇时间之和;
Z_2——楼层间技术、组织间歇时间;
K——流水步距。

(2) 流水步距的确定
当施工过程之间无间歇或搭接时间时:
$$K_{i,i+1} = t \tag{3-11}$$

当施工过程之间有的需要有技术或组织间歇时间,有的可搭接施工,这时流水步距取

$$K_{i,i+1} = t_i + Z_{i,i+1} - C_{i,i+1} \tag{3-12}$$

（3）施工工期计算

无层间关系时：

$$T = \sum K_{i,i+1} + T_n = (m+n-1)t + \sum Z_{i,i+1} - \sum C_{i,i+1} \tag{3-13}$$

有层间关系或施工层时，工期可用下式计算：

$$T = \sum K_{i,i+1} + T_n = (m \times r + n - 1)t + \sum Z_{i,i+1} - \sum C_{i,i+1} \tag{3-14}$$

式中 T——流水施工总工期；

m——施工段数；

r——施工层数；

n——施工过程数；

t——流水节拍；

$Z_{i,i+1}$——i，$i+1$ 施工过程之间的技术与组织间歇时间；

$C_{i,i+1}$——i，$i+1$ 施工过程之间的平行搭接时间。

3. 适用范围

全等节拍流水施工比较适用于分部工程流水（专业流水），不适用于单位工程，特别是大型的建筑群。因为全等节拍流水施工虽然是一种比较理想的流水施工方式，它能保证专业班组的工作连续，工作面充分利用，实现均衡施工，但由于它要求所划分的各分部、分项工程都采用相同的流水节拍，这对一个单位工程或建筑群来说，往往十分困难，不容易达到。因此，实际应用范围不是很广泛。

4. 施工案例

【例 3-4】某现浇混凝土工程划分为扎筋、支模、浇混凝土三个施工过程，分二层组织流水施工，已知：该分部工程的流水节拍分别为：$t_1 = t_2 = t_3 = 2$ 天，第二个和第三个施工过程之间有 1 天组织间歇，层间有 1 天技术间歇。试组织等节奏流水施工。

【解】（1）确定流水步距：由等节奏流水的特征可知：

$$K = t = 2 \text{ 天}$$

（2）确定施工段数 $m = n + \dfrac{\sum Z_1}{K} + \dfrac{Z_2}{K} = 3 + \dfrac{1}{2} + \dfrac{1}{2} = 4$

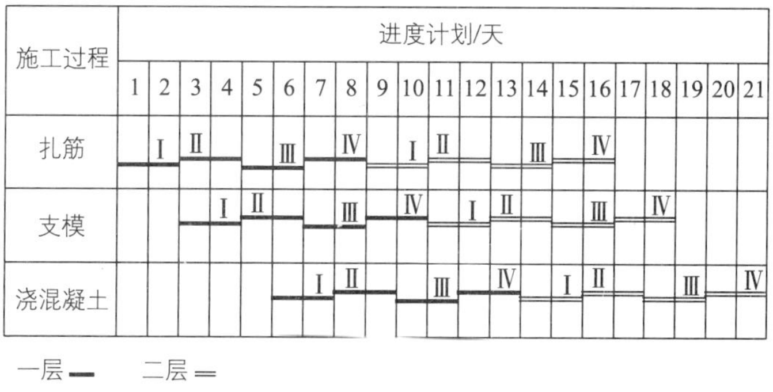

施工过程	进度计划/天																				
	1	2	3	4	5	6	7	8	9	10	11	12	13	14	15	16	17	18	19	20	21
扎筋	I		II		III		IV		I		II		III		IV						
支模					I		II		III		IV		I		II		III		IV		
浇混凝土							I		II		III		IV		I		II		III		IV

一层 ■ 二层 =

图 3-11 某框架结构基础工程等节奏流水施工进度计划

(3) 计算工期

$$T = (m \times r + n - 1)t + \sum Z_{i,i+1} - \sum C_{i,i+1} = (4 \times 2 + 3 - 1) \times 2 + 1 = 21 \text{ 天}$$

(4) 用横道图绘制流水进度计划，如图 3-11 所示。

3.2.3.2 异节奏流水施工

异节奏流水是指同一施工过程在各施工段上的流水节拍都相等，不同施工过程之间的流水节拍不一定相等的流水施工方式。异节奏流水又可分为异步距异节拍流水和等步距异节拍流水两种。

1. 异步距异节拍流水施工

(1) 特征

1) 同一施工过程流水节拍相等，不同施工过程之间的流水节拍不一定相等；

2) 各个施工过程之间的流水步距不一定相等；

3) 各施工工作队能够在施工段上连续作业，但有的施工段可能有空闲；

4) 施工班组数（n_1）等于施工过程数（n）。

(2) 流水施工主要参数的确定

1) 流水步距的确定

$$K_{i,i+1} = \begin{cases} t_i + Z_{i,i+1} - C_{i,i+1} & （当 t_i \leq t_{i+1}） \\ mt_i - (m-1)t_{i+1} + Z_{i,i+1} - C_{i,i+1} & （当 t_i > t_{i+1}） \end{cases} \quad (3-15)$$

式中 t_i——第 i 个施工过程的流水节拍；

t_{i+1}——第 $i+1$ 个施工过程的流水节拍。

流水步距也可由前述"累加数列法"求得。

2) 流水施工工期 T

$$T = \sum K_{i,i+1} + T_n \quad (3-16)$$

(3) 适用范围

异步距异节拍流水施工适用于分部和单位工程的流水施工，它在进度安排上比等节奏流水灵活，实际应用范围较广泛。

(4) 施工案例

【例 3-5】 某群体住宅的施工，四栋大板结构楼组织流水施工，施工过程分为基础工程 $t_A = 5$ 天，主体结构 $t_B = 10$ 天，室内装修 $t_C = 10$ 天，室外装修 $t_D = 5$ 天，以每栋楼为一个施工段，每个施工过程都由一个专业施工队负责施工，试求各施工过程之间的流水步距及该工程的工期，并绘制流水施工进度表。

【解】 (1) 确定流水步距

根据上述条件及式 (3-15)，各流水步距计算如下：

∵ $t_A < t_B$

∴ $K_{A,B} = t_A = 5$ 天

∵ $t_B = t_C$

∴ $K_{B,C} = t_B = 10$ 天

∵ $t_C > t_D$

∴ $K_{C,D} = mt_c - (m-1)t_D = 4 \times 10 - (4-1) \times 5 = 25$ 天

（2）计算流水工期

$$T = \sum K_{i,i+1} + T_n = 5 + 10 + 25 + 4 \times 5 = 60 \text{ 天}$$

（3）绘制施工进度计划表如图 3 – 12 所示。

施工过程	进度计划/天											
	5	10	15	20	25	30	35	40	45	50	55	60
基础过程	1	2	3	4								
主体结构			1		2		3		4			
室内装修					1		2		3	4		
室外装修									1	2	3	4

图 3 – 12 某工程异步距异节拍流水施工进度计划

2. 等步距异节拍流水施工

等步距异节拍流水施工也称为成倍节拍流水，是指同一施工过程在各个施工段上的流水节拍相等，不同施工过程之间的流水节拍不完全相等，但各个施工过程的流水节拍之间存在一个最大公约数。为加快流水施工进度，在资源供应能够满足的前提下，按最大公约数的倍数组建每个施工过程的施工队组，从而形成了一个工期最短的类似于等节奏流水的等步距异节奏流水施工方式。

（1）特征

1）同一施工过程流水节拍相等，不同施工过程流水节拍之间存在整数倍或公约数关系；

2）流水步距彼此相等，且等于最小的流水节拍；

3）各专业施工队都能够保证连续作业，施工段没有空闲；

4）施工队组数（n_1）大于施工过程数（n），即 $n_1 > n$。

（2）流水施工主要参数的确定

1）流水步距的确定

$$K_b = t_{\min} \tag{3-17}$$

2）每个施工过程的施工队组数确定

$$b_i = \frac{t_i}{t_{\min}} \tag{3-18}$$

$$n_1 = \sum b_i \tag{3-19}$$

式中　b_i——某施工过程所需施工队组数；

　　　n_1——专业施工队组总数目；

其余符号含义同前。

3）施工段数目（m）的确定

无层间关系时，可按划分施工段的基本要求确定施工段数目（m），一般取 $m=n_1$。

有层间关系时，每层最少施工段数目可按式（3-20）确定。

$$m = n_1 + \frac{\sum Z_1}{K_b} + \frac{Z_2}{K_b} \quad (3-20)$$

式中 $\sum Z_1$——一个楼层内各施工过程间的技术与组织间歇时间；

Z_2——楼层间技术与组织间歇时间。

其他符号含义同前。

4）流水施工工期

无层间关系时：

$$T = (m + n_1 - 1)K_b + \sum Z_{i,i+1} - \sum C_{i,i+1} \quad (3-21)$$

有层间关系时：

$$T = (m \cdot r + n_1 - 1)K_b + \sum Z_1 - \sum C_1 \quad (3-22)$$

符号含义同前。

(3) 适用范围

等步距异节拍流水施工方式比较适用于线形工程（如道路、管道等）的施工，也适用于房屋建筑施工。

(4) 施工案例

【例3-6】某群体住宅的施工，四栋大板楼组织流水施工，施工过程分为基础工程 $t_A=5$ 天，主体结构 $t_B=10$ 天，室内装修 $t_C=10$ 天，室外装修 $t_D=5$ 天，以每栋楼为一个施工段，试编制工期最短的进度计划并绘制横道图。

【解】(1) 确定流水步距：

$$K_b = t_{min} = 5 \text{ 天}$$

(2) 确定每个施工过程的施工队组数：

$$b_A = \frac{t_A}{K_b} = \frac{5}{5} = 1 \text{ 个} \quad b_B = \frac{t_B}{K_b} = \frac{10}{5} = 2 \text{ 个} \quad b_C = \frac{t_C}{K_b} = \frac{10}{5} = 2 \text{ 个} \quad b_d = \frac{t_A}{K_b} = \frac{5}{5} = 1 \text{ 个}$$

施工队总数 $\quad n_1 = \sum b_i = 1+2+2+1 = 6 \text{ 个}$

(3) 计算工期

$$T = (m+n_1-1)K_b = (4+6-1) \times 5 = 45 \text{ 天}$$

(4) 绘制流水施工进度表如图3-13所示。

3. 无节奏流水施工

无节奏流水施工是指同一施工过程在各个施工段上流水节拍不完全相等的一种流水施工方式。

(1) 特征

1) 每个施工过程在各个施工段上的流水节拍不尽相等；

2) 各个施工过程之间的流水步距不完全相等且差异较大；

3) 各施工作业队能够在施工段上连续作业，但有的施工段可能出现空闲；

4) 施工队组数（n_1）等于施工过程数（n）。

施工过程		进度计划/天								
		5	10	15	20	25	30	35	40	45
基础工程		1	2	3	4					
主体结构	甲队		1		3					
	乙队			2		4				
室内装修	甲队				1		3			
	乙队					2		4		
室外装修							1	2	3	4

图 3-13 某工程等步距异节拍流水施工进度计划

(2) 主要参数的确定

1) 流水步距的确定

无节奏流水步距通常采用"累加数列法"确定。

2) 流水施工工期

$$T = \sum K_{i,i+1} + T_n + \sum Z_{i,i+1} - \sum C_{i,i+1} \tag{3-23}$$

式中符号同前。

(3) 适用范围

在实际工程中,非节奏流水施工是最常见的一种流水施工方式。因为它不像有节奏流水那样有一定的时间规律约束,在进度安排上比较灵活、自由。适用于各种不同结构性质和规模的工程施工组织,应用比较广泛。

(4) 施工案例

【例 3-7】某项目经理部拟承建一项工程,该工程有 A、B、C、D、E 等五个施工过程。施工时在平面上划分成四个施工段,每个施工过程在各个施工段上的工程量、定额与队组人数见表 3-4。规定施工过程 B 完成后,其相应施工段至少要养护 2 天,施工过程 D 完成后,其相应施工段要留有 1 天的准备时间。为了早日完工,允许施工过程 A 与 B 之间搭接施工 1 天,试编制流水施工方案。

某工程资料表　　表 3-4

施工过程	劳动定额	各施工段的工作量					专业队人数
		单位	第Ⅰ段	第Ⅱ段	第Ⅲ段	第Ⅳ段	
A	8m²/工日	m²	238	160	164	315	10
B	1.5m³/工日	m³	23	68	118	66	15
C	0.4t/工日	t	6.5	3.3	9.5	16.1	8
D	1.3m³/工日	m³	51	27	40	38	10
E	5m³/工日	m³	148	203	97	53	10

【解】(1) 根据上述资料,计算流水节拍,利用式 (3-3)

$$t_i = \frac{Q_i}{S_i R_i N_i} = \frac{P_i}{R_i N_i} = \frac{238}{8 \times 10 \times 1} \approx 3 \text{ 天}$$

同理可求出其余的流水节拍并整理成表 3-5。

某工程流水节拍 　　　　　表 3-5

施工工程＼施工段	Ⅰ	Ⅱ	Ⅲ	Ⅳ
A	3	2	2	4
B	1	3	5	3
C	2	1	3	5
D	4	2	3	3
E	3	4	2	1

(2) 求流水节拍的累加数列

A：3, 5, 7, 11

B：1, 4, 9, 12

C：2, 3, 6, 11

D：4, 6, 9, 12

E：3, 7, 9, 10

(3) 确定流水步距

1) $K_{A,B}$

```
      3, 5, 7, 11
  -)  1, 4, 9, 12
      3, 4, 3, 2, -12
```

因为施工过程 A, B 之间有一天的搭接时间，所以 $K_{A,B} = 4 - 1 = 3$ 天

2) $K_{B,C}$

```
      1, 4, 9, 12
  -)  2, 3, 6, 11
      1, 2, 6, 6, -11
```

因为 B, C 施工工程之间有 2 天的间歇时间，所以 $K_{B,C} = 6 + 2 = 8$ 天

3) $K_{C,D}$

```
      2, 3, 6, 11
  -)  4, 6, 9, 12
      2, -1, 0, 2, -12
```

$\therefore K_{C,D} = 2$ 天

4) $K_{D,E}$

```
      4, 6, 9, 12
  -)  3, 7, 9, 10
      4, 3, 2, 3, -10
```

因为施工过程 D 之后有 1 天的准备时间，所以 $K_{D,E} = 4 + 1 = 5$ 天

(4) 确定流水工期

$$T = \sum K_{i,i+1} + T_n$$
$$= (3+8+2+5) + (3+4+2+1) = 28 \text{ 天}$$

(5) 绘制流水施工进度表如图 3-14 所示。

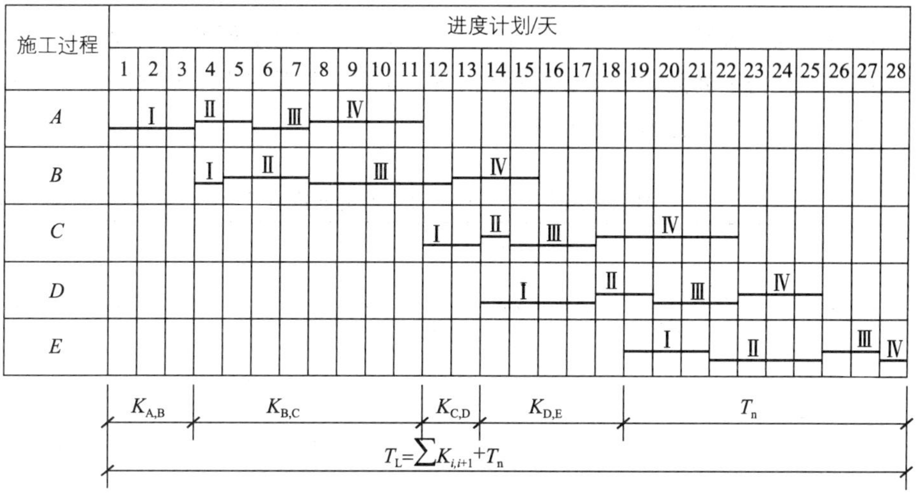

施工过程	进度计划/天
	1 2 3 4 5 6 7 8 9 10 11 12 13 14 15 16 17 18 19 20 21 22 23 24 25 26 27 28
A	Ⅰ　Ⅱ　　Ⅲ　Ⅳ
B	Ⅰ　Ⅱ　　　Ⅲ　　　Ⅳ
C	Ⅰ　Ⅱ　Ⅲ　　　Ⅳ
D	Ⅰ　Ⅱ　　Ⅲ　　Ⅳ
E	Ⅰ　Ⅱ　　Ⅲ Ⅳ

$K_{A,B}$　$K_{B,C}$　$K_{C,D}$　$K_{D,E}$　T_n

$T_L = \sum K_{i,i+1} + T_n$

图 3-14 某工程无节奏流水施工进度计划

到底采取哪种流水施工组织形式，除要分析流水节拍的特点外，还要考虑工期要求和具体的施工条件。任何一种流水施工的组织形式，仅仅是一种组织管理手段，其最终目的是要实现项目施工的目标——工程质量好、工期短、成本低、效益高和安全施工。

3.2.4 流水施工的工程案例

在建筑施工中，需要组织许多施工过程的活动，在组织这些施工过程的活动中，我们把在施工工艺上互相联系的施工过程组成不同的专业组合（如基础工程，主体工程以及装饰工程等），然后对各专业组合，按其组合的施工过程的流水节拍特征（节奏性），分别组织成独立的流水组进行分别流水，这些流水组的流水参数可以是不相等的，组织流水的方式也可能有所不同。最后将这些流水组按照工艺要求和施工顺序依次搭接起来，即成为一个工程对象的工程流水或一个建筑群的流水施工。需要指出，所谓专业组合是指围绕主导施工过程的组合，其他的施工过程不必都纳入流水组，而只作为调剂项目与各流水组依次搭接。在更多情况下，考虑到工程的复杂性，在编制施工进度计划时，往往只运用流水作业的基本概念，合理选定几个主要参数，保证几个主导施工过程的连续性。对其他非主导施工过程，只力求使其在施工段上尽可能各自保持连续施工。各施工过程之间只有施工工艺和施工组织上的约束，不一定步调一致。这样，对不同专业组合或几个主导施工过程进行分别流水的组织方式就有极大的灵活性，且往往更有利于计划的实现。下面用几个较为常见的工程施工实例来阐述流水施工的应用。

【工程案例】

1. 框架结构房屋的流水施工

某学校四层教学楼，建筑面积 $4020m^2$。基础为钢筋混凝土独立基础，主体工程为全现浇框架结构。装修工程为铝合金窗、胶合板门；外墙贴面砖；内墙为中级抹灰，普通涂料刷白；楼地面贴地板砖；屋面用 200mm 厚加气混凝土块做保温层，上做 SBS 改性沥青防水层，其劳动量一览见表 3-6。

某幢四层框架结构教学楼劳动量一览表表　　　　　表 3-6

序号	分项工程名称	劳动量（工日或台班）	序号	分项工程名称	劳动量（工日或台班）
基础工程			14	砌填充砖	600
1	机械开挖基础土方	8 台班	屋面工程		
2	混凝土垫层	32	15	加气混凝土保温隔热层（含找坡）	252
3	绑扎基础钢筋	70	16	屋面找平层	62
4	基础模板	80	17	屋面防水层	60
5	基础混凝土	92	装饰工程		
6	回填土	132	18	顶棚墙面中级抹灰	1820
主体工程			19	外墙面砖	720
7	脚手架	350	20	楼地面及楼梯地砖	1115
8	柱筋	145	21	铝合金窗扇安装	72
9	柱、梁、板模板（含楼梯）	2462	22	胶合板门	68
10	柱混凝土	245	23	顶棚墙面涂料	430
11	梁、板钢筋（含楼梯）	913	24	油漆	63
12	梁、板混凝土（含楼梯）	820	25	室外	
13	拆模	412	26	水、电	

本工程是由基础工程、主体工程、屋面工程、装修工程、水电工程组成，因其各分部的劳动量差异较大，应采用分别流水法，先分别组织各分部的流水施工，然后再考虑各分部之间的相互搭接施工。具体组织方法如下：

(1) 基础工程

基础工程包括基槽挖土、混凝土垫层、绑扎基础钢筋、支设基础模板、浇筑基础混凝土、回填土等施工过程。其中基础挖土采用机械开挖，考虑到工作面及土方运输的需要，挖土时不分段，且不纳入流水。混凝土垫层劳动量较小，将其安排在挖土完成之后，也不纳入流水。

土方机械开挖 8 个台班，用 2 台机械 2 班制施工，则作业持续时间为：

$$t_{挖} = \frac{8}{2 \times 2} = 2 \text{ 天}$$

基槽开挖完毕后留 1 天用于人工清理基底标高和组织设计院等相关人员验槽。

混凝土垫层 32 个工日，施工班组人数 16 人，一班制施工，垫层完成后需 1 天的养护时间，其作业持续时间为：

$$t_{混凝土} = \frac{30}{16 \times 1} \approx 2 \text{ 天}$$

基础工程参与流水的只有四个过程（$n=4$），考虑到工作面因素，将其划分为两个施工段（$m=2$），组织全等节拍流水施工如下：

绑扎基础钢筋劳动量为70个工日，施工班组人数为12人，采用一班制施工，其流水节拍为：

$$t_{筋} = \frac{70}{2 \times 12 \times 1} \approx 3 \text{ 天}$$

其他施工过程的流水节拍均取3天，其中基础支模板80个工日，采用一班制施工，施工班组人数为：

$$R_{木} = \frac{80}{2 \times 3 \times 1} \approx 13 \text{ 人}$$

浇筑混凝土劳动量为92个工日，采用一班制施工，施工班组人数为：

$$R_{混凝土} = \frac{92}{2 \times 3 \times 1} \approx 15 \text{ 人}$$

回填土劳动量为132个工日，采用一班制施工，施工班组人数为：

$$R_{木} = \frac{132}{2 \times 3 \times 1} \approx 22 \text{ 人}$$

流水工期计算如下：

$$T = (m + n - 1)K = (2 + 4 - 1) \times 3 = 15 \text{ 天}$$

则基础工程的工期为：

$$T_1 = 2 + 1 + 2 + 1 + 15 = 20 \text{ 天}$$

（2）主体工程

主体工程包括立柱钢筋，安装柱、梁、板模板，浇柱混凝土，梁、板、楼梯钢筋绑扎，浇梁、板、楼梯混凝土，搭脚手架，拆模板，砌空心砖墙等分项工程，其中后三个施工过程属平行穿插施工过程，根据施工工艺要求，尽量搭接施工即可，不纳入流水施工。

本工程中平面上划分为两个施工段，主体工程由于有层间关系，$m=2$，$n=5$，$m<n$，工作班组会出现窝工现象。所以要保证施工过程流水施工，必须使$m=n$。本工程只要求主导施工过程柱、梁、板模板安装要连续施工，其余的施工班组与其他的工地统一考虑调度安排。同时要保证主导施工过程连续作业，可以将其他次要施工过程综合为一个施工过程来考虑其流水节拍，且其流水节拍值之和不得大于主导施工过程的流水节拍。如此安排则主体工程参与流水的施工过程数$n=2$个，满足$m=n$的要求。具体组织如下：

主导施工过程的柱、梁、板模板劳动量为2462个工日，施工班组人数为26人，两班制施工，则流水节拍为：

$$t_{模} = \frac{2462}{4 \times 2 \times 26 \times 2} \approx 6 \text{ 天}$$

柱子钢筋劳动量为145个工日，施工班组人数为17人，一班制施工，则其流水节拍为：

$$t_{柱筋} = \frac{145}{4 \times 2 \times 17 \times 1} \approx 1 \text{ 天}$$

柱子混凝土劳动量为245个工日，施工班组人数为15人，两班制施工，其流水节拍为：

$$t_{柱混凝土} = \frac{245}{4 \times 2 \times 15 \times 2} \approx 1 \text{ 天}$$

梁、板钢筋劳动量为913个工日，施工班组人数为29人，两班制施工，其流水节拍为：

$$t_{梁、板} = \frac{913}{4 \times 2 \times 29 \times 2} \approx 2 \text{ 天}$$

梁、板混凝土劳动量为1020个工日，施工班组人数为30人，三班制施工，其流水节拍为：

$$t_{混凝土} = \frac{820}{4 \times 2 \times 30 \times 3} \approx 1 \text{ 天}$$

因此，综合施工过程的流水节拍仍为 (1+1+2+1) = 5天，小于梁、板模板安装的持续时间符合上述条件。

由于主体施工只有柱、梁、板模板施工时采用连续施工，其余工序均采用间断式流水施工，所以无法用公式直接计算流水工期，但可以用分析法得到。

实际中拆柱模板可比拆梁板模板提前，但计划安排可视为一个施工过程，即在梁、板混凝土浇捣14天后进行（早拆体系），其劳动量为412个工日，施工班组人数为26人，一班制施工，其流水节拍为：

$$t_{拆模} = \frac{412}{4 \times 2 \times 26 \times 1} = 2 \text{ 天}$$

砌填充墙（含门窗框）劳动量为600个工日，施工班组人数为20人，一班制施工，其流水节拍为：

$$t_{砌墙} = \frac{640}{4 \times 2 \times 20 \times 1} = 4 \text{ 天}$$

(3) 屋面工程

屋面工程包括屋面保温隔热层、找平层和防水层三个施工过程。考虑屋面防水要求高，所以不分段施工，即采用依次施工的施工组织方式。

屋面保温隔热层劳动量为252个工日，施工班组人数为35人，一班制施工，其施工持续时间为：

$$t_{保温} = \frac{252}{35 \times 1} = 7 \text{ 天}$$

屋面找平层劳动量为62个工日，30人，一班制施工，其施工持续时间为：

$$t_{找平} = \frac{62}{30 \times 1} = 2 \text{ 天}$$

屋面找平层完成后，安排大约 14 天（视气候情况而定）的养护和干燥时间，使找平层的含水率不大于 99。方可进行屋面防水层的施工。SBS 改性沥青防水层劳动量为 60 个工日，安排 15 人一班制施工，其施工持续时间为：

$$t_{防水} = \frac{60}{15 \times 1} = 4 \text{ 天}$$

（4）装饰工程

装饰工程包括顶棚墙面中级抹灰、外墙面砖、楼地面及楼梯地砖、铝合金窗扇安装、胶合板门安装、顶棚墙面涂料、油漆等施工过程。参与流水的施工过程为 $n=7$。把每层房屋视为一个施工段，共 4 个施工段 $m=4$。由于各施工过程劳动量不同，所以采用异节拍的流水施工。

装修工程采用自上而下的施工起点流向，其中抹灰工程是主导施工过程。

顶棚墙面抹灰劳动量为 1820 个工日，施工班组人数为 60 人，一班制施工，其流水节拍为：

$$t_{抹灰} = \frac{1820}{4 \times 60 \times 1} = 7 \text{ 天}$$

楼地面及楼梯地砖劳动量为 1115 个工日，施工班组人数为 40 人，一班制施工，其流水节拍为：

$$t_{地面} = \frac{1115}{4 \times 40 \times 1} = 7 \text{ 天}$$

铝合金窗扇安装 72 个工日，施工班组人数为 6 人，一班制施工，则流水节拍为：

$$t_{铝窗} = \frac{72}{4 \times 6 \times 1} = 3 \text{ 天}$$

胶合板门安装 68 个工日，施工班组人数为 6 人，一班制施工，则流水节拍为：

$$t_{门} = \frac{68}{4 \times 6 \times 1} = 3 \text{ 天}$$

内墙涂料 430 个工日，施工班组人数为 36 人，一班制施工，则流水节拍为：

$$t_{内墙涂料} = \frac{430}{4 \times 36 \times 1} = 3 \text{ 天}$$

油漆 63 个工日，施工班组人数为 5 人，一班制施工，则流水节拍为：

$$t_{油漆} = \frac{63}{4 \times 5 \times 1} = 3 \text{ 天}$$

外墙面砖自上而下不分层不分段施工（不参加主体流水），劳动量为 720 个工日，施工班组人数为 36 人，一班制施工，则其流水节拍为：

$$t_{外墙} = \frac{720}{36 \times 1} = 20 \text{ 天}$$

根据上述计算的流水节拍，并合理考虑各分部工程之间合理的流水步距绘出横道流水施工进度表，见附图 1（书末插页）。

2. 群体工程流水施工

对于住宅小区等由同类型房屋组成的建筑群，一般把每幢房屋作为一个施工段，采用流水施工的方式组织施工，往往可以取得显著的效果。某工程为6幢六层住宅楼，总建筑面积为17340m²，其合同签订的开工顺序为：1号楼→2号楼→3号楼→4号楼→5号楼→6号楼要求画出控制性施工进度计划。其劳动量一览表见表3-7。

根据上述已知条件，一幢视为一个施工段，由于每一段上流水节拍不一定相等，故组织无节奏流水施工，如附图2所示。

6幢六层住宅楼劳动量一览表　　　　　　表3-7

序号	分部工程	劳动量（工日）	序号	分部工程	劳动量（工日）
1号	基础	314	4号	基础	376
	结构	1679		结构	2014
	装修	1613		装修	1935
	附属	338		附属	405
2号	基础	314	5号	基础	376
	结构	1679		结构	2014
	装修	1613		装修	1935
	附属	338		附属	405
3号	基础	351	6号	基础	376
	结构	1343		结构	2014
	装修	1290		装修	1935
	附属	269		附属	405

【课后讨论】

1. 进度计划什么情况下需画的详细一些，什么情况可以笼统一些？
2. 对于一个工程规模较小、不能划分施工区段的工程任务，该工程可以组织流水施工吗？

3.3　网络进度计划的编制

学习目标

1. 识读网络计划；
2. 绘制网络图；
3. 进行时间参数的计算，并找出关键线路和关键工作；
4. 绘制双代号时标网络计划。

关键概念

网络图、绘图规则、时间参数

20世纪50年代中期，为了适应生产发展的需要和科技进步的要求，国外出现了建立在网络模型的基础上，主要用来编制计划（工作计划或施工进度计划）和对计划的实施进行控制、监督的技术，称为网络计划技术，也称之为"统筹法"。20世纪60年代中期，我国著名数学家华罗庚教授首先将网络计划技术引进国内。

在建筑工程施工中，网络计划技术的主要用途是用来编制建筑企业的生产计划和工程施工的进度计划，并用来对计划本身进行优化处理，对计划的实施进行监督、控制和调整，达到缩短工期、提高工效、降低成本、增加企业经济效益的目的。

3.3.1 网络图基础知识

1. 网络图、网络计划与网络图三要素

（1）网络图：是用一系列的圆圈和箭线表示施工中各道工序之间逻辑关系的网状图形（见图3-16）。

（2）网络计划：是用网络图表示的计划。

（3）网络图组成的三要素：箭线（或箭杆，或工作，或工序，或施工过程）、节点（或圆圈）、线路。

2. 网络计划的分类

网络计划的种类很多，可以从不同的角度进行分类，具体分类方法如下：

（1）按网络计划编制的对象和范围分

1）分部工程网络计划：是指以拟建工程的某一分部工程为对象编制而成的某一施工阶段网络计划，例如，基础工程、主体工程、屋面工程和装修工程网络计划。

2）单位工程网络计划：是指以一个单位工程为对象编制而成的网络计划，例如，一栋教学楼、写字楼、住宅楼及单层房屋等单位工程网络计划。

3）总体网络计划：是指以一个建设项目或一个大型的单项工程为对象编制而成的控制性网络计划，例如，一个建筑群体工程或一座新建工厂等总体网络计划。

（2）按网络计划的性质和作用分

1）实施性网络计划：是指以分部工程为对象，以分项工程在一个施工段上的施工任务为工作内容编制而成的局部网络计划，或由多个局部网络计划综合搭接而成的单位工程网络计划，或直接以分项工程为工作内容编制而成的单位工程网络计划。它的工作内容划分得较为详细、具体，是用来指导具体施工的计划形式。

2）控制性网络计划：是指以控制各分部工程（或单位工程，或整个建设项目）的工期为主要目标编制而成的总体网络计划（或控制性的单位工程网络计划）。它是上级管理机构指导工作、检查与控制施工进度计划的依据，也是编制实施性网络计划的依据。

(3) 按网络计划有无时间坐标分

1) 时标网络计划：网络计划以时间作为横坐标，箭线在时间坐标轴上的水平投影长度代表工作持续时间。时标网络计划如图 3–15 所示。

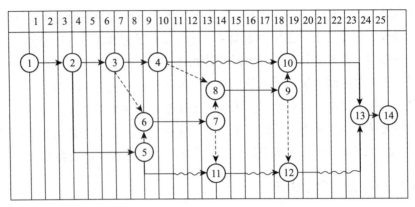

图 3–15 双代号时标网络计划

2) 无时标的普通网络计划：网络计划中的各项工作持续时间写在箭线的下面，箭线的长短与工作持续时间无关。无时标的普通网络计划如图 3–16 所示。

(4) 按网络计划中工序所用代号的不同

按工序所以代号的不同可分为双代号网络计划（见图 3–16）和单代号网络计划（见图 3–55）。

3.3.2 双代号网络计划

1. 双代号网络图的三要素

双代号网络图是由箭线、节点和线路三个要素组成，是以箭线及其两端节点的编号表示工作的网络图。即用两个节点一根箭线代表一项工作，工作名称写在箭线上面，工作持续时间写在箭线下面，在箭线前后的衔接处画上节点编上号码，并以节点编号 i 和 j 代表一项工作，如图 3–16 所示。

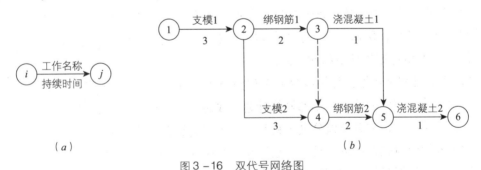

图 3–16 双代号网络图
(a) 工作的表示方法；(b) 工程的表示方法

(1) 箭线（工作）

1) 网络图中一端带箭头的直线即为箭线。在双代号网络图中，它与其两端的节点表示一项工作。箭线表达的内容有以下几个方面：

A. 表示一项工作或一个施工过程。工作可大可小，既可以是一个简单的施工过程，如挖土、垫层等分项工程或者基础工程、主体工程等分部工程；也可以是一项复杂的工程任务，如教学楼土建工程等单位工程，如何确定一项工作的范围取决于所绘制的网络计划的作用。

B. 表示一项工作所消耗的时间和资源，分别用数字标注在箭线的下方和上方。一般而言，每项工作的完成都要消耗一定的时间和资源，如绑扎钢筋、支模板等；也存在只消耗时间而不消耗资源的工作，如混凝土养护、油漆干燥等技术间歇，若单独考虑时，也应作为一项工作对待。

C. 箭线的长短，在无时间坐标的网络图中，长度不代表时间的长短，而在有时间坐标的网络图中，其箭线的长度必须按照完成该项工作所需时间长短按比例绘制。

D. 箭线的方向表示工作进行的方向和前进的路线，箭尾表示工作的开始，箭头表示工作的结束。

E. 箭线的形状可以任意画，可以是直线、折线或斜线，但不得中断。一般画成水平直线或带水平直线的折线。

应当指出，双代号网络计划中，还有一种工作叫虚工作，用虚箭线表示，只表示前后相邻工作之间的逻辑关系，既不占用时间，也不耗用资源，其表达形式可垂直向上或向下，也可水平向右，如图3-17。

图3-17 虚工作的表示方法

2) 按照网络图中工作之间的相互关系，将工作分为以下几种类型。

A. 紧前工作

紧排在本工作之前的工作称为本工作的紧前工作。双代号网络图中，本工作和紧前工作之间可能有虚工作。如图3-16所示，支模1是支模2的紧前工作；绑钢筋1和支模2是绑钢筋2的紧前工作。

B. 紧后工作

紧排在本工作之后的工作称为本工作的紧后工作。双代号网络图中，本工作和紧后工作之间可能有虚工作。如图3-16所示，支模2是支模1的紧后工作；绑钢筋2和浇混凝土1是绑钢筋1的紧后工作。

C. 平行工作

与本工作同时进行的工作称为本工作的平行工作，如图3-16所示，支模2和绑钢筋1是平行工作。

D. 起始工作：没有紧前工作的工作，如3-16所示中支模1工作。

E. 结束工作：没有紧后工作的工作，如 3-16 所示中浇混凝土 2 工作。

3) 内向箭线和外向箭线

A. 内向箭线

指向某个节点的箭线称为该节点的内向箭线，如图 3-18（a）所示。

B. 外向箭线

从某节点引出的箭线称为该节点的外向箭线，如图 3-18（b）所示。

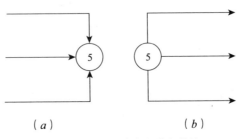

图 3-18 内向箭线和外向箭线
（a）内向箭线；（b）外向箭线

(2) 节点

1) 网络图中箭线端部的圆圈或其他形状的封闭图形就是节点。在双代号网络图中，它表示工作之间的逻辑关系，节点表达的内容有以下几个方面：

A. 节点表示前面工作结束和后面工作开始的瞬间，所以节点不需要消耗时间和资源；

B. 箭线的箭尾节点表示该工作的开始，箭线的箭头节点表示该工作的结束；

C. 根据节点在网络图中的位置不同可以分为起点节点、终点节点和中间节点。起点节点是网络图的第一个节点，表示一项任务的开始。终点节点是网络成。除起点节点和终点节点以外的节点称为中间节点，中间节点都有双重的含义，既是前面工作的箭头节点，也是后面工作的箭尾节点，如图 3-19 所示。

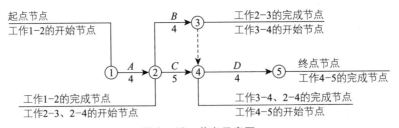

图 3-19 节点示意图

2) 节点编号

网络图中的每个节点都有自己的编号，以便赋予每项工作以代号，便于计算网络图的时间参数和检查网络图是否正确。

A. 节点编号必须满足两条基本规则，其一，箭头节点编号大于箭尾节点编号；其二，在一个网络图中，所有节点不能出现重复编号，可以连号也可以跳号，以便适应网络计划调整中增加工作的需要,编号留有余地,如图3-19。

B. 节点编号的方法有两种:一种是水平编号法,即从起点节点开始由上到下逐行编号,每行则自左到右按顺序编号,如图3-20(a)所示;另一种是垂直编号法,即从起点节点开始自左到右逐列编号,每列则根据编号规则的要求进行编号,如图3-20(b)所示。

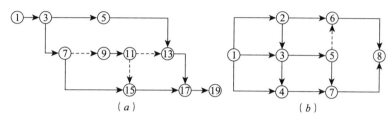

图3-20 节点编号示意图
(a)水平编号法;(b)垂直编号法

(3)线路

1)线路

网络图中从起点节点开始,沿箭头方向顺序通过一系列箭线与节点,最后达到终点节点的通路称为线路。一个网络图中,从起点节点到终点节点,一般都存在着许多条线路,每条线路都包含若干项工作,这些工作的持续时间之和就是该线路的时间长度,即线路上总的工作持续时间。以图3-21为例,分析其线路数目及线路时间,见表3-8。

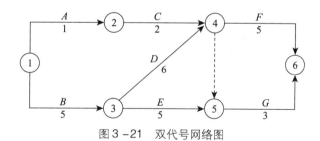

图3-21 双代号网络图

网络图线路时间计算表　　　　　　　　　　表3-8

序号	线　路	线长
1	①→②→④→⑥ (1,2,5)	8
2	①→②→④→⑤→⑥ (1,2,0,3)	6
3	①→③→④→⑥ (5,6,5)	16
4	①→③→④→⑤→⑥ (5,6,0,3)	14
5	①→③→⑤→⑥ (5,5,3)	13

2) 关键线路和关键工作

线路上总的工作持续时间最长的线路称为关键线路。如线路①→③→④→⑥的时间最长，即为关键线路，其余线路称为非关键线路。位于关键线路上的工作称为关键工作，如工作 B、D 和 F。关键工作完成的快慢直接影响整个计划工期的实现。关键线路一般用粗线（或者双箭线、红线）来表示，以突出其在网络计划中的重要位置。

在网络图中，关键线路有时不止一条，可能同时存在几条关键线路。但从管理的角度出发，为了实行重点管理，一般不希望出现太多的关键线路。

关键线路也不是一成不变的，在一定的条件下，关键线路和非关键线路会相互转化。例如，当采取技术组织措施，缩短关键工作的持续时间，或者非关键工作持续时间延长时，就有可能使关键线路发生转移。网络计划中，关键工作的比重往往不宜过大，网络计划愈复杂工作节点就愈多，则关键工作的比重应该越小，这样有利于抓住主要矛盾。

2. 网络图的绘制

网络计划方法应用的关键是网络图的绘制。正确反应逻辑关系，遵守绘图的基本规则，是正确绘制网络图的核心问题。

(1) 工作的逻辑关系

工作之间相互制约或依赖的关系称为逻辑关系，工作之间的逻辑关系包括工艺关系和组织关系。

1) 工艺关系

工艺关系是指生产工艺上客观存在的先后顺序关系，或者是非生产性工作之间由工作程序决定的先后顺序关系。例如，建筑工程施工时，先做基础，后做主体；先做结构，后做装修。工艺关系是不能随意改变的，当一个工程的施工方法确定之后，工艺关系也就随之被确定下来。如图 3-16 所示，支模 1→绑钢筋 1→混凝土 1 为工艺关系。

2) 组织关系

组织关系是指在不违反工艺关系的前提下，人为安排工作的先后顺序关系。例如，建筑群中各个建筑物的开工顺序的先后；施工对象的分段流水作业等。组织顺序可以根据具体情况，按安全、经济、高效的原则统筹安排。如图 3-16 所示，支模 1→支模 2；混凝土 1→混凝土 2 等为组织关系。

(2) 各种逻辑关系的正确表示方法

在网络图中，各工作之间在逻辑上的关系是变化多端的，表 3-9 所列的是网络图中常见的一些逻辑关系及其表示方法。

(3) 虚工作在网络图中的应用

虚工作起着联系、区分、断路三个作用。

1) 联系作用

网络图中各工作逻辑关系表示方法　　　　表 3-9

序号	工作之间逻辑关系	网络图上表示方法	说明
1	A，B 两项工作，依次进行施工		B 依赖 A，A 约束 B
2	A，B，C 三项工作，同时开始施工		A，B，C 三项工作为平行施工方式
3	A，B，C 三项工作，同时结束施工		A，B，C 三项工作为平行施工方式
4	A，B，C 三项工作，只有 A 完成之后，B，C 才能开始		A 工作制约 B，C 工作的并始；B，C 工作为平行施工方式
5	A，B，C 三项工作，C 工作只能在 A，B 完成之后开始		C 工作依赖于 A，B 工作；A，B 工作为平行施工方式
6	A，B，C，D 四项工作，当 A，B 完成之后，C，D 才能开始		通过中间节点把四项工作的逻辑关系表达出来
7	A，B，C，D 四项工作；A 完成以后，C 才能开始，A，B 完成之后，D 才能开始		A 制约 C，D 的开始，B 只制约 D 的开始；A，D 之间引入了虚工作
8	A，B 完成之后 C 才能开始，B，D 完成之后 E 才能开始		加入两条虚箭线，使 B 工作成为 C，E 共同的紧前工作
9	A，B，C，D，E 五项工作；A，B，C 完成之后，D 才能开始；B，C 完成之后，E 才能开始		A，B，C 制约 D 的开始；B，C 制约 E 的开始；双代号表示法以虚工作表达上述逻辑关系
10	A，B 两项工作；按三个施工段进行流水施工		按工程建立两个专业工作队；分别在三个施工段上进行流水作业；双代号表示法以虚工作表达工程间的关系

虚工作不仅能表达工作间的逻辑连接关系，而且能表达不同幢号的房屋之间的相互联系。例如，工作 A、B、C、D 之间的逻辑关系为：工作 A 完成后可同时进行 B、

D 两项工作,工作 C 完成后进行工作 D。不难看出,A 完成后其紧后工作为 B,C 完成后其紧后工作为 D,很容易表达,但 D 又是 A 的紧后工作,为把 A 和 D 联系起来,必须引入虚工作,逻辑关系才能正确表达,如图 3-22 所示。

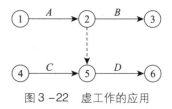

图 3-22 虚工作的应用

2)区分作用

双代号网络计划是用两个代号表示一项工作。如果两项工作用同一代号,则不能明确表示出该代号表示哪一项工作。因此,不同的工作必须用不同代号。如图 3-23 所示。

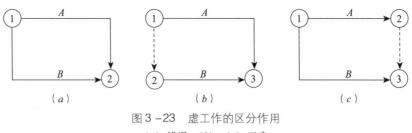

图 3-23 虚工作的区分作用
(a)错误;(b)、(c)正确

3)断路作用

绘制双代号网络图时,最容易产生的错误是把本来没有逻辑关系的工作联系起来了,使网络图发生逻辑上的错误。这时就必须使用虚箭线在图上加以处理,以切断不应有的工作联系。产生错误的地方总是在同时有多条内向和外向箭线的节点处,画图时应特别注意,只有一条内向或外向箭线之处是不易出错的。

例如某工程由支模板、绑钢筋、浇混凝土等三个分项工程组成,它在平面上划分为 Ⅰ、Ⅱ、Ⅲ三个施工阶段,已知其双代号网络图如图 3-24(a)所示,试判断该网络图的正确性。

判断网络图的正确与否,应从网络图是否符合工艺逻辑关系要求,是否符合施工组织程序要求,是否满足空间逻辑关系要求三个方面分析。由图 3-24(a)可以看出,该网络图符合前两个方面要求,但不满足空间逻辑关系要求,因为第Ⅲ施工段的支模板不应受到第Ⅰ施工段绑钢筋的制约,第Ⅲ施工段绑钢筋不应受到第Ⅰ施工段浇混凝土的制约,这说明空间逻辑关系表达有误。

在这种情况下,就应采用虚工作在线路上切断无逻辑关系的各项工作,这种方法就是"断路法"。上述情况如要避免,必须运用断路法,增加虚箭线来加以分隔,使支模Ⅲ仅为支模Ⅱ的紧后工作,而与钢筋Ⅰ断路;使钢筋Ⅲ仅为钢筋Ⅱ和支模Ⅲ的紧后工作,而与浇筑混凝土Ⅰ断路。正确的网络图应如图 3-24(b)所示。这种断路法在组织分段流水作业的网络图中使用很多,十分重要。

(4)绘制网络图的基本规则

1)双代号网络图必须正确表达已定的逻辑关系。

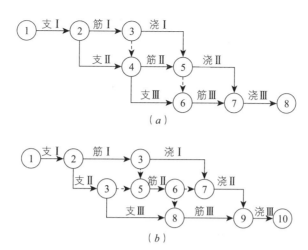

图 3-24 双代号网络图
(a) 错误；(b) 正确

2) 双代号网络图中，严禁出现循环回路。所谓循环回路是指从一个节点出发，顺箭线方向又回到原出发点的循环线路。如图 3-25 所示，就出现了循环回路 2→3→4→5→6→7→2。它表示的逻辑关系是错误的，在工艺关系上是矛盾的。

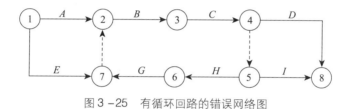

图 3-25 有循环回路的错误网络图

3) 双代号网络图中，在节点之间严禁出现带双向箭头或无箭头的连线，如图 3-26 所示。

图 3-26 错误的箭线画法
(a) 双向箭头的连线；(b) 无箭头的连线

4) 双代号网络图中，严禁出现没有箭头节点或没有箭尾节点的箭线，如图 3-27 所示。同时严禁在箭线上引入或引出箭线，如图 3-28 所示。

图 3-27 没有箭头节点或箭尾节点的错误画法
(a) 没有箭尾节点的箭线；(b) 没有箭头节点的箭线

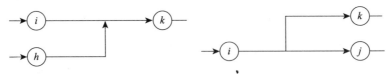

图 3-28 在箭线上引进、引出的错误画法

5) 同一个网络图中，同一项工作不能出现两次。如图 3-29 (a) 中工作 C 出现了两次是不允许的，应引进虚工作表达成图 3-29 (b) 所示。

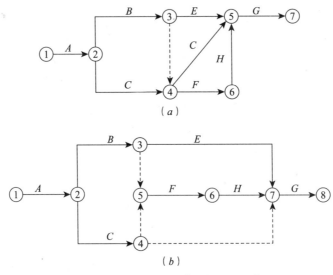

图 3-29 同一项工作不能出现两次

6) 当网络图的某些节点有多条外向箭线或有多条内向箭线时，为使图形简洁，在不违背"一项工作应只有唯一的一条箭线和相应的一对节点编号"的规定的前提下，可用母线法绘制。当箭线线型不同时，可从母线上引出的支线上标出。如图 3-30 所示。

7) 绘制网络图时，尽可能在构图时避免箭线交叉。当交叉不可避免、且交叉少时，采用过桥法，或指向法如图 3-31 所示。

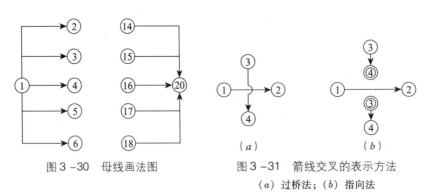

图 3-30 母线画法图　　图 3-31 箭线交叉的表示方法
(a) 过桥法；(b) 指向法

8) 双代号网络图中只允许有一个起点节点（该节点编号最小且没有内向箭线）；不是分期完成任务的网络图中，只允许有一个终点节点（该节点编号最大且没有外向

工作);而其他所有节点均是中间节点(既有内向箭线又有外向箭线)。如图 3-32 (a) 所示,网络图中有两个起点节点①和⑤,有两个终点节点④和⑩,画法错误。正确画法如图 3-32 (b) 所示。

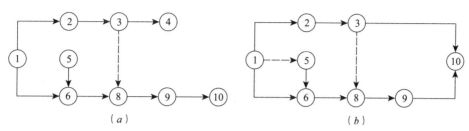

图 3-32 起点节点和终点节点表达
(a) 错误表达;(b) 正确表达

(5) 双代号网络图的绘制方法

1) 根据工程项目所采用的施工方法、施工工艺及施工组织的方法,进行逻辑关系的分析,列出一张明细表。如表 3-10 为某钢筋混凝土工程划分为三个施工段时的工作明细表。

某钢筋混凝土工程划分为三个施工段时的工作明细表　　表 3-10

工作名称	工作代号	紧前工作	工作时间	工作名称	工作代号	紧前工作	工作时间
支模 1	A	—	3	浇筑混凝土 2	F	C, E	1
绑钢筋 1	B	A	2	支模 3	G	D	3
浇筑混凝土 1	C	B	1	绑钢筋 3	H	G, E	2
支模 2	D	A	3	浇筑混凝土 3	I	F, H	1
绑钢筋 2	E	B, D	3				

2) 采用顺推法绘草图:即以原始节点开始首先确定由原始节点引出的工作,然后根据工作之间的逻辑关系,确定每项工作的紧后工作。以表 3-10 为例说明。

A. 当某项工作只存在一项紧前工作时,该工作可以直接从其紧前工作的结束节点连出,图 3-33 (a)。

B. 当某项工作存在多于一项以上紧前工作时,可从其紧前工作的结束节点分别画虚工作并汇交到一个新节点,然后从这一新节点把该项工作引出,图 3-33 (b)。

C. 在连接某工作时,若该工作的紧前工作没有全部给出,则该项工作不应画出。

3) 取掉多余虚箭线,并对网络图进行整理,图 3-33 (c)。

4) 检查、编号,图 3-33 (d)。

【例 3-8】绘制双代号网络计划图的示例

根据表 3-11 中各工作的逻辑关系,绘制双代号网络图并进行节点编号(如图 3-34 所示)。

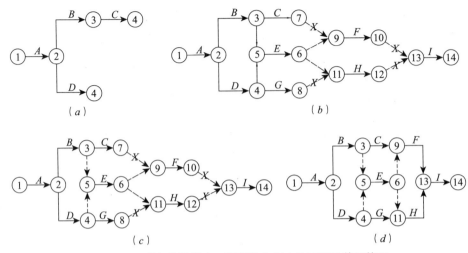

图 3-33 某钢筋混凝土工程划分为三个施工段时的网络图

某分部各施工过程逻辑关系表　　　　表 3-11

施工过程	A	B	C	D	E	F	G	H
紧前过程	无	A	B	B	B	C、D	C、E	F、G
紧后过程	B	C、D、E	F、G	F	G	H	H	无

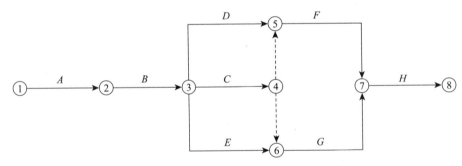

图 3-34 某分部工程网络计划图

(6) 绘制双代号网络图应注意如下事项

1) 网络图布局要条理清楚、层次分明、行列有序、重点突出。如图 3-35 (a) 图的步骤条例不清楚,重点不突出,而图 3-35 (b) 则相反。

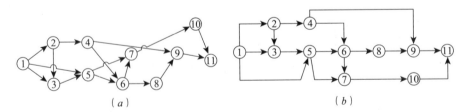

图 3-35 网络图布置示意图

2) 正确应用虚箭线进行网络图的断路。应用虚箭线进行网络图断路,是正确表达工作之间逻辑关系的关键。如图 3-34 (b)。

3）力求减少不必要的箭线和节点，使网络图图面简捷，减少时间参数的计算量。如图 3-36 所示。

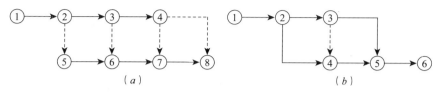

图 3-36 虚工作示意图
（a）有多余虚工作；（b）无多余虚工作

4）网络图的分解。当网络图中的工作任务较多时，可以把它分成几个小块来绘制。分界点一般选择在箭线和节点较少的位置，或按施工部位分块。分界点要用重复编号，即前一块的最后一节点编号与后一块的第一个节点编号相同，如图 3-37 所示。

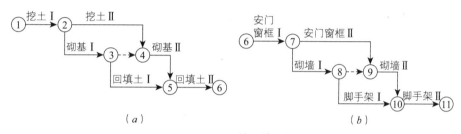

图 3-37 网络图的分解

3. 网络图的拼接

（1）网络图的排列

网络图采用正确的排列方式，逻辑关系准确清晰，形象直观，便于计算与调整。主要排列方式有：

1）施工段按水平方向排列

为了突出表示工种的连续作业，可以把同一工种排列在同一水平线上，如图 3-38所示。

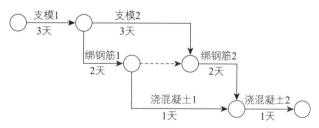

图 3-38 按施工过程排列

2）工艺顺序按水平方向排列

为了突出表示工作面的连续或者工作队的连续，可以把同一施工段上的不同工作排列在同一水平线上如图 3-39 所示。

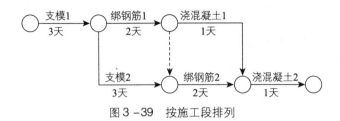

图3-39 按施工段排列

(2) 网络图连接

绘制一个工程规模比较大或有多幢房屋工程的网络计划时，一般先按不同的分部工程编制局部网络图，然后根据其相互之间的逻辑关系进行连接，形成一个总体网络图，如图3-40所示。

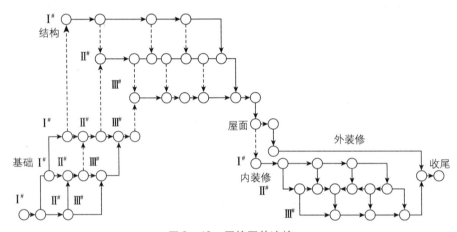

图3-40 网络图的连接

在连接过程中，应注意以下几点：
1) 必须有统一的构图和排列形式；
2) 整个网络图的节点编号要协调一致；
3) 施工过程划分的粗细程度应一致；
4) 各分部工程之间应预留连接节点。

(3) 网络图的详略组合

在网络图的绘制中，为了简化网络图图面，更是为了突出网络计划的重点，常常采取"局部详细、整体简略"的绘制方式，称为详略组合。例如，编制有标准层的多高层住宅或公寓、写字楼等工程施工网络计划，可以先将施工工艺过程和工程量与其他楼层均相同的标准层网络图绘出，其他层则简略为一根箭线表示，如图3-41所示。

4. 双代号网络图时间参数的计算

根据工程对象各项工作的逻辑关系和绘图规则绘制网络图是一种定性的过程，只有进行时间参数的计算这样一个定量的过程，才使网络计划具有实际应用价值。计算网络计划时间参数的目的主要有三个：第一，确定关键线路和关键工作，便于施工中抓住重点，向关键线路要时间；第二，明确非关键工作及其在施工中时间上有多大的

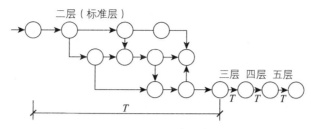

图 3-41 网络图的详略组合

机动性,便于挖掘潜力,统筹全局,部署资源;第三,确定总工期,做到工程进度心中有数。

(1) 各时间参数的含义及符号

1) 工作持续时间

工作持续时间是指一项工作从开始到完成的时间,用 D 表示。其主要计算方法有:

A. 定额法;

B. 估算法;

C. 倒排进度计划法。

2) 工期

工期是指完成一项任务所需要的时间,一般有以下三种工期:

A. 计算工期:是指根据时间参数计算所得到的工期,用 T_c 表示;

B. 要求工期:是指任务委托人提出的指令性工期,用 T_r 表示;

C. 计划工期:是指根据要求工期和计算工期所确定的作为实施目标的工期,用 T_p 表示。

规定了要求工期时:$T_p \leqslant T_r$

当未规定要求工期时:$T_p = T_c$

3) 网络计划中工作的时间参数

网络计划中的工作时间参数有六个:最早开始时间、最早完成时间、最迟完成时间、最迟开始时间、总时差、自由时差、节点最早时间和节点最迟时间。

4) 常用符号

设有线路 ⓗ→ⓘ→ⓙ→ⓚ 则:

D_{i-j}——工作 $i-j$ 的持续时间;

D_{h-i}——工作 $i-j$ 的紧前工作 $h-i$ 的持续时间;

D_{j-k}——工作 $i-j$ 紧后工作 $j-k$ 的持续时间;

ES_{i-j}——工作 $i-j$ 的最早开始时间;

EF_{i-j}——工作 $i-j$ 的最早完成时间;

LF_{i-j}——在总工期已经确定的情况下,工作 $i-j$ 的最迟完成时间;

LS_{i-j}——在总工期已经确定的情况下,工作 $i-j$ 的最迟开始时间;

ET_i——节点 i 的最早时间;

LT_i ——节点 i 的最迟时间;

TF_{i-j} ——工作 $i-j$ 的总时差;

FF_{i-j} ——工作 $i-j$ 的自由时差。

(2) 双代号网络计划时间参数的计算

双代号网络计划时间参数的计算方法通常有工作计算法、节点计算法、图上计算法和表上计算法四种,主要介绍前三种。

1) 工作计算法

按工作计算法计算时间参数应在确定了各项工作的持续时间之后进行。虚工作也必须视同工作进行计算,其持续时间为零。时间参数的计算结果应标注在箭线之上,如图 3-42 所示。

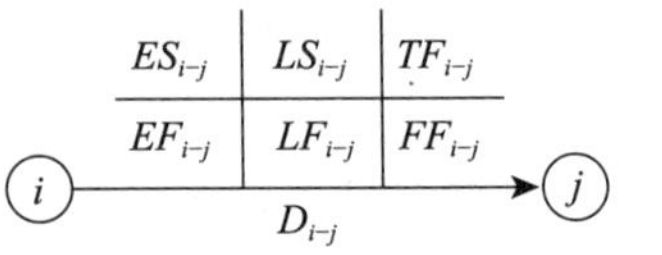

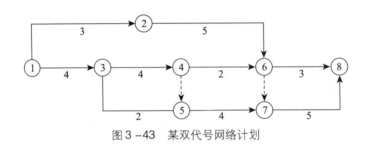

图 3-42 工作计算法的标注内容

下面以某双代号网络计划(图 3-43)为例,说明其计算步骤。其结果如图 3-44 所示。

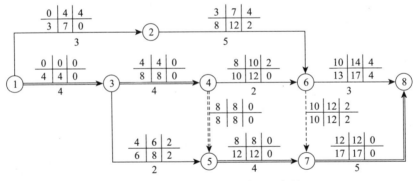

图 3-43 某双代号网络计划

图 3-44 工作计算法计算时间参数

A. 计算各工作的最早开始时间和最早完成时间

最早开始时间是指各紧前工作全部完成后,本工作有可能开始的最早时刻。工作的最早开始时间用 ES_{i-j} 表示。最早完成时间是指各紧前工作全部完成后,本工作有可能完成的最早时刻。工作的最早完成时间用 EF_{i-j} 表示。

这类时间参数的实质是提出了紧后工作与紧前工作的关系,即紧后工作若提前开始,也不能提前到其紧前工作未完成之前。其计算程序为:自起点节点开始,顺着箭线方向,依次逐项计算到终点节点。

各项工作的最早完成时间等于其最早开始时间加上工作持续时间,即

$$EF_{i-j} = ES_{i-j} + D_{i-j} \qquad (3-24)$$

计算工作最早时间参数时,一般有以下三种情况:

(A) 当该工作为起始工作($i=1$),其最早开始时间为零(或规定时间),即:

$$ES_{i-j} = 0 \qquad (3-25)$$

(B) 当该工作只有一项紧前工作时,该工作的最早开始时间应为其紧前工作的最早完成时间,即:

$$ES_{i-j} = EF_{h-i} = ES_{h-i} + D_{h-i} \qquad (3-26)$$

(C) 当工作有多个紧前工作时,该工作的最早开始时间应为其所有紧前工作最早完成时间最大值,即:

$$ES_{i-j} = \max EF_{h-i} = \max\{ES_{h-i} + D_{h-i}\} \qquad (3-27)$$

本例中,各工作的最早开始时间和最早完成时间计算如下:

工作的最早开始时间:

$ES_{1-2} = ES_{1-3} = 0 \qquad ES_{2-6} = ES_{1-2} + D_{1-2} = 0 + 3 = 3$

$ES_{3-4} = ES_{3-5} = ES_{1-3} + D_{1-3} = 0 + 4 = 4 \qquad ES_{4-5} = ES_{4-6} = ES_{3-4} + D_{3-4} = 4 + 4 = 8$

$ES_{5-7} = \max \begin{Bmatrix} ES_{3-5} + D_{3-5} = 4 + 2 = 6 \\ ES_{4-5} + D_{4-5} = 8 + 0 = 8 \end{Bmatrix} = 8$

$ES_{6-7} = ES_{6-8} = \max \begin{Bmatrix} ES_{2-6} + D_{2-6} = 3 + 5 = 8 \\ ES_{4-6} + D_{4-6} = 8 + 2 = 10 \end{Bmatrix} = 10$

$ES_{5-7} = \max \begin{Bmatrix} ES_{5-7} + D_{5-7} = 8 + 4 = 12 \\ ES_{6-7} + D_{6-7} = 10 + 0 = 8 \end{Bmatrix} = 12$

工作的最早完成时间:

$EF_{1-2} = ES_{1-2} + D_{1-2} = 0 + 3 = 3 \qquad EF_{1-3} = ES_{1-3} + D_{1-3} = 0 + 4 = 4$

同理,$EF_{2-6} = 8 \quad EF_{3-4} = 8 \quad EF_{3-5} = 6 \quad EF_{4-5} = 8 \quad EF_{4-6} = 10 \quad EF_{5-7} = 12$

$EF_{6-7} = 10 \quad EF_{6-8} = 13 \quad EF_{7-8} = 17$

上述计算可以看出,同一节点的所有外向工作最早开始时间相同。

B. 确定网络计划工期

当网络计划规定了要求工期时,计划工期与要求工期的关系为

$$T_p \leqslant T_r \qquad (3-28)$$

当网络计划未规定要求工期时,网络计划的计划工期应等于计算工期,即:

$$T_p = T_c = \max\{EF_{i-n}\} \qquad (3-29)$$

EF_{i-n}表示以网络计划的终点节点 n 为完成节点最早完成时间。

网络计划的计算工期为:

$$T_c = \max\{EF_{6-8}, EF_{7-8}\} = \max\{13, 17\} = 17$$

C. 计算各工作的最迟完成时间和最迟开始时间

最迟完成时间是指在不影响整个任务按期完成的前提下,工作必须完成的最迟时

刻。工作的最迟完成时间用 LF_{i-j} 表示。最迟开始时间是指在不影响整个任务按期完成的前提下，工作必须开始的最迟时刻。工作的最迟开始时间用 LS_{i-j} 表示。

这类时间参数的实质是提出紧前工作与紧后工作的关系，即紧前工作要推迟开始，不能影响其紧后工作的按期完成。其计算程序为：自终点节点开始，逆着箭线方向，依次逐项计算到起点节点。

各工作的最迟开始时间等于其最迟完成时间减去工作持续时间，即

$$LS_{i-j} = LF_{i-j} - D_{i-j} \tag{3-30}$$

计算工作最迟完成时间参数时，一般有以下三种情况：

（A）当工作的终点节点为完成节点（$j = n$）时

$$LF_{i-n} = T_p \tag{3-31}$$

（B）当工作只有一项紧后工作时，该工作的最迟完成时间应为其紧后工作的最迟开始时间，即：

$$LF_{i-j} = LS_{j-k} = LF_{j-k} - D_{j-k} \tag{3-32}$$

（C）当工作有多项紧后工作时，该工作的最迟完成时间应为其多项紧后工作最迟开始时间的最小值，即：

$$LF_{i-j} = \min\{LS_{j-k}\} = \min\{LF_{j-k} - D_{j-k}\} \tag{3-33}$$

本例中，各工作的最迟完成时间和最迟开始时间计算如下：

工作的最迟完成时间：

$LF_{7-8} = LF_{6-8} = T_p = 17 \quad LF_{6-7} = LF_{5-7} = LF_{7-8} - D_{7-8} = 17 - 5 = 12$

$LF_{4-6} = LF_{2-6} = \min\begin{Bmatrix} LF_{6-7} - D_{6-7} = 12 - 0 = 12 \\ LF_{6-8} - D_{6-7} = 17 - 3 = 14 \end{Bmatrix} = 12$

$LF_{4-5} = LF_{3-5} = LF_{5-7} - D_{5-7} = 12 - 4 = 8$

$LF_{4-6} = \min\begin{Bmatrix} LF_{4-6} - D_{4-6} = 12 - 0 = 12 \\ LF_{4-5} - D_{4-5} = 8 - 0 = 8 \end{Bmatrix} = 8$

$LF_{1-3} = \min\begin{Bmatrix} LF_{3-4} - D_{3-4} = 8 - 4 = 4 \\ LF_{3-5} - D_{3-5} = 8 - 2 = 6 \end{Bmatrix} = 4$

$LF_{1-2} = LF_{2-6} - D_{2-6} = 12 - 5 = 7$

工作的最迟开始时间：

$LS_{1-2} = LF_{1-2} - D_{1-2} = 7 - 4 = 3 \quad LS_{1-3} = LF_{1-3} - D_{1-3} = 4 - 4 = 0$

同理，$LS_{2-6} = 7$、$LS_{3-4} = 4$、$LS_{3-5} = 6$、$LS_{4-5} = 8$、$LS_{4-6} = 10$、$LS_{5-7} = 8$、$LS_{6-7} = 12$、$LS_{6-8} = 14$、$LS_{7-8} = 12$。

上述计算可以看出，同一节点的所有内向工作最迟完成时间相同。

D. 计算各工作的总时差

总时差是指在不影响总工期的前提下，本工作可以利用的机动时间。工作的总时差用 TF_{i-j} 表示。

如图 3-45 所示，在不影响总工期的前提下，一项工作可以利用的时间范围是从

该工作最早开始时间到最迟完成时间，即工作从最早开始时间或最迟开始时间开始，均不会影响总工期。而工作实际需要的持续时间是 D_{i-j}，扣去 D_{i-j} 后，余下的一段时间就是工作可以利用的机动时间，即为总时差。所以总时差等于最迟开始时间减去最早开始时间，或最迟完成时间减去最早完成时间，即：

$$TF_{i-j} = LS_{i-j} - ES_{i-j} \qquad (3-34)$$

或

$$TF_{i-j} = LF_{i-j} - EF_{i-j} \qquad (3-35)$$

本例中，各工作的总时差计算如下：

$TF_{1-2} = LS_{1-2} - ES_{1-2} = 4 - 0 = 4$ $TF_{1-3} = LS_{1-3} - ES_{1-3} = 0 - 0 = 0$

$TF_{2-6} = LS_{2-6} - ES_{2-6} = 7 - 3 = 4$ $TF_{3-4} = LS_{3-4} - ES_{3-4} = 4 - 4 = 0$

$TF_{3-5} = LS_{3-5} - ES_{3-5} = 6 - 4 = 2$ $TF_{4-5} = LS_{4-5} - ES_{4-5} = 8 - 8 = 0$

$TF_{4-6} = LS_{4-6} - ES_{4-6} = 10 - 8 = 2$ $TF_{5-7} = LS_{5-7} - ES_{5-7} = 8 - 8 = 0$

$TF_{6-7} = LS_{6-7} - ES_{6-7} = 12 - 10 = 2$ $TF_{6-8} = LS_{6-8} - ES_{6-8} = 14 - 10 = 4$

$TF_{7-8} = LS_{7-8} - ES_{7-8} = 12 - 12 = 0$

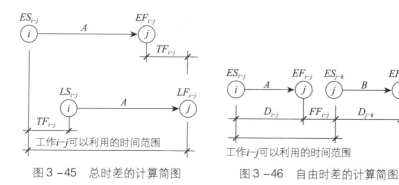

图 3-45　总时差的计算简图　　　图 3-46　自由时差的计算简图

通过计算不难看出总时差有如下特性：

（A）凡是总时差最小的工作就是关键工作；由关键工作连接构成的线路为关键线路；关键线路上各工作时间之和即为总工期。

（B）当网络计划的计划工期等于计算工期时，凡总时差大于零的工作为非关键工作，凡是具有非关键工作的线路即为非关键线路。

（C）总时差的使用具有双重性，它既可以被该工作使用，但又属于某非关键线路所共有。当某项工作使用了全部或部分总时差时，则将引起通过该工作的线路上所有工作总时差重新分配。

E. 计算各工作的自由时差

自由时差是指在不影响其紧后工作最早开始时间的前提下，本工作可以利用的机动时间。工作的自由时差用 FF_{i-j} 表示。

如图 3-46 所示，在不影响其紧后工作最早开始时间的前提下，一项工作可以利用的时间范围是从该工作最早开始时间至其紧后工作最早开始时间。而工作实际需要的持续时间是 D_{i-j}，那么扣去 D_{i-j} 后，尚有的一段时间就是自由时差。其计算如下：

当工作有紧后工作时，该工作的自由时差等于紧后工作的最早开始时间减本工作最早完成时间，即：

$$FF_{i-j} = ES_{j-k} - EF_{i-j} \tag{3-36}$$

或

$$FF_{i-j} = ES_{j-k} - ES_{i-j} - D_{i-j} \tag{3-37}$$

当以终点节点（$j=n$）为箭头节点的工作，其自由时差应按网络计划的计划工期T_p确定，即：

$$FF_{i-n} = T_p - EF_{i-n} \tag{3-38}$$

或

$$FF_{i-n} = T_p - ES_{i-n} - D_{i-n} \tag{3-39}$$

本例中，各工作的自由时差计算如下：

$FF_{1-2} = ES_{2-6} - EF_{1-2} = 3 - 3 = 0$ $\quad FF_{1-3} = ES_{3-4} - EF_{1-2} = 4 - 4 = 0$

$FF_{2-6} = ES_{6-8} - EF_{2-6} = 10 - 8 = 8$ $\quad FF_{3-4} = ES_{4-6} - EF_{3-4} = 8 - 8 = 0$

$FF_{3-5} = ES_{5-7} - EF_{3-5} = 8 - 6 = 2$ $\quad FF_{4-5} = ES_{5-7} - EF_{4-5} = 8 - 8 = 0$

$FF_{4-6} = ES_{6-8} - EF_{4-6} = 10 - 10 = 0$ $\quad FF_{5-7} = ES_{7-8} - EF_{5-7} = 12 - 12 = 0$

$FF_{6-7} = ES_{7-8} - EF_{6-7} = 10 - 10 = 2$ $\quad FF_{6-8} = ES_{7-8} - EF_{6-8} = 17 - 13 = 4$

$FF_{7-8} = T_p - EF_{7-8} = 17 - 17 = 0$

通过计算不难看出自由时差有如下特性：

（A）自由时差为某非关键工作独立使用的机动时间，利用自由时差，不会影响其紧后工作的最早开始时间。例如图 3-44 中，工作 2~6 有 2 天自由时差，如果使用了 2 天机动时间，也不影响紧后工作 6~8 的最早开始时间。

（B）非关键工作的自由时差必小于或等于其总时差。

2）节点计算法

按节点计算法计算时间参数，其计算结果应标注在节点之上，如图 3-47 所示。

图 3-47 按节点计算法的标注内容

下面仍以图 3-43 为例，说明其计算步骤。

A. 计算各节点最早时间

节点最早时间是指以该节点为开始节点的各项工作的最早开始时间，称为节点最早时间。节点 i 的最早时间用 ET_i 表示。计算程序为：自起点节点开始，顺着箭线方向，用累加的方法计算到终点节点。

其计算有三种情况：

（A）起点节点 i 如未规定最早时间，其值应等于零，即：

$$ET_i = 0 \quad (i = 1) \tag{3-40}$$

（B）当节点 j 只有一条内向箭线时，最早时间应为：

$$ET_j = ET_i + D_{i-j} \qquad (3-41)$$

（C）当节点 j 有多条内向箭线时，其最早时间应为：

$$ET_j = \max\{ET_i + D_{i-j}\} \qquad (3-42)$$

终点节点 n 的最早时间即为网络计划的计算工期，即：

$$ET_n = T_c \qquad (3-43)$$

如图 3-43 所示的网络计划中，各节点最早时间计算如下：

$ET_1 = 0 \qquad ET_2 = ET_1 + D_{1-2} = 0 + 3 = 3$

$ET_3 = ET_1 + D_{1-3} = 0 + 4 = 4 \qquad ET_4 = ET_3 + D_{3-4} = 4 + 4 = 8$

$ET_5 = \max\{ET_3 + D_{3-5}, ET_4 + D_{4-5}\} = \max\{4+2, 8+0\} = 8$

其余节点的最早时间如图 3-48 所示。

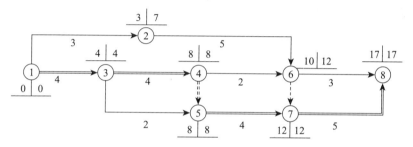

图 3-48　节点计算法计算时间参数

B. 计算各节点最迟时间

节点最迟时间是指以该节点为完成节点的各项工作的最迟完成时间，称为节点的最迟时间，节点 i 的最迟时间用 LT_i 表示。其计算程序为：自终点节点开始，逆着箭线方向，用累减的方法计算到起点节点。

其计算有两种情况：

（A）终点节点的最迟时间应等于网络计划的计划工期，即：

$$LT_n = T_p \qquad (3-44)$$

若分期完成的节点，则最迟时间等于该节点规定的分期完成的时间。

（B）当节点 i 只有一个外向箭线时，最迟时间为：

$$LT_i = LT_j - D_{i-j} \qquad (3-45)$$

（C）当节点 i 有多条外向箭线时，其最迟时间为：

$$LT_i = \min\{LT_j - D_{i-j}\} \qquad (3-46)$$

本例中，各节点的最迟时间计算如下：

$LT_8 = T_p = 17 \qquad LT_7 = LT_8 - D_{7-8} = 17 - 5 = 12$

$LT_6 = \min\{LT_7 - D_{6-7}, LT_8 - D_{6-8}\} = \min\{12-0, 17-3\} = 12$

其余节点的最迟时间如图 3-48 所示。

C. 根据节点时间参数计算工作时间参数

（A）工作最早开始时间和最早完成时间

$$ES_{i-j} = ET_i \qquad EF_{i-j} = ET_i + D_{i-j} \qquad (3-47)$$

（B）工作最迟完成时间和工作最迟开始时间

$$LF_{i-j} = LT_j \qquad LS_{i-j} = LT_j - D_{i-j} \qquad (3-48)$$

（C）工作总时差和自由时差

$$TF_{i-j} = LT_j - ET_i - D_{i-j} \qquad FF_{i-j} = ET_j - ET_i - D_{i-j} \qquad (3-49)$$

本例的计算结果见图 3-44，过程略。

3）图上计算法

图上计算法是根据工作计算法或节点计算法的时间参数计算公式，在图上直接计算的一种较直观、简便的方法。

A. 计算工作的最早开始时间和最早完成时间

以起点节点为开始节点的工作，其最早开始时间一般记为 0，如图 3-49 所示的工作 1-2 和工作 1-3。

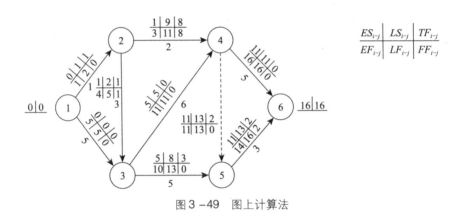

图 3-49 图上计算法

其余工作的最早开始时间可采用"沿线累加，逢圈取大"的计算方法求得。即从网络图的起点节点开始，沿每一条线路将各工作的作业时间累加起来，在每一个圆圈（节点）处，取到达该圆圈的各条线路累计时间的最大值，就是以该节点为开始节点的各工作的最早开始时间。

工作的最早完成时间等于该工作最早开始时间与本工作持续时间之和，结果见图 3-49。

B. 计算工作的最迟完成时间和最迟开始时间

以终点节点为完成节点的工作，其最迟完成时间就等于计划工期，如图 3-49 所示的工作 4-6 和工作 5-6。

其余工作的最迟完成时间可采用"逆线累减，逢圈取小"的计算方法求得。即从网络图的终点节点逆着每条线路将计划工期依次减去各工作的持续时间，在每一个圆圈处取后续线路累减时间的最小值，就是以该节点为完成节点的各工作的最迟完成时间。

工作的最迟开始时间等于该工作最迟完成时间与本工作持续时间之差，见

图3-49。

4) 计算工作的总时差

工作的总时差可采用"迟早相减,所得之差"的计算方法求得。即工作的总时差等于该工作的最迟开始时间减去工作的最早开始时间,或者等于该工作的最迟完成时间减去工作的最早完成时间,计算结果见图3-49。

5) 计算工作的自由时差

工作的自由时差等于紧后工作的最早开始时间减去本工作的最早完成时间。可在图上相应位置直接相减得到,计算结果见图3-49。

6) 计算节点最早时间

起点节点的最早时间一般记为0,如图3-50所示的①节点。

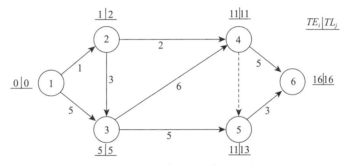

图3-50 网络图时间参数计算

其余节点的最早时间也可采用"沿线累加,逢圈取大"的计算方法求得。将计算结果标注在相应节点图例对应的位置上,计算结果见图3-50。

7) 计算节点最迟时间

终点节点的最迟时间等于计划工期。当网络计划有规定工期时,其最迟时间就等于规定工期;当没有规定工期时,其最迟时间就等于终点节点的最早时间其余节点的最迟时间也可采用"逆线累减,逢圈取小"的计算方法求得。将计算结果标注在相应节点图例对应的位置上,计算结果见图3-50。

3.3.3 单代号网络图

1. 单代号网络图的构成要素

以节点及其编号表示工作,以箭线表示工作之间的逻辑关系的网络图称为单代号网络图。即每一个节点表示一项工作,节点所表示的工作名称、持续时间和工作代号等标注在节点内,如图3-51所示。

单代号网络计划的构成要素也是箭线、节点和线路。

(1) 箭线

单代号网络图中,箭线表示紧邻工作之间的逻辑关系。箭线应画成水平直线、折线或斜线。箭线水平投影的方向应自左向右,表达工作的进行方向。

单代号网络图中不设虚箭线。箭线既不消耗资源，也不消耗时间，只表示各项工作间的逻辑关系。相对于箭尾和箭头来说，箭尾节点称为紧前工作，箭头节点称为紧后工作。

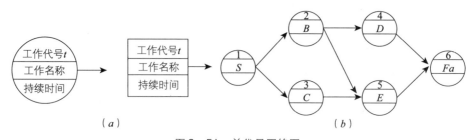

图3-51 单代号网络图
(a) 工作的表示方法；(b) 工程的表示方法

(2) 节点

单代号网络图中每一个节点表示一项工作，宜用圆圈或矩形表示。节点所表示的工作名称、持续时间和工作代号等应标注在节点内，如图3-51所示。

(3) 线路

线路的含义同双代号网络图。

2. 单代号网络图的绘制规则

单代号网络图的绘制规则与双代号网络图的绘图规则基本相同，主要区别在于：当网络图中有多项开始工作时，应增加一项虚拟的工作（开始），作为该网络图的起点节点；当网络图中有多项结束工作时，应增设一项虚拟的工作（结束），作为该网络图的终点节点，如图3-52所示。其中开始和结束均为虚拟工作。

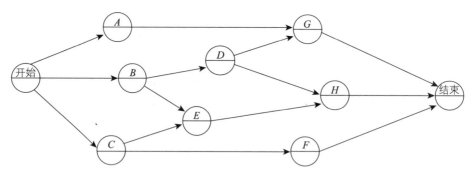

图3-52 带虚拟起点节点和终点节点的网络图

3. 单代号网络图时间参数的计算

(1) 时间参数的含义及符号

时间参数的含义同双代号网络图。各符号的含义如下：

设有线路 ⓗ→ⓘ→ⓙ 则：

D_i——工作 i 的持续时间；

D_h——工作 i 的紧前工作 h 的持续时间；

D_j——工作 i 的紧后工作 j 的持续时间；

ES_i——工作 i 的最早开始时间；

EF_i——工作 i 的最早完成时间；

LF_i——在总工期已经确定的情况下，工作 i 的最迟完成时间；

LS_i——在总工期已经确定的情况下，工作 i 的最迟开始时间；

TF_i——工作 i 的总时差；

FF_i——工作 i 的自由时差。

（2）时间参数的计算

下面以3-53所示的单代号网络图为例，说明时间参数的计算过程，结果标注在图上。

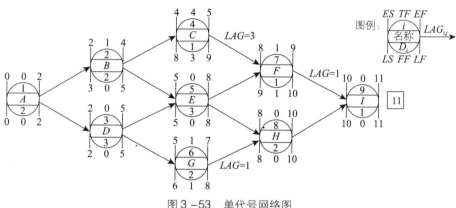

图3-53 单代号网络图

1）工作最早时间计算应符合下列规定：

工作的最早时间应该从网络图的起点节点开始，顺着箭线方向依次计算，且符合下列规定：

A. 起点节点的最早开始时间 ES_i 如无规定时，其值等于零，即

$$ES_1 = 0 \tag{3-50}$$

B. 其他工作的最早开始时间 ES_i

$$ES_i = \max\{ES_h + D_h\} \tag{3-51}$$

式中 ES_h——工作 i 的紧前工作 h 的最早开始时间；

D_h——工作 i 的紧前工作 h 的持续时间。

本例中 $ES_1 = 0$，$ES_5 = \max\{ES_2 + D_2, ES_3 + D_3\} = \max\{2+2, 2+3\} = 5$，其余各工作的最早开始时间见图3-53。

C. 工作 i 的最早完成时间的计算应符合下式规定：

$$EF_i = ES_i + D_i \tag{3-52}$$

本例中 $EF_1 = ES_1 + D_1 = 0 + 1 = 1$，$EF_5 = ES_5 + D_5 = 5 + 3 = 8$，其余各工作的最早开始完成时间见图3-53。

2）网络计划工期的确定

A. 计算工期 T_c 的计算应符合下式规定：

$$T_c = EF_n \qquad (3-53)$$

式中 EF_n——终点节点 n 的最早完成时间。

本例中，$T_c = EF_9 = 11$

B. 计划工期应按下列情况分别确定：

（A）当已规定了要求工期 T_r 时

$$T_p \leqslant T_r \qquad (3-54)$$

（B）当未规定要求工期时

$$T_p = T_c \qquad (3-55)$$

本例中 $T_p = T_c = 11$。

3）相邻两项工作 i 和 j 之间的时间间隔 LAG_{i-j}，的计算应符合下式规定：

$$LAG_{i-j} = ES_j - EF_i \qquad (3-56)$$

本例中 $LAG_{4,7} = ES_7 - EF_4 = 8 - 5 = 3$，其余各工作之间的 LAG_{i-j} 见图 3-53，图中 $LAG_{i-j} = 0$ 的没有标注。

4）工作总时差的计算应符合下列规定：

A. 工作 i 的总时差 TF_i 应从网络图的终点节点开始，逆着箭线方向依次逐项计算。

B. 终点节点所代表的工作 n 的总时差 TF_n 值为零，即

$$TF_n = 0 \qquad (3-57)$$

C. 其他工作的总时差 TF_i 的计算应符合下式规定：

$$TF_i = \min\{LAG_{i-j} + TF_j\} \qquad (3-58)$$

当已知各项工作的最迟完成时间 LF_i 和最迟开始时间 LS_i 时，工作的总时差 TF_i 计算也应符合下列规定：

$$TF_i = LS_i - ES_i \qquad (3-59)$$

或

$$TF_i = LF_i - EF_i \qquad (3-60)$$

本例中，$TF_7 = LAG_{7,9} + TF_7 = 1 + 0 = 1$，其余各工作的总时差见图 3-53。

5）工作 i 的自由时差 FF_i 的计算应符合下列规定：

$$FF_i = \min\{LAG_{i,j}\} \qquad (3-61)$$

$$FF_i = \min\{ES_j - EF_i\} \qquad (3-62)$$

或符合下式规定：

$$FF_i = \min\{ES_j - ES_i - D_i\} \qquad (3-63)$$

本例中，$FF_2 = 0$，其余见图 3-53。

6）工作最迟时间的计算

工作的最迟时间的计算，应从网络图的终点节点开始，逆着箭线方向依次逐项计算。符合下列规定：

A. 终点节点所代表的工作 n 的最迟完成时间 LF_n，应按网络计划的计划工期 T_p 确定，即

$$LF_n = T_p \tag{3-64}$$

B. 其他工作 i 的最迟完成时间 LF_i 应为

$$LF_n = \min\{LF_j - D_j\} \tag{3-65}$$

本例中，$LF_n = T_p = 11$，$LF_4 = LF_7 - D_7 = 10 - 1 = 9$，其余见图 3-53。

C. 工作 i 的最迟开始时间 LS_i 应为

$$LS_i = LF_i - D_i \tag{3-66}$$

本例中，$LS_4 = LF_4 - D_4 = 9 - 1 = 8$，其余见图 3-53。

(3) 关键工作和关键线路的确定

1) 关键工作的确定

网络计划中工作总时差最小的工作也就是关键工作。当计划工期等于计算工期时，总时差为零的工作就是关键工作。图 3-53 中的关键工作为 A、D、E、H、I。当计划工期小于计算工期时，关键工作的总时差为负值，说明应研究更多措施以缩短计算工期；当计划工期大于计算工期时，关键工作的总时差为正值，说明计划已留有余地，进度控制主动了。

2) 关键线路的确定

网络计划中自始至终全由关键工作组成的线路称为关键线路。单代号网络计划中将相邻两项关键工作之间的间隔时间为零的关键工作连接起来而形成的自起点节点到终点节点的通路就是关键线路。因此，图 3-53 中的关键线路是 1→3→5→8→9。

3.3.4 双代号时标网络计划

双代号时标网络计划是以时间坐标为尺度编制的网络计划，综合应用横道图的时间坐标和网络计划的原理，是在横道图基础上引入网络计划中各工作之间逻辑关系的表达方法。

如图 3-54 所示的双代号网络计划，若改画为时标网络计划，如图 3-55 所示。采用时标网络计划，既解决了横道计划中各项工作不明确，时间指标无法计算的缺点，又解决了双代号网络计划时间不直观，不能明确看出各工作开始和完成时间等问题。它的特点是：

(1) 工作箭线的长短反映工作持续时间的长短，具有横道计划的优点，故使用方便；

(2) 主要时间参数可直接在图上看出，只有在图上没有直接表示出来的时间参数如总时差、最迟开始时间和最迟完成时间才需要进行计算，可大大减少计算量；

(3) 可直接在时标计划表的下方，绘制资源需要量动态曲线；

(4) 由于箭线的长短受时标的制约，故绘制比较麻烦，修改网络计划的工作持续时间时必须重新绘图。

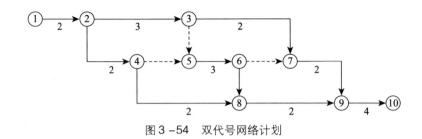

图 3-54 双代号网络计划

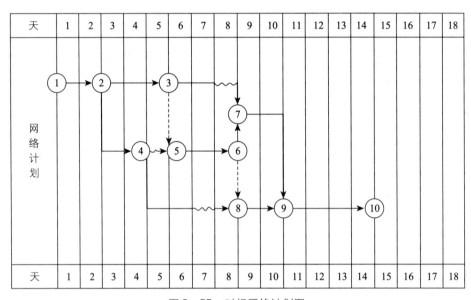

图 3-55 时标网络计划图

1. 时标网络计划的绘制

(1) 时标网络计划绘图的基本要求

1) 双代号时标网络计划必须以水平时间坐标为尺度表示工作时间。时标的时间单位应根据需要在编制网络计划之前确定,可为时、天、周、月或季。时间可标注在计划表顶部,也可标注在底部,必要时还可同时标注。时间的长度必须注明。表 3-12 是时标计划表的表达形式。

时标计划表　　　　　表 3-12

日历 (时间单位)	1	2	3	4	5	6	7	8	9	10	11	12	13	14	15	16	17
网络计划																	
(时间单位)	1	2	3	4	5	6	7	8	9	10	11	12	13	14	15	16	17

2）时标网络计划应以实箭线表示工作，以虚箭线表示虚工作，以波形线表示工作的自由时差。

3）时标网络计划中所有符号在时间坐标上的水平投影位置，都必须与其时间参数相对应。节点中心必须对准相应的时标位置。虚工作必须以垂直方向的虚箭线表示。

4）时标网络计划宜按最早时间编制，不宜按最迟时间编制。

5）时标网络计划编制前，必须先绘制无时标网络计划草图。

（2）时标网络计划的绘制方法

时标网络计划一般按工作的最早开始时间绘制。其绘制方法有间接绘制法和直接绘制法。

1）间接绘制法

间接绘制法是先计算网络计划的时间参数，再根据时间参数在时间坐标上进行绘制的方法。其绘制步骤和方法如下：

A. 先绘制双代号网络图，计算时间参数，确定关键工作及关键线路。

B. 根据需要确定时间单位并绘制时标横轴。

C. 根据工作最早开始时间或节点的最早时间确定各节点的位置。

D. 依次在各节点间绘出箭线及时差。绘制时宜先画关键工作、关键线路，再画非关键工作。如箭线长度不足以达到工作的完成节点时，用波形线补足，箭头画在波形线与节点连接处。

E. 用虚箭线连接各有关节点，将有关的工作连接起来。

2）直接绘制法

直接绘制法是不计算网络计划时间参数，直接在时间坐标上进行绘制的方法。其绘制步骤和方法可归纳为如下绘图口诀："时间长短坐标限，曲直斜平应相连；箭线到齐画节点，画完节点补波线；零线尽量画垂直，否则安排有缺陷。"

A. 时间长短坐标限：箭线的长度代表着具体的施工时间，受到时间坐标的制约。

B. 曲直斜平应相连：箭线的表达方式可以是直线、折线、斜线等，但布图应合理，直观清晰。

C. 箭线到齐画节点：工作的开始节点必须在该工作的全部紧前工作都画出后，定位在这些紧前工作最晚完成的时间刻度上。

D. 画完节点补波线：某些工作的箭线长度不足以达到其完成节点时，用波形线补足。

E. 零线尽量画垂直：虚工作持续时间为零，应尽可能让其为垂直线。

F. 否则安排有缺陷：若出现虚工作占用时间的情况，其原因是工作面停歇或施工作业队组工作不连续，说明安排工作时计划不周。

现以如图3-56所示网络计划为例，说明直接绘制法绘制时标网络计划的过程。

1）将起点节点定位在时间坐标的起始刻度线上。

2）按工作的持续时间绘制起点节点的外向箭线。

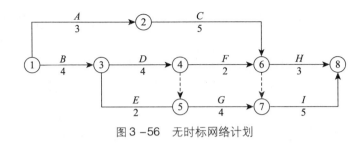

图 3-56　无时标网络计划

本例中，将节点①定位在时间坐标的起始刻度线"0"的位置上，从节点①分别绘出工作 A 和 B，如图 3-57 所示。

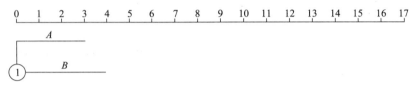

图 3-57　直接绘制法第一步

3）除起点节点外，其他节点必须在其所有内向箭线绘出后，定位在这些箭线中最迟的箭线末端。其他内向箭线的长度不足以到达该节点时，须用波形线补足，箭头画在与该节点的连接处。

4）用上述方法从左至右依次确定其他各个节点的位置，直至绘出终点节点。

本例中由于节点②只有一条内向箭线，所以节点②直接定位在箭线 A 的末端；同理，节点③直接定位在箭线 B 的末端，如图 3-58 所示。

图 3-58　直接绘制法第二步

绘制 D 工作，并将节点④定位在箭线 D 的末端；节点⑤的位置需要在绘出虚工作④→⑤和工作 E 之后，定位在工作 E 和虚工作④→⑤中最迟的箭线末端，即时刻"8"的位置上。此时，箭线 E 的长度不足以到达节点⑤，用波形线补足，如图 3-59 所示。

用同样的方法依次确定节点⑥、⑦、⑧的位置，完成时标网络图的绘制，如图 3-60 和图 3-61 所示。

2. 关键线路和时间参数的确定

（1）关键线路的确定　自终点节点逆箭线方向朝起点节点观察，自始至终未现波形线的线路为关键线路，如图 3-61 中所示的双线为关键线路。

（2）工期的确定　时标网络计划的计算工期，应是其终点节点与起点节点所在位置的时标值之差。

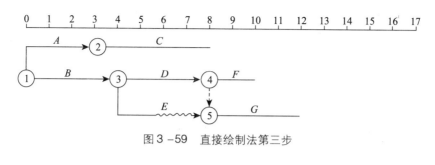

图 3-59　直接绘制法第三步

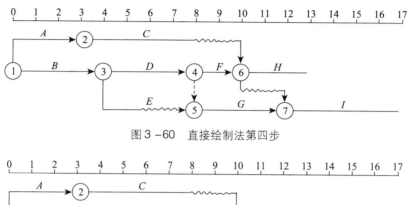

图 3-60　直接绘制法第四步

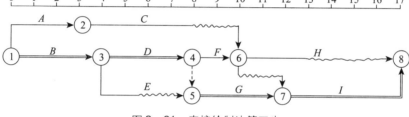

图 3-61　直接绘制法第五步

(3) 时间参数的确定

1) 最早时间参数：按最早时间绘制的时标网络计划，每条箭线的箭尾和箭头所对应的时标值应为该工作的最早开始时间和最早完成时间。

2) 自由时差：波形线的水平投影长度即为该工作的自由时差。

3) 总时差：自右向左进行，其值等于诸紧后工作的总时差的最小值与本工作的自由时差之和。即

$$TF_{i-j} = \min\{TF_{j-k}\} + FF_{i-j} \tag{3-67}$$

4) 最迟时间参数：最迟开始时间和最迟完成时间应按下式计算：

$$LS_{i-j} = ES_{i-j} = TF_{i-j} \tag{3-68}$$

$$LF_{i-j} = EF_{i-j} = TF_{i-j} \tag{3-69}$$

3.3.5　网络计划的具体应用

1. 分部工程网络计划

按现行《建筑工程施工质量验收统一标准》（GB 50300—2001），建筑工程可划分为以下九个分部工程：地基与基础工程、主体结构工程、建筑装饰装修工程、建筑屋面工程、建筑给水排水及采暖工程、建筑电气工程、智能建筑工程、通风与空调工

程、电梯工程。

在编制分部工程网络计划时,要在单位工程对该分部工程限定的进度目标时间范围内,既考虑各施工过程之间的工艺关系,又考虑其组织关系,同时还应注意网络图的构图,并且尽可能组织主导施工过程流水施工。

(1) 地基与基础工程网络计划

钢筋混凝土筏形基础工程的网络计划

钢筋混凝土筏形基础工程一般可划分为:土方开挖、混凝土垫层、钢筋混凝土筏形基础(绑钢筋、支模板、浇混凝土)、回填土等施工过程。当划分为三个施工段组织流水施工时,按施工段排列的网络计划如图3-62所示。

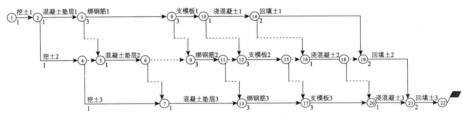

图3-62 钢筋混凝土筏形基础工程网络图计划

(2) 主体结构工程网络计划

1) 砌体结构主体工程的网络计划

砌体结构主体工程的施工过程为立构造柱、砌墙、钢筋混凝土工程时,若每层分三个施工段组织施工,其标准层网络计划可按施工过程排列,如图3-63所示。

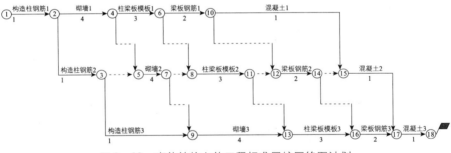

图3-63 砌体结构主体工程标准层按网络图计划

2) 框架结构主体工程的网络计划

框架结构主体工程的施工一般可划分为:立柱筋,支柱、梁、板、楼梯模,绑梁、板、楼梯筋,浇柱、梁、板、楼梯混凝土,拆模,填充墙砌筑七个施工过程。若每层三个施工段组织施工,其标准层网络计划可按施工段排列,如图3-64所示。

(3) 屋面工程网络计划

屋面工程,一般情况下不划分流水段,根据屋面的设计构造层次要求逐层进行施工,如图3-65、图3-66所示。

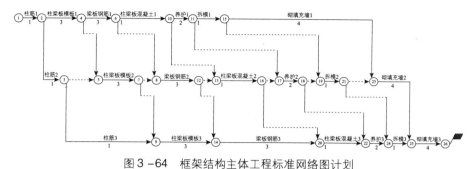

图 3-64 框架结构主体工程标准网络图计划

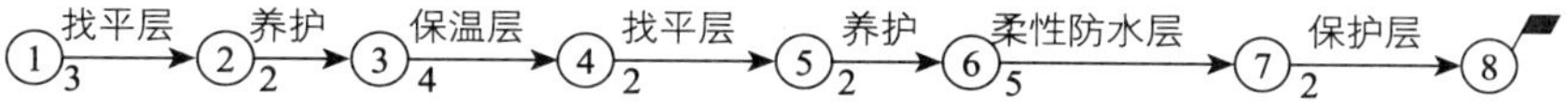

图 3-65 柔性防水屋面工程网络图计划

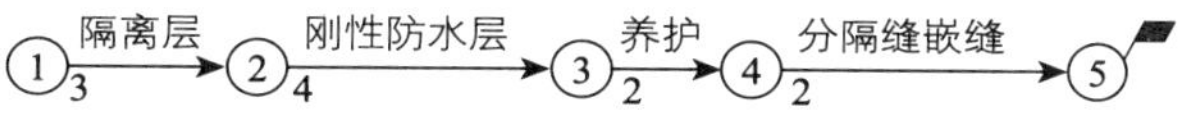

图 3-66 刚性防水屋面工程网络图计划

(4) 装饰装修工程的网络计划

某 4 层民用建筑的建筑装饰装修工程的室内装饰装修施工,划分顶棚墙面抹灰、门窗扇、地面、油漆、细部、楼梯 6 个施工过程,每层为一个施工段,按施工过程排列的网络计划如图 3-67 所示。

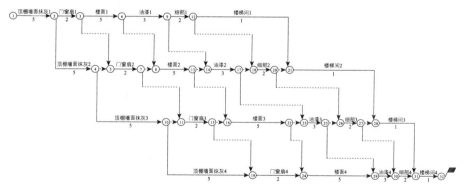

图 3-67 建筑装饰装修工程网络计划

2. 单位工程网络计划

在编制单位工程网络计划时,要按照施工程序,将各分部工程的网络计划最大限度地合理搭接起来,一般需考虑相邻分部工程的前者最后一个分项工程与后者的第一个分项工程的施工顺序关系,最后汇总为单位工程初始网络计划。

对于小型建设工程来讲,可编制一个整体工程的网络计划来控制进度,无需分若干等级。而对于大中型建设工程来说,为了有效地控制大型而复杂的建设工程的进度,有必要编制多级网络计划系统,即:建设项目施工总进度网络计划,单项工程（或分阶段）施工进度网络计划，单位工程施工进度网络计划，分部工程施工进度网络计划等；从而做到系统控制，层层落实责任，便于管理，既能考虑局部，又能保证整体。附图3～附图5为某高层建筑的分级网络计划。

【工程案例】

某学校四层框架结构教学楼，建筑面积4020m^2。基础为钢筋混凝土独立基础，主体工程为全现浇框架结构。装修工程为铝合金窗、胶合板门；外墙贴面砖；内墙为中级抹灰，普通涂料刷白；楼地面贴地板砖；屋面用200mm厚加气混凝土块做保温层，上做SBS改性沥青防水层，其劳动量一览表见表3-6，其进度计划网络图见附图6。

【实训】

4幢同型装配式大板宿舍楼，组织一个基础施工队，一个结构施工队和两个装修施工队进行流水施工。第一装修施工队负责甲楼和丙楼的装修，第二个装修队负责乙楼和丁楼的装修工程。每幢楼的基础施工工期为15天，结构施工工期为25天，装修施工工期为40天，4幢楼的施工顺序为甲→乙→丙→丁。

要求：绘制横道图和双代号网络图。

【课后讨论】

1. 顶岗实习的工程项目有网络计划吗？
2. 横道计划和网络计划各自的优缺点是什么？哪一个的通用性更强？

单元小结

本章主要介绍两部分内容：建筑工程流水施工和网络计划技术。

第一部分建筑工程流水施工应该在熟悉常见的3种组织施工方式的基础上，重点掌握流水施工原理、流水施工的组织方式及其对应的计算与进度计划表的绘制，熟悉流水施工的基本概念、主要参数以及流水施工在实际工程中的应用。

第二部分网络计划技术的学习由于其图形表现方式不同，可以划分为两大部分内容：双代号网络计划和单代号网络计划。要求掌握双代号网络计划相关知识点，对于单代号网络计划要求在概念上理解即可。对于双代号网络计划应从以下四个方面分类学习：一是熟悉双代号网络计划技术的基本概念；二是在熟悉双代号网络计划绘图规则的基础上能够正确绘制双代号网络图；三是在熟悉时间参数概念的基础上熟练掌握双代号网络计划时间参数的计算；四是双代号时标网络计划的绘制和应用。

练习题

1. 组织施工有哪几种方式？各有哪些特点？
2. 组织流水施工的要点和条件有哪些？
3. 流水施工中，主要参数有哪些？试分别叙述它们的含义。
4. 施工段划分的基本要求是什么？
5. 流水施工的时间参数如何确定？
6. 流水节拍的确定应考虑哪些因素？
7. 流水施工的基本方式有哪几种，各有什么特点？
8. 什么叫双代号网络图？什么叫单代号网络图？
9. 工作和虚工作有什么不同？虚工作的作用有哪些？
10. 简述网络图的绘制原则。
11. 什么叫线路、关键工作、关键线路？
12. 某工程有、A、B、C 三个施工过程，每个施工过程均划分为四个施工段，设 $t_A = 2$ 天，$t_B = 4$ 天，$t_C = 3$ 天。试分别计算依次施工、平行施工及流水施工的工期，并绘出各自的施工进度计划。
13. 已知某工程任务划分为五个施工过程，分五段组织流水施工，流水节拍均为 3 天，在第二个施工过程结束后有 2 天的技术与组织间歇时间，试计算其工期并绘制进度计划。
14. 某施工项目由Ⅰ、Ⅱ、Ⅲ、Ⅳ四个施工过程组成，它在平面上划分为 6 个施工段。各施工过程在各个施工段上的持续时间依次为：6、4、6 天和 2 天，施工过程完成后，其相应施工段至少应有组织间歇时间 1 天。试编制工期最短的流水施工方案。
15. 某现浇钢筋混凝土工程由支模、绑钢筋、浇筑混凝土、拆模和回填土五个分项工程组成，它在平面上划分为 6 个施工段。各分项工程在各个施工段上的施工持续时间，见表 3 – 13。在混凝土浇筑后至拆模板必须有养护时间 2 天。试编制该工程流水施工方案。

施工持续时间表 表 3 – 13

分项工程名称	持续时间（天）					
	①	②	③	④	⑤	⑥
支模板	2	3	2	3	2	3
绑扎钢筋	3	3	4	4	3	3
浇筑混凝土	2	1	2	2	1	2
拆模板	1	2	1	1	2	1
回填土	2	3	2	2	3	2

16. 试找出图 3-68 网络图中的错误。

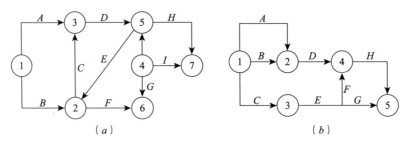

图 3-68 题 16 图

17. 某装修工程各工序的逻辑关系及工作持续时间如表 3-14 表所示。

题 17 表 表 3-14

序号	工序名称	紧前工作	紧后工作	持续时间（d）
A	顶棚粉刷1		B、C	2
B	顶棚粉刷2	A	D、E	3
C	墙面粉刷1	A	E、F	2
D	顶棚粉刷3	B	G	2
E	墙面粉刷2	B、C	G、H	3
F	地面1	C	H	1
G	墙面粉刷3	D、E	I	2
H	地面2	E、F	I	1
I	地面3	G、H		1

问题：

(1) 简述双代号网络计划时间参数的种类。

(2) 什么是工作持续时间？工作持续时间的计算方法有哪几种？

(3) 依据上表绘制双代号网络图，计算时间参数。

(4) 双代号网络计划关键线路应如何判断？确定该网络计划的关键线路并在图上用双线标出。

(5) 画出上图的时标网络计划。

18. 某房屋工程共两层，内装饰工程施工有 A（地面），B（安装门窗），C（墙面粉刷），D（顶棚粉刷）四个施工过程，每层分两个施工段组织施工，每个施工过程均由一个施工队施工，持续时间分为：2d，6d，1d，2d，试按最早开始时间绘制时间坐标网络计划。

单元课业

课业名称：单位工程施工进度计划的编制
时间安排：本章全部内容结束，用3天时间完成。

一、课业说明

本课业是为了强化学生编制施工进度计划的能力而制定的。

二、任务内容

任务一：四层框架结构

某四层教学楼，建筑面积为 $1560m^2$，基础为钢筋混凝土条形基础，主体工程为现浇框架结构。装修工程为铝合金窗、胶合板门，外墙用白色外墙砖贴面，内墙为中级抹灰，外加106涂料。屋面工程为现浇细石钢筋混凝土屋面板，防水层贴一毡二油，外加架空层隔热层。劳动量一览表如表3-15所示：

工程量一览表　　　　　　　　　　　　表3-15

序号	分项名称	劳动量（工日）
	基础工程	
1	基槽挖土	300
2	混凝土垫层	26
3	基础扎筋	48
4	基础混凝土	100
5	素混凝土基础	60
6	回土	64
	主体工程	
7	脚手架	132
8	柱筋	90
9	柱梁模板（含梯）	1060
10	柱混凝土	350
11	梁板筋（含梯）	350
12	梁板混凝土（含梯）	730
13	拆模	180
14	砌墙（含门窗框）	780
	屋面工程	
15	屋面防水层	58
16	屋面隔热层	46

续表

序号	分项名称	劳动量（工日）
	装修工程	
17	楼地面及楼梯水泥砂	580
18	顶棚墙面中级抹灰	680
19	顶棚墙面106涂料	56
20	铝合金窗	80
21	胶合板门	48
22	外墙面砖	450
23	油漆	45
24	室外工程	—
25	水电安装	—

任务二：多层砖混结构

某四层四单元砖混结构（有构造柱），建筑面积为 $1402m^2$，基础为钢筋混凝土条形基础，主体工程为砖混结构，楼板为现浇钢筋混凝土，装修工程为铝合金窗，胶合板门，外墙用白色外墙砖贴面，内墙为中级抹灰，外加106涂料。屋面工程为现浇细石钢筋混凝土屋面板；防水层贴一毡二油，外加架空隔热层。劳动量一览表见表3-16。

劳动量一览表　　　　表3-16

序号	分项名称	劳动量（工日）
	基础工程	
1	基础挖土	180
2	混凝土垫层	20
3	基础扎筋	40
4	基础混凝土（含墙基）	135
5	回填土	50
	主体工程	
6	脚手架	102
7	构造柱筋	68
8	砌砖墙	1120
9	构造柱模板	80
10	构造柱混凝土	280
11	梁板模板（含梯）	528
12	梁板筋（含梯）	200
13	梁板混凝土（含梯）	600
14	拆柱梁板模板	120
	屋面工程	
15	屋面防水层	54
16	屋面隔热层	32

续表

序号	分项名称	劳动量（工日）
	装修工程	
	楼地面及楼梯抹灰	190
	顶棚中级抹灰	220
	墙面中级抹灰	156
	铝合金窗	24
	胶合板门	20
	外墙面砖	240
	油漆	19
	水电工程	—

三、课业要求

1. 每位同学选择一种结构类型的房屋工程，编制其施工进度计划（横道图和网络图）。但两次项目训练不可重复使用同一任务。

2. 目标工期自定。

3. 任务书中需详细写出各施工工程的持续时间，工作班制及安排的人数的计算过程。

单元4
标后施工组织设计的编制

引 言

标后施工组织设计是建筑施工企业组织和指导工程施工全过程各项活动的技术经济文件。它是基层施工单位编制年度、季度、月度、旬施工作业计划、分部分项工程作业设计及劳动力、材料、预制构件、施工机具等供应计划的主要依据，也是建筑施工企业加强生产管理的一项重要工作。本章主要介绍了标后施工组织设计的编制方法和内容。

学习目标

通过本章的学习，你将能够：
1. 根据工程的具体情况收集相关资料
2. 选定施工方案
3. 编制单位工程的施工进度计划
4. 设计施工现场平面布置图

4.1 编制说明和资料收集

学习目标

调查研究和收集资料的内容

关键概念

收集资料

4.1.1 施工组织设计的编制说明

1. 施工组织设计的分类

施工组织设计根据设计阶段和编制对象不同,大致可以分为三类:施工组织总设计(施工组织大纲)、单位工程施工组织设计和分部(分项)工程施工作业设计。这三类施工组织设计是由大到小、由粗到细、由战略部署到战术安排的关系,但各自要解决问题的范围和侧重等要求有所不同。

(1) 施工组织总设计

施工组织总设计是以一个建设项目或建筑群为编制对象,用以规划整个拟建工程施工活动的技术经济文件。它是整个建设项目施工任务总的战略性的部署安排,涉及范围较广,内容比较概括。它一般是在初步设计或扩大初步设计批准后,由总承包单位负责,并邀请建设单位、设计单位、施工分包单位参加编制。如果编制施工组织设计条件尚不具备,可先编制一个施工组织大纲,以指导开展施工准备工作,并为编制施工组织总设计创造条件。

施工组织总设计的主要内容包括:工程概况、施工部署与施工方案、施工总进度计划、施工准备工作及各项资源需要量计划、施工总平面图、主要技术组织措施及主要技术经济指标等。

由于大、中型建设项目施工工期往往需要几年,施工组织总设计对以后年度施工条件等变化很难精确地预见到,这样,就需要根据变化的情况,编制年度施工组织设计,用以指导当年的施工部署并组织施工。

(2) 单位工程施工组织设计

单位工程施工组织设计是以一个单位工程或一个不复杂的单项工程(如一个厂房、仓库、构筑物或一幢公共建筑、宿舍等)为对象而编制的。它是根据施工组织总设计的规定要求和具体实际条件对拟建的工程对象的施工活动所作的战术性部署,内容比较具体、详细。它是在全套施工图设计完成并技术交底、会审完后,根据有关资料,由工程项目技术负责人组织编制。

单位工程施工组织设计的主要内容包括:工程概况、施工方案与施工方法、施工进度计划、施工准备工作及各项资源需要量计划、施工平面图、主要技术组织措施及主要经济指标等。

对于建筑结构比较简单、工程规模比较小、技术要求比较低,且采用传统施工方法组织施工的一般工业与民用建筑,其施工组织设计可以编制得简单一些,其内容一般只包括施工方案、施工进度表、施工平面图,并辅以扼要的文字说明,简称为"一案一表一图"。

(3) 分部(分项)工程施工作业设计

分部(分项)工程施工作业设计是以某些新结构、技术复杂的或缺乏施工经验的分部(分项)工程为对象(如高支模、有特殊要求的高级装饰工程等)而编制的,用以指导和安排该分部(分项)工程施工作业完成。

分部(分项)工程施工作业设计的主要内容包括:施工方法、技术组织措施、主要施工机具、配合要求、劳动力安排、平面布置、施工进度等。它是编制月、旬作业计划的依据。

2. 标后单位工程施工组织设计编制依据

(1) 主管部门的批示文件及有关要求;
(2) 经过会审的施工图;
(3) 施工企业年度施工计划;
(4) 施工组织总设计;
(5) 工程预算文件及有关定额;
(6) 建设单位对工程施工可能提供的条件;
(7) 施工条件;
(8) 施工现场的勘察资料;
(9) 有关的规范、规程和标准和图集等;
(10) 有关的参考资料及施工组织设计实例。

为了给施工组织设计提供必要的依据、做好各项施工准备,应有计划有目的地调查收集相关资料,调查收集资料的主要内容如下。

4.1.2 对建设单位与设计单位的调查

向建设单位与设计单位调查的内容见表4-1。

建设单位、设计单位调查表 表4-1

序号	调查单位	调查内容	调查目的
1	建设单位	1. 建设项目设计任务书、有关文件 2. 建设项目性质、规模、生产能力 3. 生产工艺流程、主要工艺设备名称及来源、供应时间、分批和全部到货时间 4. 建设期限、开工时间、交工先后顺序、竣工投产时间 5. 总概算投资、年度建设计划 6. 施工准备工作的内容、安排、工作进度表	1. 施工依据 2. 项目建设部署 3. 制定主要工程施工方案 4. 规划施工总进度 5. 安排年度施工计划 6. 规划施工总平面 7. 确定占地范围

续表

序号	调查单位	调查内容	调查目的
2	设计单位	1. 建设项目总平面规划 2. 工程地质勘察资料 3. 水文勘察资料 4. 项目建筑规模，建筑、结构、装修概况，总建筑面积、占地面积 5. 单项（单位）工程个数 6. 设计进度安排 7. 生产工艺设计、特点 8. 地形测量图	1. 规划施工总平面图 2. 规划生产施工区、生活区 3. 安排大型临建工程 4. 概算施工总进度 5. 规划施工总进度 6. 计算平整场地土石方量 7. 确定地基、基础的施工方案

4.1.3 自然条件调查分析

它包括对建设地区的气象资料、工程地形地质、工程水文地质、周围民宅的坚固程度及其居民的健康状况等项调查。为制定施工方案、技术组织措施、冬雨期施工措施，进行施工平面规划布置等提供依据；为编制现场"七通一平"计划提供依据，如地上建筑物的拆除，高压电线路的搬迁，地下构筑物的拆除和各种管线的搬迁等项工作；为了减少施工公害，如打桩工程在打桩前，对居民的危房和居民中的心脏病患者，采取保护性措施。自然条件调查的内容见表 4-2。

建设地区自然条件调查表　　　　　　　　　表 4-2

序号	项目		调查内容	调查目的
1	气象资料			
(1)		气温	1. 全年各月平均温度 2. 最高温度、月份，最低温度、月份 3. 冬天、夏季室外计算温度 4. 霜、冻、冰雹期 5. 小于 -3℃、0℃、5℃的天数，起止日期	1. 防暑降温 2. 全年正常施工天数 3. 冬期施工措施 4. 估计混凝土、砂浆强度增长
(2)		降雨	1. 雨季起止时间 2. 全年降水量、一日最大降水量 3. 全年雷暴天数、时间 4. 全年各月平均降水量	1. 雨期施工措施 2. 现场排水、防洪 3. 防雷 4. 雨天天数估计
(3)		风	1. 主导风向及频率（风玫瑰图） 2. 大于或等于 8 级风的全年天数、时	1. 布置临时设施 2. 高空作业及吊装措施
2	工程地形、地质			
(1)		地形	1. 区域地形图 2. 工程位置地形图 3. 工程建设地区的城市规划 4. 控制桩、水准点的位置 5. 地形、地质的特征 6. 勘察文件、资料等	1. 选择施工用地 2. 合理布置施工总平面图 3. 计算现场平整土方量 4. 障碍物及数量 5. 拆迁和清理施工现场

续表

序号	项目	调查内容	调查目的
(2)	地质	1. 钻孔布置图 2. 地质剖面图（各层土的特征、厚度） 3. 土质稳定性：滑坡、流砂、冲沟 4. 地基土强度的结论，各项物理力学指标：天然含水量、孔隙比、渗透性、压缩性指标、塑性指数、地基承载力 5. 软弱土、膨胀土、湿陷性黄土分布情况；最大冻结深度 6. 防空洞、枯井、土坑、古墓、洞穴，地基土破坏情况 7. 地下沟渠管网、地下构筑物	1. 土方施工方法的选择 2. 地基处理方法 3. 基础、地下结构施工措施 4. 障碍物拆除计划 5. 基坑开挖方案设计
(3)	地震	抗震设防烈度的大小	对地基、结构影响，施工注意事项
3		工程水文地质	
(1)	地下水	1. 最高、最低水位及时间 2. 流向、流速、流量 3. 水质分析 4. 抽水试验、测定水量	1. 土方施工基础施工方案的选择 2. 降低地下水位方法、措施 3. 判定侵蚀性质及施工注意事项 4. 使用、饮用地下水的可能性
(2)	地面水 （地面河流）	1. 临近的江河、湖泊及距离 2. 洪水、平水、枯水时期，其水位、流量、流速、航道深度，通航可能性 3. 水质分析	1. 临时给水 2. 航运组织 3. 水工工程
(3)	周围环境及障碍物	1. 施工区域现有建筑物、构筑物、沟渠、水流、树木、土堆、高压输变电线路等 2. 临近建筑坚固程度及其中人员工作、生活、健康状况	1. 及时拆迁、拆除 2. 保护工作 3. 合理布置施工平面 4. 合理安排施工进度

4.1.4　收集相关信息与资料

1. 地方建筑材料及构件生产企业调查的内容（见表4-3）

地方建筑材料及构件生产企业情况调查表　　　表4-3

序号	企业名称	产品名称	规格质量	单位	生产能力	供应能力	生产方式	出厂价格	运距	运输方式	单位运价	备注
1												
…												

注：名称按照构件厂、木工厂、金属结构厂、商品混凝土厂、砂石厂、建筑设备厂、砖、瓦、石灰厂等填列。

2. 地方资源情况调查的内容（见表 4-4）

地方资源情况调查表　　　　　　　　　　　表 4-4

序号	材料名称	产地	质量	开采量	开采费	出厂价	单位运价	运价	备注
1									
…									

注：材料名称栏按照块石、碎石、砾石、砂、工业废料填列。

3. 材料及主要设备调查的内容（见表 4-5）

三大材料、特殊材料及主要设备调查表　　　　　　表 4-5

序号	项目	调查内容	调查目的
1	三大材料	1. 钢材订货的规格、牌号、强度等级、数量和到货时间 2. 木材料订货的规格、等级、数量和到货时间 3. 水泥订货的品种、强度等级、数量和到货时间	1. 确定临时设施和堆放场地 2. 确定木材加工计划 3. 确定水泥储存方式
2	特殊材料	1. 需要的品种、规格、数量 2. 试制、加工和供应情况 3. 进口材料和新材料	1. 制定供应计划 2. 确定储存方式
3	主要设备	1. 主要工艺设备的名称、规格、数量和供货单位 2. 分批和全部到货时间	1. 确定临时设施和堆放场地 2. 拟定防雨措施

4. 交通运输资料调查内容（见表 4-6）

交通道路和运输条件是进行建筑施工输送物资、设备的动脉，也与现场施工和消防有关，特别是在城区施工，场地狭小，物资、设备存放空间有限，运输频繁，往往与城市交通管理存在矛盾，因此，要做好建设项目地区交通运输条件的调查。

地区交通运输条件调查表　　　　　　　　　表 4-6

序号	项目	调查内容	调查目的
1	铁路	1. 邻近铁路专用线、车站至工地的距离及沿途运输条件 2. 站场卸货路线长度，起重能力和储存能力 3. 装载单个货物的最大尺寸、重量的限制 4. 支费、装卸费和装卸力量	1. 选择施工运输方式 2. 拟定施工运输计划
2	公路	1. 主要材料产地至工地的公路等级，路面构造宽度及完好情况，允许最大载重量 2. 途经桥涵等级，允许最大载重量 3. 当地专业机构及附近村镇能提供的装卸、运输能力，汽车、畜力、人力车的数量及运输效率，运费、装卸费 4. 当地有无汽车修配厂、修配能力和至工地距离、路况 5. 沿途架空电线高度	
3	航运	1. 货源、工地至邻近河流、码头渡口的距离，道路情况 2. 洪水、平水、枯水期和封冻期通航的最大船只及吨位，取得船只的可能性 3. 码头装卸能力，最大起重量，增设码头的可能性 4. 渡口的渡船能力，同时可载汽车、马车数，每日次数，能为施工提供的能力 5. 运费、渡口费、装卸费	

5. 供水、供电、供气资料调查内容（见表4-7）

建筑施工的用水量大，用电量也较大，同时施工时还需要供热、供气。所以必须对相关资源预先调查。

供水、供电、供气条件调查表　　　　　　　　　　　　表4-7

序号	项目	调查内容
1	给水排水	1. 与当地现有水源连接的可能性，可供水量，接管地点、管径、管材、埋深、水压、水质、水费，至工地距离，地形地物情况 2. 临时供水源：利用江河、湖水的可能性，水源、水量、水质，取水方式，至工地距离，地形地物情况，临时水井位置、深度、出水量、水质 3. 利用永久排水设施的可能性，施工排水去向、距离、坡度，有无洪水影响，现有防洪设施、排洪能力
2	供电与通信	1. 电源位置，引入的可能，允许供电容量、电压、导线截面、距离、电费、接线地点，至工地距离、地形地物情况 2. 建设单位、施工单位自有发电、变电设备的规格型号、台数、能力、燃料、资料及可能性 3. 利用邻近电信设备的可能性，电话、电报局至工地距离，增设电话设备和计算机等自动化办公设备和线路的可能性
3	供气	1. 蒸汽来源，可供能力、数量，接管地点、管径、埋深，至工地距离，地形地物情况，供气价格，供气的正常性 2. 建设单位、施工单位自有锅炉型号、台数、能力、所需燃料、用水水质、投资费用 3. 当地单位、建设单位提供压缩空气、氧气的能力，至工地的距离

注：资料来源：当地城建、供电局、水厂等单位及建设单位。

6. 建设地区社会劳动力和生活设施的调查内容（见表4-8）

建设地区社会劳动力和生活设施的调查表　　　　　　　　表4-8

序号	项目	调查内容	调查目的
1	社会劳动力	1. 少数民族地区的风俗习惯 2. 当地能提供的劳动力人数、技术水平、工资费用和来源 3. 上述人员的生活安排	1. 拟定劳动力计划 2. 安排临时设施
2	房屋设施	1. 必须在工地居住的单身人数和户数 2. 能作为施工用的现有的房屋栋数、每栋面积、结构特征、总面积、位置、水、暖、电、卫、设备状况 3. 上述建筑物的适宜用途，用作宿舍、食堂、办公室的可能性	1. 确定现有房屋为施工服务的可能性 2. 安排临时设施
3	周围环境	1. 主副食品供应，日用品供应，文化教育，消防治安等机构能为施工提供的支援能力 2. 邻近医疗单位至工地的距离，可能就医情况 3. 当地公共汽车、邮电服务情况 4. 周围是否存在有害气体、污染情况，有无地方病	安排职工生活基地，解除后顾之忧

注：资料来源：可向当地劳动局、商业、卫生、教育、邮电等主管部门调查。

7. 参加施工的各单位能力的调查内容（见表 4-9）

参加施工的各单位能力调查表　　　　　　　　　　表 4-9

序号	项目	调查内容	调查目的
1	工人	1. 工人数量、分工种人数，能投入本工程施工的人数 2. 专业分工及一专多能的情况、工人队组形式 3. 定额完成情况、工人技术水平、技术等级构成	1. 了解总、分包单位的技术、管理水平 2. 选择分包单位 3. 为编制施工组织设计提供依据
2	管理人员	1. 管理人员总数，所占比例 2. 其中技术人员数，专业情况，技术职称，其他人员数	
3	施工机械	1. 机械名称、型号、能力、数量、新旧程度、完好率，能投入本工程施工的情况 2. 总装备程度（马力/全员） 3. 分配、新购情况	
4	施工经验	1. 历年曾施工的主要工程项目、规模、结构、工期 2. 习惯施工方法，采用过的先进施工方法，构件加工、生产能力、质量 3. 工程质量合格情况，科研、革新成果 4. 科研成果和技术更新情况	
5	经济指标	1. 劳动生产率指标：产值、产量、全员建安劳动生产率 2. 质量指标：产品优良率及合格率 3. 机械化程度、工业化程度 4. 安全指标：安全事故频率 5. 设备、机械的完好率、利用率	

注：资料来源：参加施工的各单位及主管部门。

8. 障碍物的调查

障碍物是指施工区域现有的建筑物、构筑物、沟渠、水井、树木、土堆、高压输变电线路、地下沟道、人防工程、上下水管道、埋地电缆、煤气及天然气管道等。对这些障碍物调查了解清楚，才可采取有效措施，及时进行拆迁、保护及合理布置施工平面图。

9. 参考资料的收集

在编制施工组织设计时，为弥补调查收集的原始资料的不足，有时还可以借助一些相关的参考资料作为编制的依据。这些参考资料可以是施工定额、施工手册、相似工程的技术资料或平时实践活动所积累的资料等。

【实训】

全班同学分为若干组，每组 5~6 人。每组同学收集徐州地区的气象资料，调查徐州地区的技术经济条件（包括建筑生产企业、地方资源、交通运输、水、电及其他能源、主要设备、三大材料和特殊材料，以及它们的生产能力等）。

【课后讨论】

运输量一定的情况下，你知道公路、航路，铁路的运输价格，哪个最低吗？优缺点各是什么？

4.2 工程概况和施工条件

学习目标

1. 能够简练概括工程项目的工程概况
2. 会进行施工特点分析

关键概念

概况介绍

单位工程施工组织设计中的工程概况，是对拟建工程的建设特点、建设地点特征和施工条件等所作的一个简要的、突出重点的文字介绍。也可用表格的形式。

1. 工程建设概况

工程建设概况主要介绍拟建工程的建设单位、工程名称、性质、用途和建设的目的，资金来源及工程造价，开工、竣工日期，设计单位、施工单位、监理单位，施工图纸情况，施工合同，上级有关文件或要求，以及组织施工的指导思想等。

2. 建筑、结构设计概况

建筑设计概况主要介绍拟建工程的建筑面积、平面形状和平面组合情况、层数、层高、总高、总长、总宽等尺寸及室内外装修的情况。

结构设计概况主要介绍基础的形式、埋置深度、设备基础的形式、主体结构的类型、墙、柱、梁、板的材料及截面尺寸，预制构件的类型及安装位置，楼梯构造及形式等。设计概况可以以表格的形式表示，见表4–10。

3. 设备安装、智能系统

主要介绍建筑采暖卫生与煤气工程、建筑电气安装工程、通风与空调工程、电梯安装、智能系统工程的设计要求。

4. 施工条件

主要介绍"三通一平"的情况，当地的交通运输条件，资源生产及供应情况，施工现场大小及周围环境情况，预制构件生产及供应情况，施工单位机械、设备、劳动力的落实情况,内部承包方式、劳动组织形式及施工管理水平,现场临时设施、供水、供电问题的解决。

设计概况表　　　　　　　　　　　　　　　　　　　　　表4-10

建设单位				工程名称				
设计单位				监理单位				
开工日期				竣工日期				
经济技术指标	总造价/万元		单方造价（元/m²）	建筑面积	地上	地下	合计	
	钢材用量（kg/m²）		木材用量（元 m³/m²）	建筑体型	长	宽	高	平面形状
地基基础	开挖层土质			基础类型				
	持力层土质			基础深度				
	地下水位			冻结深度				
主体结构	结构类型			柱				
	建筑层数			梁板				
	檐口标高			墙体				
	标准层高			楼梯				
	最大层高			圈梁				
	最大跨度			抗震设防烈度				
装饰装修	外墙装饰			门				
	内墙装饰			窗				
	顶棚			屋面防水				
	地面			地下防水				
相关专业	供热			电气				
	给排水			电梯				
	空调通风			通信				
	消防			自动控制				
现场概况	现场面积数量			施工用水				
	周围环境			施工用电				
	地下障碍物			施工道路				

5. 工程施工特点分析

主要介绍拟建工程的施工特点和施工中的关键问题、难点所在,以便突出重点、抓住关键,使施工顺利进行,提高施工单位的经济效益和管理水平。

不同类型的建筑物,不同条件的工程施工,均有不同的施工特点,如现浇钢筋混凝土高层建筑的施工特点是结构和施工机具设备的稳定性要求高,钢材加工量大,混凝土浇筑难度大，脚手架搭设必须进行设计计算，安全问题突出，需有高效率的垂直运输设备等。

【实训】

全班同学分为若干组，每组 5~6 人。每组同学根据给定施工图纸写出工程项目的工程概况及本工程的施工特点。

【课后讨论】

1. 钢结构工程的施工特点是什么？
2. 施工重点、施工难点、施工特点如何区分？

4.3 施工方案的选定

学习目标

1. 掌握常见结构类型房屋的施工顺序
2. 能根据工程的具体情况选择最优的施工方法和施工机械
3. 能根据工程的具体情况制订技术组织措施

关键概念

施工方案　施工方法　施工机械

施工方案的选择是单位工程施工组织设计的核心，是决定整个工程全局的关键。施工方案选择恰当与否，将直接影响到单位工程的施工效率、进度安排、施工质量、施工安全、工期长短。因此，我们必须在若干个初步方案的基础上进行认真分析比较，力求选择出一个最经济、最合理的施工方案。

施工方案的选择一般包括：施工程序和施工顺序、选择主要分部工程的施工方法和施工机械、流水施工的组织、拟定技术组织措施。

4.3.1 施工程序

单位工程的施工程序是指单位工程中各分部工程（专业工程）或施工阶段的先后次序及其制约关系，主要解决时间搭接上的问题。通常情况下应遵守以下几方面原则：

1. 四种原则

（1）先地下后地上原则

指在地上工程开工之前，应尽量把埋设于地下的基础以及各种管道、线路（临时的及永久的）予以埋设完毕，以免对地上工程施工时产生干扰，给施工创造一个良好的施工环境。

(2) 先主体后围护的原则

主要是指框架结构和排架结构的建筑中，应先施工主体结构后施工围护结构的原则。为了加快施工进度，在多层建筑，特别是高层建筑中，围护结构与主体结构搭接施工的情况比较普遍，即主体结构施工数层后，围护结构也随后而上，既能扩大现场施工作业面，又能有效地缩短总体施工周期。

(3) 先结构后装修的原则

常规情况下应遵守先结构后装修的原则，为了缩短施工工期，也可部分搭接施工。

(4) 先土建后设备原则

这是指土建施工应先于水、暖、电、卫等建筑设备的施工。但相互间也可安排穿插施工，尤其是在装修阶段，做好相互的穿插施工，对加快施工进度，保证施工质量，降低施工成本有一定的效果。

但是，在工业项目建设中，由于有工业管道和工艺设备等安装，所以还存在着土建与设备安装的程序安排，在编制施工方案时，应予以合理安排，这对加快工程进度，早日竣工投产影响较大。

2. 三种方式

工业项目建设中，土建与设备安装的相互程序常有三种方式。

(1) 先土建施工，后设备安装施工

即待土建主体结构完成后，再进行设备基础及设备安装施工，亦称封闭式施工，适用于施工场地较小或设备比较精密的项目。其优点是有利于构件的现场预制、拼装和就位，能加快主体结构的施工进度；设备基础及设备安装能在室内施工，不受气温影响，可减少防雨、防寒等设施费用；有时还能利用厂房内的桥式吊车为设备基础和设备安装服务。其缺点是设备基础施工时，不便于采用机械挖土。当设备基础挖土深度大于厂房基础时，应有相应的安全措施保护厂房基础的安全。也可以将设备基础与房屋基础同时施工至±0.000后，先施工房屋至封顶，然后再进行设备安装。由于不能提前为设备安装提供作业面，因而总的工期相对较长。

(2) 先进行设备安装施工，后进行土建主体结构施工（亦称敞开式施工）

其优缺点与封闭式施工刚好相反。有些重工业厂房或设备安装期较长的厂房，常常采用此种程序安排施工。进行土建施工时，对安装好的设备应采取一定的保护措施。

(3) 土建施工与设备安装施工同时进行

土建施工应为设备安装施工创造必要的条件，同时，又要防止砂浆等垃圾污染、损坏设备。施工场地宽敞或建设工期较急的项目，可采用此种程序安排。

以上原则并不是一成不变的，在特殊情况下，如在冬期施工之前，应尽可能完成土建和围护工程，以利于施工中的防寒和室内作业的开展，从而达到改善工人的劳动环境、缩短工期的目的；又如大板建筑施工，大板承重结构部分和某些装饰部分宜在加工厂同时完成。因此，随着我国施工技术的发展、企业经营管理水平的提高，以上原则也在进一步完善之中。

4.3.2 施工起点流向

单位工程施工流向是指施工活动在空间上的展开与进程。单层建筑要确定平面上的流向；多层建筑除要确定平面上的流向外，还要确定竖向上的流向。

在单位工程施工组织设计中应根据"先地下后地上"，"先主体后围护"，"先结构后装修"，"先土建后设备安装"的一般原则，结合工程具体特点，如施工条件、工程要求，合理地确定建筑物施工开展顺序，包括确定各建筑物、各楼层、各单元的施工顺序，划分施工段、各施工过程的流向。

确定单位工程施工流向一般应考虑下列主要问题：

(1) 平面上各部分施工的繁简程度。对技术复杂、工期较长的分部分项工程优先施工，如地下工程等。

(2) 当有高低跨并列时，应从并列跨处开始吊装。

(3) 保证施工现场内施工和运输的畅通。如单层工业厂房预制构件，宜以离混凝土搅拌机最远处开始施工，吊装时应考虑起重机退场等。

(4) 满足用户在使用上的要求，生产性建筑要考虑生产工艺流程及先后投产顺序。

(5) 考虑主导施工机械的工作效益，考虑主导施工过程的分段情况。

(6) 工程现场条件和施工方案。施工场地大小、道路布置和施工方案所采用的施工方法和机械也是确定施工流向的主要因素。例如，土方工程施工中，边开挖边余土外运，则施工起点应确定在远离道路的部位，由远及近地展开施工。又如，根据工程条件，挖土机械可选用正铲、反铲、拉铲等，吊装机械可选用履带吊、汽车吊或塔吊，这些机械的开行路线或布置位置便决定了基础挖土及结构吊装的施工流向。

(7) 分部工程或施工阶段的特点及其相互关系。

例如：

1) 基础工程由施工机械和方法决定其平面的施工流向；
2) 主体结构工程

A. 平面上看，从哪一边先开始都可以；

B. 竖向一般应自下而上施工。

3) 装饰工程竖向的流程比较复杂

A. 室外装饰一般采用自上而下的施工流向；

B. 室内装饰则有自上而下、自下而上及自中而下再自上而中三种流向。

4.3.3 施工顺序

施工顺序指的是单位工程内各分部、分项工程相互之间先后施工的次序。因建筑工程是在一个建筑物上垒积木，施工有着严密的系统性，施工的前后顺序必须符合工艺要求，不能随意颠倒。但对某些施工过程也有一定的灵活性，而且随着所在地区、施工单位的传统习惯和工期要求的不同而有所不同，它主要体现在各主体工程和各工种之间的穿插或交叉施工方面，当然也不乏因工艺改进而使施工顺序有所改变的现象，如逆作法，类似不胜枚举。但它们之间仍需遵从一定的施工顺序。

1. 确定施工顺序应遵循的要求

(1) 必须符合施工组织设计的要求

施工组织设计是对一个建筑群体或一个单位工程的总体规划，它综合考虑协调每个单体，使得总的成果更佳。作为一个局部必须符合总体要求，如地下室混凝土地坪，可以在地下室楼板浇筑前施工，也可以在地下室楼板浇筑后施工。但从施工组织角度来看，前者比较合理，因为这样可以利用安装楼板的施工机械下地下室运输混凝土，加快混凝土地坪的施工速度。具体采取哪一种方案，需根据施工组织总设计的要求确定。

(2) 必须符合施工方案和所配施工机械的要求

施工中任何一个施工过程的进行，都离不开施工机械的配合，施工方案的实施亦不例外。对预制构件安装的厂房，其构件的预制是在工地还是场外加工成成品运到工地，对机械行走路线和使用机械的规格型号都不尽相同，所以在施工方案做出选择之后，施工顺序安排中对机械的配合作业，就应尽量考虑使用已选定机械，不宜另配一套机械设备，以节省投入。

(3) 必须考虑施工工艺要求

以前提及建筑工程有如垒积木一样必须在前一施工过程完成，其紧后施工过程方可投入，否则就没有供其施工的空间，如混凝土现浇框架和楼板工程，虽然本层的框架和楼板混凝土已浇筑完成，还必须在其楼板达到足以能够满足在楼板进行活动或堆置脚手架、物料的强度后，方可进行上层作业，否则将给楼板混凝土带来不良的质量后果。

(4) 必须考虑成品保护

作为一个优质的单位工程，必须使每一个分项工程都质量优良。因为施工中虽可保证本施工过程自身施工质量良好，但往往发生由于其紧后施工过程施工不当从而给其前已完成的施工过程带来质量伤害。所以在安排计划时，尽量为各施工过程的施工创造一个良好的施工环境，以杜绝这种伤害。如条型基础砌筑完成后的回填土方，应尽可能安排在基础达一定强度、且墙身尚没砌筑之前进行回填土。回填土时，基础内外应同时回填打夯，以免造成对基础的伤害。再如窗玻璃的安装，通常门窗玻璃安装均在一遍油漆后进行，而对于天窗，为避免因后安装玻璃造成对卷材屋面的伤害，亦可考虑在防水屋面施工前进行。

(5) 必须考虑当地的气候条件

在冬期和雨期施工到来之前，应尽量先做基础工程、室外工程、门窗玻璃工程，为地上和室内工程施工创造条件。这样有利于改善工人的劳动环境，有利于保证工程质量。

(6) 必须考虑安全施工的要求

在立体交叉、平行搭接施工时，一定要注意安全问题。例如：在主体结构施工时,水、暖、煤、卫、电的安装与构件、模板、钢筋等的吊装和安装不能在同一个工作面上,必要时采取一定的安全保护措施。

2. 几种常见结构房屋的一般施工

(1) 多层混合结构房屋的施工顺序

多层混合结构民用房屋的施工,一般可划分为基础工程、主体结构工程、屋面及装修工程三个阶段。图4-1即为混合结构五层民用房屋施工顺序示意图。

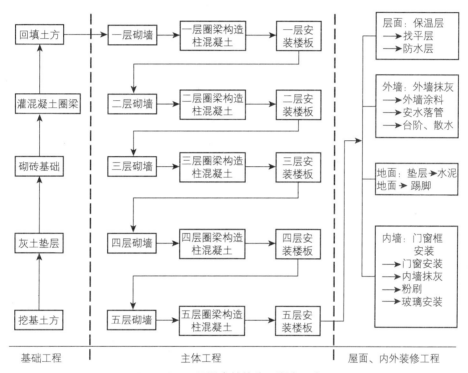

图4-1 五层混合结构施工顺序示意图

1) 基础工程的施工顺序。基础工程施工是指室内地坪(±0.000)以下的所有工程的施工。其施工顺序比较容易确定。一般是挖土→垫层→基础→回填土。具体内容视工程设计而定。如有桩基础工程,应先列桩基础工程。如有地下室在施工过程和施工顺序一般是:挖土→垫层→地下室底板→地下室、墙柱结构→地下室顶板→防水层及保护层→回填土。但由于地下室结构、构造不同,有些施工内容应有一定的配合和交叉。

在基础工程施工阶段组织施工时,应注意以下几个方面:

A. 土方施工结束后,应尽快进行垫层施工,以防止雨季基坑被雨水浸泡,降低地基承载力,垫层施工后应注意养护;

B. 如果在垫层施工的时候使用塔吊,则立塔吊的工作应在垫层施工前完成;

C. 避雷接地的施工应在基础扎筋的时候开始;

D. 浇混凝土结束后,应进行养护和弹线(组织间歇)工作;

E. 柱、梁和楼板的支模、扎筋、浇混凝土可进行搭接施工；

F. 脚手架的搭设随基础墙砌筑进行；

G. 各种管沟的挖土、铺设等施工工程，可与基础施工配合，进行搭接施工；

H. 室外回填土应一次性分层、夯实回填，可与主体结构施工搭接进行；室内回填应在砌内隔墙开始前完成。

2）主体结构工程的施工顺序

主体结构施工是指室内地坪以上，屋面板以下的所有工程。例如，有地下室的多层砖混结构，其主体结构工程的施工顺序为：绑扎构造柱筋→墙体砌筑→柱、梁、板和楼梯支模板→浇柱混凝土→梁、板和楼梯扎筋→浇梁、板和楼梯混凝土→拆模。

在主体结构工程施工阶段组织施工时，应注意以下几个方面：

A. 如果使用龙门架运送墙体砌筑材料，则龙门架应在二层墙体砌筑前搭设完毕；

B. 楼层现浇板施工结束后，应有养护和弹线时间，之后才能转入二层进行墙体砌筑施工；

C. 梁、板的扎筋和支模板工作可以进行搭接施工，以有效地节约工期；

D. 浇楼梯混凝土最好在上层砌筑前结束；

E. 墙体砌筑与现浇楼板为主导工程。两者在各楼层中交替进行，应注意使它们在施工中保持均衡、连续、有节奏地进行，并以它们为主组织流水施工，其他施工过程则应配合墙体砌筑与现浇楼板组织流水施工。

3）屋面工程的施工顺序

这个阶段具有施工内容多且繁杂，劳动消耗量大，手工操作多且需要时间长等特点。因此，应合理安排屋面工程和装修工程的施工顺序，组织立体交叉流水施工，加快工程进度。

屋面防水一般分为柔性防水和刚性防水，通常采用柔性防水。柔性防水如果采用卷材防水，其施工顺序为：清理基层→找平层→隔气层→铺保温层和找坡层→找平层→铺隔离层→铺贴防水层→抹（或涂刷）保护层。屋面防水应在主体结构封顶后，尽早开始施工，以便为装饰工程施工提供条件。一般情况下，屋面工程可以和装修工程进行搭接施工。

在屋面工程施工阶段组织施工时，应注意以下几个方面：

A. 隔气层和防水层施工前，要求找平层至少达到八成干（可通过由傍晚至次日晨或晴天的 1~2 小时内于找平层上铺盖 1m×1m 的卷材，当卷材内侧无结露时，即认为找平层已基本干燥），以保证隔气层和防水层的施工效果。

B. 雨期施工保温层应通过气象部门了解施工期间的气候情况，一旦施工完毕，应尽快做好找坡层与找平层，以防止保温层被雨水浸泡，影响保温效果。

C. 屋面保护层使用涂料施工时，应合理确定屋面保护层与后道工序的关系，最好在拆除吊脚手架后进行保护层的施工，以免屋面上人影响保护层的质量，同时也影响室外装修工程的进度。一般在第二道找平层达到八成干时，即可进行室外装修工程的施工。

4）装修工程的流向与施工顺序

装修工程可分为室外装修（外墙抹灰、勒脚、散水、台阶、明沟和水落管等）和室内装修（顶棚、墙面、地面、楼梯抹灰，安门窗扇、油漆及玻璃安装，抹踢脚线等）。

A. 室内装修工程的施工流向与施工顺序

根据装修工程的工期、质量和安全要求以及施工条件，室内装修工程的施工流向有"自上而下"、"自下而上"以及"自中而下再自上而中"三种。

"自上而下"的施工流向，通常是指主体结构工程封顶、做好屋面防水层后，从顶层开始，逐层往下进行。"自上而下"的施工流向有水平向下和垂直向下两种情况，如图 4-2 所示，通常采用图 4-2（a）所示的水平向下的施工流向较多。

在组织流水施工时，如采用水平向下的施工流向，可以以一层作为一个施工段；如采用垂直向下的施工流向，可以竖向空间划分施工区段，如一个单元作为一个施工段。

这种施工流向的优点是主体结构完成后，有一定的沉降时间，沉降变化趋于稳定，能保证装修工程的质量，同时，各工序之间交叉少，便于组织施工，保证施工安全，而且从上往下清理垃圾也很方便。其缺点是装修工程不能与主体结构施工进行搭接，因而工期较长。

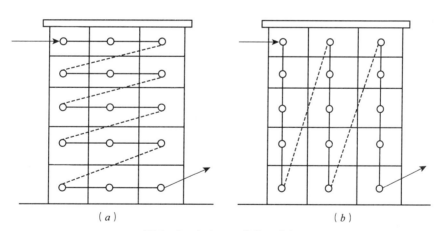

图 4-2 自上而下的施工流向
（a）水平向下；（b）垂直向下

"自下而上"的施工流向。通常是指当主体结构工程施工到三层，且底层模板拆除后，装修工程即可从一层开始，逐层向上进行。"自下而上"的施工流向有水平向上和垂直向上两种情况，如图 4-3 所示。在组织流水施工时，如采用水平向上的施工流向，可以一层作为一个施工段；如采用垂直向上的施工流向，可以竖向空间划分施工区段如一个单元作为一个施工段。

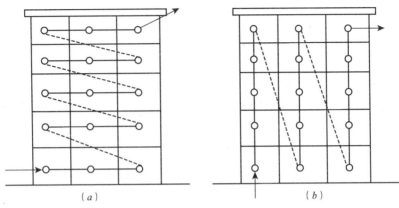

图 4-3 自下而上的施工流向
(a) 水平向下；(b) 垂直向下

这种施工流向的优点是装修工程与主体结构交叉施工，故工期缩短。其缺点是工序之间相互交叉多，需要很好地组织施工，并采取安全措施。

一般的室内装修工程施工采用"自下而上"的施工流向。

高层建筑室内装修的"分段自上而下"（自中而下，再自上而中）施工流向。其综合了上述两者的优点，克服了其缺点，通常是指高层建筑主体结构施工到一半左右的时候，即可"自中而下"进行室内装修工程的施工；当主体结构工程施工结束、且中间楼层的装修工程结束时，即可"再自上而中"进行内装修工程的施工。

在同一个楼层内的顶棚、墙面和楼面抹灰的施工顺序有两种，分别为："先地后墙"和"先墙后地"。"先地后墙"，即楼面抹灰→顶棚抹灰→墙面抹灰；"先墙后地"即顶棚抹灰→墙面抹灰→楼面抹灰。前一种顺序的优点是便于清理地面，地面质量易于保证，且便于收集墙面和顶棚的落地灰，节省材料。但它也有缺点，如由于地面需要养护及采取保护措施，使墙面和顶棚的抹灰时间推迟，影响工期。和前一种方式相比，后一种顺序的优点是节约工期，缺点是在做地面前必须将顶棚和墙面上的落地灰和渣子清理干净后再做楼面抹灰，否则会影响楼面抹灰质量。施工中，一般采用"先墙后地"的施工顺序。

室内装修工程的施工顺序一般为：砌内隔墙→顶棚抹灰→墙面抹灰→楼面抹灰→楼梯间抹灰→安门窗扇→刮大白等。

在室内装修工程施工阶段组织施工时，应注意以下几个方面。

(A) 内隔墙施工后应有养护时间，以保证后续抹灰工程的施工质量。

(B) 由于楼梯间墙面和踏步抹灰在施工期间极易受到损坏，故通常安排在各层装修工程基本完成后，自上而下统一组织施工。

(C) 底层地面抹灰一般多在各层顶棚、墙面和楼面抹灰完成之后进行。

(D) 木门窗框的安装可在砌筑过程中进行；塑钢门窗框的安装可在砌筑完成后进行。

(E) 门窗扇的安装应视气候和施工条件而定，可以在抹灰之前或之后进行，如无气候影响一般应在抹灰后进行，防止门窗扇被水泥污染。

（F）门窗扇的安装应在楼面抹灰养护且上人对楼面抹灰没有破坏后才能进行。木门窗的玻璃安装一般在门窗扇油漆之后进行，防止油漆对玻璃的污染。

B. 室外装修工程的施工流向与施工顺序

室外装修工程的施工流向为："自上而下"。

室外装修工程的施工顺序为：安装吊脚手架→外墙抹灰→台阶、勒脚和散水抹灰→安水落管→拆除吊脚手架。

在室外装修工程施工阶段组织施工时，应注意以下几个方面：

（A）安装吊脚手架一般在屋面工程的第一道找平层养护达到要求后进行，以保证外墙抹灰能及早进行，节约工期。拆除脚手架一般在屋面保护层施工前进行，防止对保护层造成破坏。

（B）安水落管应在外墙抹灰养护达到要求后进行，防止对外墙抹灰造成破坏。

（C）室内外装修工程的施工顺序，通常有"先内后外"、"先外后内"和"内外同时进行"三种，具体采用哪种顺序应视施工条件和气候条件而定。通常冬季到来之前，应先完成室外装修工程的施工，即采用"先外后内"的施工顺序。当室内为水磨石楼面，为防止楼面施工时渗漏水对外墙面的影响，应先完成水磨石的施工，即采用"先内后外"的施工顺序。如工期很紧，可采用"内外同时进行"的施工顺序，但此时应注意抹灰工人的数量能否满足施工的需要。

5）水暖电卫等工程的施工顺序

水、暖、煤、电、卫设备安装工程应与土建工程中有关的分部分项工程进行交叉施工，紧密配合。

A. 在基础工程施工时，先将相应的上下水管沟和暖气管沟的垫层、管沟墙做好，然后回填土。

B. 在主体结构施工时，应在砌砖墙或现浇钢筋混凝土楼板的同时，预留上下水管和暖气立管的孔洞、电线孔槽，以及预埋木砖等。

C. 各种管道和电气照明用的附墙暗管、接线盒等的安设应在装修工程施工前结束，若电线采用明线，则应在室内粉刷后进行；水暖电卫的设备安装一般在楼地面和墙面抹灰前或后穿插进行。

（2）钢筋混凝土框架结构房屋的施工顺序

钢筋混凝土框架结构房屋的施工，一般也划分为基础工程、主体结构工程、屋面工程和装修工程四个阶段。

1）基础工程的施工顺序　多层钢筋混凝土框架结构房屋的基础一般有钢筋混凝土独立基础和桩基础。

钢筋混凝土独立基础的施工顺序为：基坑挖土→基础垫层→绑扎钢筋→基础支模板→浇筑混凝土→养护拆模→回填土。如果开挖深度较大，地下水位较高，则在挖土前应进行土壁支护和施工降水等工作。

桩基础的施工顺序为：打桩或灌注桩→桩承台→挖土→垫层→绑扎钢筋→承台支模板浇筑混凝土→养护→拆模→回填土。

但多层全现浇钢筋混凝土框架结构房屋有地下室时，基础工程的施工顺序一般为：桩基础→支护结构→土方开挖→垫层→地下室底板→地下室柱、墙（防水）→地下室顶板→回填土。

2）主体结构工程的施工顺序　主体结构工程施工顺序一般为：绑扎柱钢筋→支柱、梁、板模板→浇柱混凝土→绑扎梁、板钢筋→浇梁混凝土。柱、梁、板的支模、绑筋、浇混凝土等施工工程的工程量大、耗用的劳动力和材料多，而且对工程质量和工期起着确定性的作用，故需把多层框架在竖向上分成施工层，平面上分成施工段，组织平面和竖向上的流水施工。

3）围护工程的施工顺序　围护工程的施工包括墙体工程、安装门窗和屋面工程。墙体工程包括搭设脚手架，内、外墙砌筑等分项工程。不同的施工之间可平行、搭接、立体交叉施工。屋面工程、墙体工程应密切配合，如在主体工程结束之后，先进行墙体工程，待外墙砌到顶后，再进行屋面工程的施工。脚手架应配合主体工程搭设，在室外装饰之后做散水之前拆除。屋面工程的施工顺序和混合结构屋面的屋面工程的施工顺序相同。

4）装饰工程的施工顺序同混合结构房屋的施工顺序。

（3）高层现浇混凝土剪力墙结构施工顺序

高层建筑的基础均为深基础，由于基础的类型和位置不同，其施工方法和顺序也不同，如采用逆作法。

高层剪力墙结构施工主要分为基础工程、主体结构工程、屋面及装饰工程三个主要施工阶段。

1）基础及地下室主要施工顺序。当采用一般方法施工时，由下而上施工顺序为：挖土→清槽→验槽→桩施工→垫层→桩头处理→清理→做防水层→保护层→投点放线→承台梁板扎筋→混凝土浇筑→养护→投点放线→施工缝处理→柱、墙扎筋→柱、墙模板→混凝土浇筑→顶盖梁、板支模→梁板扎筋→混凝土浇筑→养护→拆外模→外墙防水→保护层→回填土。

施工中要注意防水工程和承台梁大体积混凝土浇筑及深基础支护结构的施工，防止水化热对大体积混凝土的不良影响，并保证基坑支护结构的安全。

2）主体结构的施工顺序。主体结构为现浇钢筋混凝土剪力墙，可采用大模板或滑模工艺。

采用大模板工艺，分段流水施工，施工速度快，结构整体性、抗震性好。

标准层施工顺序为：弹线→绑扎墙体钢筋→支墙模板→浇筑墙身混凝土→养护→拆墙模板→支楼板模板→绑扎板钢筋→浇筑楼板混凝土。

采用滑升模板工艺，滑升模板和液压系统安装调试工艺顺序为：抄平放线→安装提升架、围圈→支一侧模板→绑墙体钢筋→支另一侧模板→液压系统安装→检查调试→安装操作平台→安装支撑杆→滑升模板→安装悬吊脚手架。

3）屋面防水与装饰工程的施工顺序。屋面工程施工顺序基本与混合结构房屋相同。屋面防水应在主体结构封顶后，尽快完成，使室内装饰尽早进行。

装饰工程的分项工程及施工顺序随装饰设计的不同而不同。例如，室内装饰工程施工顺序一般为：结构处理→放线→做轻质隔墙→贴灰饼冲筋→立门窗框、安铝合金门窗→各类管道水平支管安装→墙面抹灰→管道试压→墙面喷涂贴面→吊顶→地面清理，做地面、贴地砖→安风口、灯具、洁具→调试→清理。若大模板墙面平整，只需在板面刮腻子，面层刷涂料。由于大模板不采用外脚手架，结构外装饰采用吊式脚手架（吊篮）。

应当指出，高层建筑种类繁多，如框架结构、剪力墙结构、筒体结构、框剪结构等。不同结构体系采用的施工工艺不尽相同，如大模板法、滑模法、爬模法等，无固定模式可循，施工顺序应与采用的施工方法相协调。

（4）装配式钢筋混凝土单层工业厂房的施工顺序

装配式钢筋混凝土单层工业厂房的施工，一般划分为基础工程、预制工程、结构安装工程、围护工程和装修工程五个施工阶段。图4-4为装配式单层工业厂房施工顺序框图。

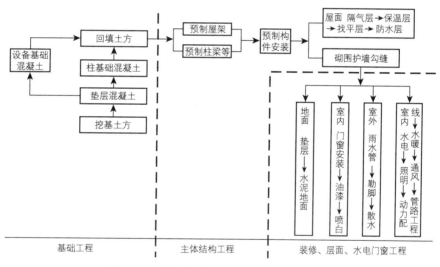

图4-4 装配式单层工业厂房施工顺序框图

4.3.4 施工方法和施工机械的选择

正确选择施工方法和施工机械是制定施工方案的关键。单位工程各个分部分项工程均可采用各种不同的施工方法和施工机械进行施工，而每一种施工方法和施工机械又都有其优缺点。应根据施工对象的建筑特征、结构形式、场地条件及周围环境、工程量的大小、工期长短、抗震要求、资源供应情况等，对多个施工方案进行比较，选择一个先进合理的、适合本工程的施工方法，并选择相应的施工机械。

1. 选择施工方法和施工机械的基本原则

（1）应考虑主导施工项目要求

施工项目的施工方法不仅影响自身的施工持续时间和工程质量，也直接影响着单位工程的工期和质量,所以应从单位工程施工全局出发,着重考虑影响整个工程施工的主要分部分项工程的施工方法和施工机械选择。

(2) 应符合施工组织总设计的要求

如本工程是整个建设项目中的一个项目,则其施工方法和施工机械的选择应符合施工组织总设计中的有关要求。

(3) 应满足施工技术的要求

施工方法和施工机械的选择,必须满足施工技术的要求。如预应力张拉方法和机械的选择应满足设计、质量、施工技术的要求。

(4) 应考虑如何符合工厂化、机械化施工的要求

单位工程施工,原则上应尽可能实现和提高工厂化和机械化的施工程度。这是建筑施工发展的需要,也是提高工程质量、降低工程成本、提高劳动生产率、加快工程进度和实现文明施工的有效措施。

(5) 应符合先进、合理、可行、经济的要求

选择施工方法和施工机械,除要求先进、合理之外,还要考虑对施工单位是可行的、经济的。必要时,要进行分析比较,从施工技术水平和实际情况出发,选择先进、合理、可行、经济的施工方法和施工机械。

(6) 应做到工期、质量、成本和安全四统一

一个好的施工方法不应只满足个别方面的要求,而是应全面落实四个统一,四者缺一不可。所选择的施工方法和施工机械应尽量满足缩短工期、提高工程质量、降低工程成本、确保施工安全的要求。

2. 确定施工方法和施工机械的重点

在选择施工机械时,应首先选择主导工程的机械,然后根据建筑特点及材料、构件种类配备辅助机械,最后确定与施工机械相配套的专用工具设备。在同一工地上应力求建筑机械的种类和型号尽可能少一些,以利于机械管理。

确定施工方法时应着重考虑影响整个单位工程施工的分部分项工程的施工方法。对于常规的做法和工人熟悉的分部分项工程可不必详细拟定施工方法。对于下列一些项目的施工方法应详细和具体:

(1) 工程量大,在单位工程中占重要地位,对工程质量起关键作用的分部分项工程如基础工程、钢筋混凝土工程等隐蔽工程。

(2) 施工技术复杂、施工难度大,或采用新技术、新工艺、新结构、新材料的分部分项工程。如大体积混凝土结构施工、模板早拆体系、无粘接预应力混凝土等。

(3) 施工人员不太熟悉的特殊结构,专业性很强,技术要求很高的工程。如仿古建筑、大跨度空间结构、大型玻璃幕墙、薄壳、悬索结构等。

3. 主要分部分项工程的施工方法要点

(1) 土石方工程:

1) 计算土石方工程的工程量,确定土石方开挖或爆破方法,选择土石方施工机械。

2）确定土壁放坡的边坡系数或土壁支护形式及打桩方法。

3）选择地面排水、降低地下水位方法，确定排水沟、集水井或布置井点降水所需设备。

4）土石方的平衡调配，确定土方调配方案。

（2）基础工程：

1）浅基础（如条形、独立基础等）中垫层、钢筋混凝土、基础墙砌筑的技术要点，如宽度、标高的控制等。

2）地下室施工防水要求，如施工缝的留置及做法等。

3）桩基础上桩的入土方法及设备选择，灌注桩的施工方法。

（3）钢筋混凝土工程：

1）确定混凝土工程的施工方案：大模板法、滑升法、升板法或其他方法。

2）确定模板类型和支模方法，对于复杂工程还需进行模板设计和进行模板放样。

3）选择钢筋加工、绑扎、焊接方法。

4）选择混凝土制备方案，如采用预拌混凝土还是现场拌制混凝土，确定搅拌运输及浇筑方法以及混凝土垂直运输机械的选择。

5）选择混凝土搅拌、密实成型机械，确定施工缝留设位置。

6）确定预应力混凝土结构的施工方法、控制方法和张拉设备。

在选择施工方法时，应特别注意大体积混凝土、特殊条件下混凝土、高强度混凝土及冬期混凝土施工中的技术方法，注重模板早拆化、标准化，钢筋加工中的联动化、机械化，混凝土运输中采用大型搅拌运输车，泵送混凝土，计算机控制混凝土配料等。

（4）结构吊装工程：

1）选择吊装机械的类型和数量。需根据建筑物外形尺寸，所吊装构件外形尺寸、位置、重量、起重高度，工程量和工期，现场条件，吊装工地拥挤的程度与吊装机械通向建筑工地的可能性，工地上可能获得吊装机械的类型等条件来确定。

2）确定吊装方法，安排吊装顺序、机械位置和行驶路线以及构件拼装办法及场地。

3）有些跨度较大的建筑物的构件吊装，应认真制定吊装工艺，设定构件吊点位置，确定吊索的长短及夹角大小，起吊和扶正时的临时稳固措施，垂直度测量方法等。

4）构件运输、装卸、堆放办法以及所需的机具设备（如平板拖车、载重汽车、卷扬机及子车等）型号、数量和对运输道路的要求。

5）吊装工程准备工作内容，起重机行走路线压实加固；各种吊具临时加固，电焊机等要求以及吊装有关技术措施。

（5）装饰工程：

1）确定各装饰工程的操作方法及质量要求，有时要作"样板间"。

2）确定材料运输方式及储存要求。

3）确定所需机具设备。

4）确定施工工艺流程和施工组织，尽可能组织结构、装饰穿插施工。

（6）屋面工程

1）屋面各个分项工程（如卷材防水屋面一般有找坡找平层、隔汽层、保温层、防水层、保护层或面层等分项工程，刚性防水屋面一般有隔离层、刚性防水层等分项工程）的各层材料特别是防水材料的质量要求、施工操作要求。

2）屋盖系统的各种节点部位及各种接缝的密封防水施工。

3）屋面材料的运输方式。

（7）脚手架工程

1）明确内外脚手架的用料、搭设、使用、拆除方法及安全措施，外墙脚手架大多从地面开始搭设，根据土质情况，应有防止脚手架不均匀下沉的措施。

2）应明确特殊部位脚手架的搭设方案。

3）室内施工脚手架宜采用轻型的工具式脚手架，装拆方便省工、成本低。高度较高、跨度较大的厂房屋顶的顶棚喷刷工程宜采用移动式脚手架，省工又不影响其他工程。

4）脚手架工程还需确定安全网挂设方法、四口五临边防护方案。

（8）现场水平垂直运输设施

1）确定垂直运输量，有标准层的需确定标准层运输量。

2）选择垂直运输方式及其机械型号、数量、布置、安全装置、服务范围、穿插班次，明确垂直运输设施使用中的注意事项。

3）选择水平运输方式及其设备型号、数量。

4）确定地面和楼面上水平运输的行驶路线。

（9）特殊项目

特殊项目如新结构、新工艺、新材料、新技术的项目及高耸、大跨、重型构件，水下、深基、软弱地基，冬期施工等项目，均应单独编制施工方案，阐明施工技术关键，进行施工技术交底，加强技术管理，拟定安全质量措施。

4. 施工方案的技术经济评价

施工方案的技术经济分析是选择最优方案的重要途径。首先拟定在技术上可行的几个施工方案，采用定性分析方法或定量分析方法进行比较，然后选择出一个工期短、成本低、质量好、材料省、劳动力安排合理的最优方案。

评价施工方案的技术经济指标有工期指标、降低成本指标、主要工种施工机械化程度指标、主要材料（三大材料）节约指标。

（1）工期指标：当要求工程尽快完成以便尽早投入生产或使用时，选择施工方案就要在确保工程质量、安全和成本较低的条件下，优先考虑缩短工期，在钢筋混凝土工程主体施工时，往往采用增加模板的套数来缩短主体工程的施工工期。

（2）机械化程度指标：在考虑施工方案时应尽量提高施工机械化程度，降低工人的劳动强度。积极扩大机械化施工的范围，把机械化施工程度的高低，作为衡量施工方案优劣的重要指标。

$$施工机械化程度 = \frac{机械完成的实物工程量}{全部实物工程量} \times 100\% \quad (4-1)$$

（3）主要材料消耗指标：反映若干施工方案的主要材料节约情况。

$$主要材料节约指标 = \frac{主要材料节约量}{预算材料用量} \times 100\% \quad (4-2)$$

（4）降低成本指标：它综合反映工程项目或分部分项工程由于采用不同的施工方案而产生不同的经济效果。其指标可以用降低成本额和降低成本率来表示。

$$降低成本额 = 预算成本 - 计划成本 \quad (4-3)$$

$$降低成本率 = \frac{降低成本额}{预算成本} \times 100\% \quad (4-4)$$

例如，某施工队承建六幢高层塔楼，施工设计时分别对主体结构中四种方案分别进行计算，各方案中的模板费用、大型机械费用、劳动量及工期见表 4-11。

不同施工方案指标比较　　　　表 4-11

序号	方案内容	模板费/万元	机械费/万元	劳动量/工日	备注
1	滑模施工	118.67	12.74	279	两套滑模设备
2	全钢大模板	61.3	16.25	383	一套大模板两幢对翻
3	租赁组合大模板	43.55	18.31	458	80%租赁，其余新购
4	钢框七类板模板	55.9	16.25	383	同方案2

从表 4-11 中可以得出以下结论：

1）滑模工艺模板一次制作。连续滑升，施工速度快、工期短、节省机械费。但一次投资额大；当墙身截面变化时，楼板模板支设、拆除在技术方面有一定难度。

2）全钢大模板与滑模工艺比较，工期长、机械费与劳动量都增加，但一次投资少，几乎为滑模设备投资的 1/2。

3）租赁定型组合钢筋模板拼装大模板，工期、机械费、劳动消耗同全钢大模板，模板费用量低。

4）采用七类板做大模板面板，实际上是全钢大模板的改进。它的优点是一次投资量少。其他指标同全钢大模板。当然，模板周转次数要比全钢大模板少。

究竟采用哪种方案，应根据工期、费用及施工合同的具体要求确定。当然还应进一步分析设备、台班费及设备残值，并了解工程后续情况，这样更有利于施工方案的决算。

4.3.5　施工组织管理措施

任何一个工程的施工，都必须严格执行现行的建筑安装工程施工及验收规范、建筑安装工程质量检验及评定标准、建筑安装工程技术操作规程、建筑工程建设标准强制性条文等有关法律法规，并根据工程特点、施工中的难点和施工现场的实际情况，制订相应技术组织措施。

1. 技术措施

对采用新材料、新结构、新工艺、新技术的工程,以及高耸、大跨度、重型构件、深基础等特殊工程,在施工中应制订相应的技术措施。

(1) 施工方法的特殊要求、工艺流程、技术要求;

(2) 水下混凝土及冬雨期施工措施;

(3) 材料、构件和机具的特点,使用方法及需用量。

2. 保证和提高工程质量措施

保证和提高工程质量措施,可以按照各主要分部分项工程施工质量要求提出,也可以按照工程施工质量要求提出。保证和提高工程质量措施,可以从以下几个方面考虑:

(1) 保证定位放线、轴线尺寸、标高测量等准确无误的措施;

(2) 保证地基承载力、基础、地下结构及防水施工质量的措施;

(3) 保证主体结构等关键部位施工质量的措施;

(4) 保证屋面、装修工程施工质量的措施;

(5) 保证采用新材料、新结构、新工艺、新技术的工程施工质量的措施;

(6) 保证和提高工程质量的组织措施,如现场管理机构的设置、人员培训、建立质量检验制度等。

3. 确保施工安全措施

加强劳动保护保障安全生产,是国家保障劳动人民生命安全的一项重要政策。也是进行工程施工的一项基本原则。为此,应提出有针对性的施工安全保障措施,从而杜绝施工中安全事故的发生。施工安全措施,可以从以下几个方面考虑:

(1) 保证土方边坡稳定措施;

(2) 脚手架、吊篮、安全网的设置及各类洞口防止人员坠落措施;

(3) 外用电梯、井架及塔吊等垂直运输机具的拉结要求和防倒塌措施;

(4) 安全用电和机电设备防短路、防触电措施;

(5) 易燃、易爆、有毒作业场所的防火、防爆、防毒措施;

(6) 季节性安全措施,如雨期的防洪、防雨,夏季的防暑降温,冬期的防滑、防火、防冻措施等;

(7) 现场周围通行道路及居民安全保护隔离措施;

(8) 确保施工安全的宣传、教育及检查等组织措施。

4. 降低工程成本措施

应根据工程具体情况,按分部分项工程提出相应的节约措施,计算有关技术经济指标,分别列出节约工料数量与金额数字,以便衡量降低工程成本的效果。其内容一般包括:

(1) 合理进行土方平衡调配,以节约台班费;

(2) 综合利用吊装机械,减少吊次,以节约台班费;

(3) 提高模板安装精度,采用整装整拆,加速模板周转,以节约木材或钢材;

(4) 混凝土、砂浆中掺加外加剂或掺混合料,以节约水泥;

(5) 采用先进的钢材焊接技术以节约钢材;

(6) 构件及半成品采用预制拼装、整体安装的方法,以节约人工费、机械费等。

5. 现场文明施工措施

现场文明施工措施包括:

(1) 施工现场设置围栏与标牌,出入口交通安全,道路畅通,场地平整,安全与消防设施齐全;

(2) 临时设施的规划与搭设应符合生产、生活和环境卫生要求;

(3) 各种建筑材料、半成品、构件的堆放与管理有序;

(4) 散碎材料、施工垃圾的运输及防止各种环境污染;

(5) 及时进行成品保护及施工机具保养。

【实训】

全班同学分为若干组,每组 5~6 人。根据给定施工图纸,小组各成员分工协作,分别写出各分部工程的施工方案,每组最后归纳成为整个工程的施工方案。

【课后讨论】

1. 什么叫"逆作法"施工,优点是什么?
2. 钢筋工程需配备哪些施工机械?
3. 选择脚手架时应注意哪些问题?

4.4 施工进度计划的编制

学习目标

进度计划的编制内容及步骤

关键概念

进度计划

单位工程施工进度计划是单位工程施工组织设计的重要组成部分,是控制各分部分项施工进度的主要依据,也是编制季、月度施工作业计划及各项资源需用计划的依据。

单位工程施工进度计划是在已确定的施工方案及合理安排施工顺序基础上编制的。它要符合规定的工期要求和技术及资源供应的条件。

单位工程施工进度计划是用图表形式表示各施工项目(各分部分项工程)在时间上和空间上的安排和相互间的搭配和配合的关系。图表有横道图或网络图两种形式。

4.4.1　单位工程施工进度计划的作用和依据

单位工程施工进度计划的主要作用有：控制单位工程施工进度，保证在规定工期内使项目建成启动；确定各施工过程中的施工顺序、持续时间及相互逻辑关系；为编制季度、月生产作业计划提供依据；为编制施工准备工作计划和各种资源计划提供依据；指导现场的施工安排，确保施工任务如期完成。

单位工程施工进度计划的编制依据主要包括：施工图、工艺图及有关标准图等技术资料；施工组织总设计对本工程的要求；施工工期要求；施工方案、施工定额以及施工资源供应情况。

4.4.2　施工进度计划的编制

1. 施工过程的划分

施工过程划分应考虑以下要求（详见单元3）：

（1）施工过程划分粗细的要求。

（2）对施工过程进行适当合并，达到简明清晰的要求。

对于一些次要的、零星的分项工程，不必分项列上，可以合并为"其他工程"，在计算劳动量时给予综合考虑即可。

（3）施工过程划分的工艺性要求。

住宅建筑的水、暖、煤、卫、电等房屋设备安装是建筑工程的重要组成部分，应单独列项；工业厂房的各种机电等设备安装也要单独列项，但不必细分，可由专业队或设备安装单位单独编制其施工进度计划。土建施工进度计划中列出其施工过程，表明其与土建施工的配合关系。

（4）施工项目排列顺序的要求。确定的施工项目，应按拟建工程的总的施工工艺顺序的要求排列，即先施工的排前面，后施工的排后面。以便编制单位工程施工进度计划时，做到施工先后有序，横道进度线编排时，做到图面清晰。

2. 计算工程量

工程量的计算应严格按照施工图和工程量计算规则进行。若编制计划时已经有了预算文件，则可以直接利用预算文件中的有关工程量数据。若某些项目不一致，则应根据实际情况加以调整或补充，甚至重新计算。计算工程量时应注意如下几个方面的问题：

（1）各分部分项工程量的计算单位应与现行施工定额的计算单位相一致，以便计算劳动量、材料、机械台班时直接套用定额，以免进行换算。

（2）结合施工方法和技术安全的要求计算工程量。例如，基础工程中挖土方中的人工挖土、机械挖土、是否放坡、坑底是否留工作面、是否设支撑等，其土方量计算是不同的。

（3）当施工组织中分段、分层施工时，工程量计算也应分段、分层计算，以便于施工组织和进度计划的编制。

(4) 计算工程量时,应尽量考虑到编制其他计划时使用的工程量数据的方便,做到一次计算,多次使用。

3. 计算劳动量及机械台班量

根据工程量及确定采用的施工定额,即可进行劳动量及机械台班量的计算。

(1) 劳动量的计算。劳动量也称劳动工日数。凡是采用手工操作为主的施工过程,其劳动量均可按下式计算:

$$P_i = \frac{Q_i}{S_i} = Q_i H_i \tag{4-5}$$

式中 P_i——某施工过程所需劳动量,工日;

Q_i——该施工过程的工程量,m^3、m^2、m、t 等;

S_i——该施工过程采用的产量定额,$m^3/$工日、$m^2/$工日、$m/$工日、$t/$工日等;

H_i——该施工过程采用的时间定额,工日$/m^3$、工日$/m^2$、工日$/m$、工日$/t$ 等。

当某一施工过程是由两个或两个以上不同分项工程合并而成时,其总劳动量应按下式计算:

$$P_{总} = \sum_{i=1}^{n} P_i = P_1 + P_2 + \cdots + P_n \tag{4-6}$$

【例 4-1】某钢筋混凝土基础工程,其支设模板、绑扎钢筋、浇筑混凝土三个施工过程的工程量分别为 650m^2、6t、230m^3,查劳动定额得其时间定额分别为 0.253 工日$/m^2$、5.28 工日$/t$、0.833 工日$/m^3$,试计算完成钢筋混凝土基础所需劳动量。

【解】

$$P_{模} = 650 \times 0.235 = 152.8 \text{ 工日}$$

$$P_{扎筋} = 6 \times 5.28 = 31.68 \text{ 工日}$$

$$P_{混凝土} = 230 \times 0.833 = 192 \text{ 工日}$$

$$P_{杯基} = P_{模} + P_{扎筋} + P_{混凝土} = 152.8 + 31.68 + 192 = 376.48 \text{ 工日}$$

当某一施工过程是由同一工种、但不同做法、不同材料的若干个分项工程合并组成时,应先按式(4-7)计算其综合产量定额,再求其劳动量。

$$\bar{S} = \frac{\sum_{i=1}^{n} Q_i}{\sum_{i=1}^{n} P_i} = \frac{Q_1 + Q_2 + \cdots + Q_n}{P_1 + P_2 + \cdots + P_n} = \frac{Q_1 + Q_2 + \cdots + Q_n}{\frac{Q_1}{S_1} + \frac{Q_1}{S_1} + \cdots \frac{Q_n}{S_n}} \tag{4-7}$$

$$\bar{H} = \frac{1}{\bar{S}} \tag{4-8}$$

式中 $\bar{S}$——某施工过程的综合产量定额,$m^3/$工日、$m^2/$工日、$m/$工日、$t/$工日等;

$\bar{H}$——某施工过程的综合时间定额,工日$/m^3$、工日$/m^2$、工日$/m$,工日$/t$ 等;

$\sum_{i=1}^{n} Q_i$——总工程量,m^3、m^2、m、t 等;

$\sum_{i=1}^{n} P_i$——总劳动量，工日；

Q_1、Q_2…Q_n——同一施工过程的各分项工程的工程量；

P_1、P_2…P_n——与 Q_1、Q_2…Q_n 相对应的产量定额。

【例 4-2】某工程，其外墙面装饰有外墙涂料、真石漆、面砖三种做法，其工程量分别是 680.2、300.1、280.3m²；采用的产量定额分别是 7.56、4.35、4.05m²/工日。计算它们的综合产量定额及外墙面装饰所需的劳动量。

【解】

$$\overline{S} = \frac{Q_1+Q_2+\cdots+Q_n}{P_1+P_2+\cdots+P_n} = \frac{680.2+300.1+280.3}{\frac{680.2}{7.56}+\frac{300.3}{4.35}+\cdots\frac{280.3}{4.05}} = \frac{1260.6}{89.9+69+69.2} = 5.52 \text{m}^2/\text{工日}$$

$$P = \frac{\sum_{i=1}^{n}1}{\overline{S}} = \frac{1260.6}{5.52} = 228 \text{ 工日}$$

(2) 机械台班量的计算

凡是采用机械为主的施工过程，可按式（4-9）计算其所需的机械台班数。

$$P_{机械} = \frac{Q_{机械}}{S_{机械}} \text{ 或 } P_{机械} = Q_{机械} \times H_{机械} \tag{4-9}$$

式中 $P_{机械}$——某施工过程需要的机械台班数，台班；

$Q_{机械}$——机械完成的工程量，m³、t、件等；

$S_{机械}$——机械的产量定额，m³/台班、t/台班等；

$H_{机械}$——机械的时间定额，台班/m³、台班/t 等。

在实际计算中 $S_{机械}$ 或 $H_{机械}$ 的采用应根据机械的实际情况、施工条件等因素考虑、确定，以便准确地计算需要的机械台班数。

【例 4-3】某工程基础挖土采用 W-100 型反铲挖土机，挖方量为 1544m³，经计算采用的机械台班产量为 120m³/台班。计算挖土机所需台班量。

【解】

$$P_{机械} = \frac{Q_{机械}}{S_{机械}} = \frac{1544}{120} = 12.8 \text{ 台班}$$

4. 计算确定施工过程的延续时间

施工过程持续时间的确定方法有三种：经验估算法、定额计算法和倒排计划法。详见单元 3。

在使用定额法计算时需注意：

(1) 施工班组人数的确定：在确定施工班组人数时，应考虑最小劳动组合人数、最小工作面和可能安排的施工人数等因素。

最小劳动组合，即某一施工过程进行正常施工所必需的最低限度的班组人数及其合理的组合。最小劳动组合决定了最低限度应安排多少工人，如砌墙就要按技工和普工的最少人数及合理比例组成施工班组，人数过少或比例不当都将引起劳动生产率下降。

最小工作面，即施工班组为保证安全生产和有效地操作所必须的工作面。最小工作面决定了最高限度可安排多少工人。不能为了缩短工期而无限制地增加人数，否则将造成工作面的不足而产生窝工。

可能安排人数，是指施工单位所能配备的人数。一般只要在上述最低和最高限度之间，根据实际情况确定就可以了。有时为了缩短工期，可在保证足够工作面的条件下组织非专业工种的支援。如果在最小工作面情况下，安排最高限度的工人数仍不能满足工期要求时，可组织两班制或三班制施工。

（2）机械台数的确定：与施工班组人数确定情况相似，也应考虑机械生产效率、施工工作面、可能安排台数及维修保养时间等因素确定。

（3）工作班制的确定：一般情况下，当工期容许、劳动力和机械周转使用不紧迫、施工工艺上无连续施工要求时，可采用一班制施工。当工期较紧或为了提高施工机械的使用率及加速机械的周转，或工艺上要求连续施工时，某些项目可考虑两班制甚至三班制施工。

5. 初排施工进度

上述各项计算内容确定之后，开始初排施工进度，即表格中右边部分。编排施工进度时，必须考虑各分部分项工程的合理施工顺序，应力求同一施工过程连续施工，并尽可能组织平行流水施工，将各个施工阶段最大限度地搭接起来，以缩短工期。对某些主要工种的专业工人应力求使其连续工作。

在编排施工进度时，先安排主导施工过程的施工进度，即先安排好采用主要的机械、耗费劳动力及工时最多的过程。然后再安排其余的施工过程，它应尽可能配合主导施工过程并最大限度搭接，保证施工的连续进行，形成施工进度计划的初步方案。应使每个施工过程尽可能早地投入施工。

编排施工进度时，可先排出各施工阶段的控制性计划，在控制性计划的基础上，再按施工程序，分别安排各个施工阶段内各分部分项工程的施工组织和施工顺序及其进度，并将相邻施工阶段内最后一个分项工程和接着进行的下一施工阶段的最先开始的分项工程，使其相互之间最大限度地搭接，最后汇总成整个单位工程进度计划的初步方案。

编排施工进度时，应注意以下问题：

（1）每个施工过程的施工进度线都应用横道粗实线段表示。

（2）每个施工过程的进度线所表示的时间（天）应与计算确定的持续时间一致。

（3）每个施工过程的施工起止时间应根据施工工艺顺序及组织顺序确定。

6. 施工进度计划的检查和调整

施工进度计划初步方案编出后，应根据上级要求、合同规定、经济效益及施工条件等，先检查各施工项目之间的施工顺序是否合理、工期是否满足要求、劳动力等资源需要量是否均衡，然后进行调整，直至满足要求，最后编制正式施工计划。

（1）施工顺序的检查和调整。施工进度计划安排的顺序应符合建筑施工的客观规律。应从技术上、工艺上、组织上检查各个施工项目的安排是否正确合理,如有不当之处,应予修改或调整。

(2) 施工工期的检查与调整。施工进度计划安排的施工工期首先应满足上级规定或施工合同的要求,其次应具有较好的经济效果,即安排工期要合理,并不是越短越好。当工期不符合要求时,应进行必要的调整。

(3) 资源消耗均衡性的检查与调整。施工进度计划的劳动力、材料、机械等供应与使用,应避免过分集中,尽量做到均衡。

例如,劳动力消耗的均衡性可用均衡系数来表示,用式(4-10)计算:

$$K = \frac{R_{max}}{\overline{R}} \quad (4-10)$$

式中　K——劳动力均衡系数;

　　　R_{max}——高峰人数;

　　　$\overline{R}$——平均人数,即为施工总工日数除总工期所得人数。

劳动力均衡系数一般控制在 2 以下,超过之则不正常。如果出现劳动力不均衡的情况,可通过调整次要项目的施工人数、施工时间和起止时间以及重新安排搭接等方法来实现均衡。

建筑施工本身是一个复杂的生产过程,受到周围许多客观条件的影响,如资源供应条件变化、气候的变化等,都会影响施工进度。因此,在执行中应随时掌握施工动态,并经常不断地检查和调整施工进度计划。

4.4.3　编制资源需用量计划

单位工程施工进度计划编出后,即可着手编制劳动力及物资需要量计划。它们是做好劳动力与物资的供应、平衡、调度、落实的依据,也是施工单位编制施工作业计划的主要依据之一。

1. 劳动力需要量计划

主要根据确定的施工进度计划提出,其方法是按进度表上每天所需人数分工种分别统计,得出每天所需工种及人数,按时间进度要求汇总编出。其表格见表 4-12。

劳动力需要量计划表　　　　　　　　表 4-12

序号	工种名称	人数	××月			××月			××月			××月		
			上	中	下	上	中	下	上	中	下	上	中	下

2. 施工机械、主要机具需要量计划

主要根据单位工程分部分项施工方案及施工进度计划要求,提出各种施工机械、主要机具的名称、规格、型号、数量及使用时间,其表格见表 4-13。

施工机械、主要机具需要量计划表　　　　表4—13

序号	机械及机具名称	规格型号	需要量		机械来源	使用起止日期		备注
			单位	数量		月/日	月/日	

3. 预制构件需要量计划

预制构件包括钢筋混凝土构件、木构件、钢构件、混凝土制品等。其表格见表4—14。

预制构件需要量计划表　　　　表4—14

序号	构件名称	规格	图号	需要量		使用部位	加工单位	进场日期	备注
				单位	数量				

4. 主要材料需要量计划

主要根据工程量及预算定额统计计算并汇总的施工现场需要的各种主要材料用量。作为组织供应材料、拟定现场堆放场地及仓库面积需用量及运输计划提供依据。编制时，应提出各种材料的名称、规格、数量、使用时间等要求，其计划表格形式见表4—15。

主要材料需要量计划表　　　　表4—15

序号	材料名称	规格	需要量		需要时间									
					××月			××月			××月			××月		
			单位	数量	上	中	下	上	中	下	上	中	下	上	中	下

5. 运输计划

如果由施工单位组织运输材料和构件，则应编制运输计划。它以施工进度计划及上述各种物资需要量计划为依据，其内容见表4—16。这种计划可作为组织运输力量、保证物资按时进场的依据。

运输计划表　　　　表4—16

序号	需运项目	单位	数量	货源	运距/km	运输量/t·km	所需运输运距			需用起止时间
							名称	吨位	台班	

6. 单位工程施工进度计划评价指标

评价单位工程施工进度计划的优劣，主要有下列指标：

（1）工期

施工进度计划的工期应符合合同工期要求，并在可能情况下缩短工期，保证工程早日交付使用，取得较好的经济效果。

$$提前时间 = 合同工期 - 计划（或计算）工期$$

$$节约时间 = 定额工期 - 计划(或计算)工期$$

(2) 建安工人日产值

$$建安工人日产值 = \frac{计划工作量}{计划工期 \times 每天平均工日数}$$

(3) 总工日节约率

$$总工日节约率 = \frac{施工预算工期 - 计划用工数}{施工预算用工数}$$

(4) 劳动量消耗的均衡性

力求每天出勤人数不发生较大的波动,即力求劳动力消耗均衡,这对施工组织和临时设施布置有很大好处。劳动力消耗的均衡性用劳动力不均衡系数 K 来表示,见式 (4-10)。

【实训】 见第三章

【课后讨论】

1. 如何确定工程项目的合理工期?
2. 施工现场资源的最佳储备量如何计算?

4.5 单位工程施工平面图的设计

学习目标

1. 施工平面图的设计内容
2. 施工平面图的设计步骤

关键概念

施工平面图

单位工程施工平面图是施工组织设计的重要组成部分。它是根据拟建工程的规模、施工方案、施工进度及施工生产中的需要,结合现场的具体情况和条件,对施工现场做出的规划、部署和具体安排。

施工平面图是施工方案在现场空间上的体现,反映已建工程和拟建工程之间,以及各种临时建筑、临时设施之间的合理位置关系。现场布置得好,就可以使现场管理得好,为文明施工创造条件;反之,如果现场施工平面布置得不好,施工现场道路不畅通,材料堆放混乱,就会对工程进度、质量、安全、成本产生不良后果。因此,施工平面图设计是施工组织设计中一个很重要的内容。

4.5.1 单位工程施工平面图设计内容

（1）施工现场内已建和拟建的地上和地下的一切建筑物、构筑物及其他设施。

（2）塔式起重机位置，施工电梯或井架位置，混凝土和砂浆搅拌站位置。

（3）测量轴线及定位线标志，测量放线桩及永久水准点位置。

（4）为施工服务的一切临时设施的位置和面积，主要有以下几方面：

1）场内外的临时道路，可利用的永久道路；

2）各种材料、构配件、半成品的堆场及仓库；

3）装配式结构构件制作和拼装地点；

4）行政、生产、生活用的临时设施，如办公室、加工车间、食堂、宿舍、门卫、围墙等；

5）临时水电管线；

6）一切安全和消防设施的位置，如高压线、消火栓的位置等。

4.5.2 施工平面图设计原则

1. 在尽可能的条件下，平面布置力求紧凑，尽量少占施工用地

少占用地，除可以解决城市施工用地紧张外，还有其他重要意义。对于建筑场地而言，减少场内运输距离和缩短管线长度，既有利于现场施工管理，又节省施工成本。通常可以采用一些技术措施，减少施工用地。如合理计算各种材料的储备量，尽量采用商品混凝土施工，有些结构构件可采用随吊随运方案，某些预制构件采用平卧叠浇方案，临时办公用房可采用多层装配式活动房屋。

2. 在保证工程顺利进行的条件下，尽量减少临时设施用量

尽可能利用现有房屋作为临时施工用房；合理安排生产流程，材料、构件要尽可能布置在使用地点附近，若要通过垂直运输，尽可能布置在垂直运输机具附近，力求减少运距；必要时可用装配式房屋，水电管网选择应使长度尽量短。

3. 最大限度缩短场内运输距离，减少场内二次搬运

各种主要材料、构配件堆场应布置在塔式起重机有效工作半径范围之内，尽量使各种资源靠近使用地点布置，力求转运次数最少。

4. 临时设施布置，应有利于施工管理和工人的生产和生活

如办公室应靠近施工现场，生活福利设施最好与施工区分开，分区明确，避免人流交叉。

5. 施工平面布置要符合劳动保护、技术安全和消防要求

施工现场机械设备的钢丝绳、缆风绳以及电缆、电线与管道等不要妨碍交通，保证道路畅通；现浇石灰池、沥青锅应布置在生活区的下风处，木工棚、石油沥青卷材仓库也应远离生活区；炸药、雷管等严格控制并由专人保管；易燃易爆物品场所旁应有必要的警示标志。

设计施工平面图除考虑上述基本原则外，还必须结合施工方法、施工进度，设计

几个施工平面布置方案,通过对施工用地面积、临时道路和管线长度、临时设施面积和费用等技术经济指标进行比较,择优选择方案。

4.5.3 单位工程施工平面图设计依据

1. 设计与施工的原始资料

(1) 自然条件资料:自然条件资料包括地形资料、地质资料、水文资料、气象资料等,主要用来确定施工排水沟渠、易燃易爆品仓库的位置。

(2) 技术经济条件资料:技术经济条件资料包括地方资源情况、水电供应条件、生产和生活基地情况、交通运输条件等,主要用来确定材料仓库、构件和半成品堆场、道路及可以利用的生产和生活的临时设施。

(3) 社会调查资料:如社会劳动力和生活设施、参加施工的各单位情况,建设单位可为施工提供的房屋和其他生活设施。

2. 施工图

(1) 建筑总平面图:在建筑总平面图上标有已建和拟建建筑物和构筑物的平面位置,根据总平面图和施工条件确定临时建筑物和临时设施的平面位置。

(2) 地下、地上管道位置:一切已有或拟建的管道,应在施工中尽可能考虑利用,若对施工有影响,则应采用一定措施予以解决。

(3) 土方调配规划及建筑区竖向设计:土方调配规划及建筑区竖向设计资料对土方挖填及土方取舍位置密切相关,它影响到施工现场的平面关系。

3. 施工方面的资料

(1) 施工方案:施工方案对施工平面布置的要求,应具体体现在施工平面上。如单层工业厂房结构吊装,构件的平面布置、起重机开行路线与施工方案密不可分。

(2) 施工进度计划:根据施工进度计划及由施工进度计划而编制的资源计划,进行现场仓库位置、面积、运输道路的确定。

(3) 资源需要计划:即各种劳动力、材料、构件、半成品等需要量计划,可确定宿舍、食堂的面积、位置,仓库和堆场的面积、形式、位置。

4. 有关的法律法规对施工现场管理提出的要求

如《建设工程施工现场管理规定》、《文物保护法》、《环境保护法》等。

4.5.4 单位工程施工平面图设计步骤

1. 熟悉、分析有关资料

熟悉设计图纸、施工方案、施工进度计划;调查分析有关资料,掌握、熟悉现场有关地形、水文、地质条件;在建筑总平面图上进行施工平面图设计。

2. 起重机械位置确定

起重运输机械位置的确定:它的位置直接影响仓库、材料、砂浆和混凝土搅拌站的位置,以及场内运输道路和水电线路的布置等,因此,应予以首先考虑。

(1) 塔式起重机的布置

塔式起重机是集起重、垂直运输和水平运输三种功能为一身的机械设备。按其在工地上使用、架设的要求不同可分为轨道式、固定式、附着式和内爬式。

轨道式起重机可沿轨道两侧全幅作业范围内进行吊装，占用施工场地大，铺设路基工作量大，且使用高度受到限制，一般沿建筑物长向布置，但由于其稳定性差已经逐渐淘汰。

固定式塔式起重机不需敷设轨道，但作业范围小，布置时要考虑其混凝土基础距建筑物应保持一定的距离。

附着式塔式起重机占地面积小，且起重量大，可自行升高，但对建筑物有附着力。其塔身中心至建筑物外墙边缘的附着距离，一般为 4.1~6.5m，有时也可大至 10~15m。

内爬式起重机布置在建筑物中间，其作用的有效范围大，适用于高层建筑施工。

塔式起重机的位置及尺寸确定后，应当复核起重量 Q、回转半径 R、起重高度 H 三项工作参数是否能满足建筑物吊装技术要求。同时应绘出塔式起重机服务范围。塔式起重机布置最佳状况应使建筑物平面均在塔式起重机服务范围内，避免"死角"，建筑物处在塔式起重机范围以外的阴影部分，称为"死角"，如图 4-5 所示。如果难以避免，也应使"死角"越小越好，或使最重、最大、最高的构件不出现在死角内。如塔吊吊运最远构件，需将构件作水平推移时，推移距离一般不超过 1m，并应有严格的技术措施，否则要采用其他辅助措施。

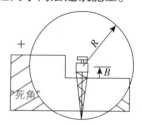

图 4-5 塔吊的布置方案

塔下如有高压线应设防护架，并限制塔吊的旋转范围。多台塔式起重机的塔臂高度要错开，以防碰撞。

(2) 固定式垂直运输设备的布置

布置固定式垂直运输设备，例如井架、龙门架、施工电梯等，主要根据机械性能、建筑物的平面和大小、施工段的划分、材料进场方向和道路情况而定。其目的是充分发挥起重机械的能力并使地面和楼面上的水平运距最小。布置时应考虑以下问题。

1) 当建筑物各部位的高度相同时，布置在施工段的分界线附近；

2) 当建筑物各部位的高度不同时，布置在高低分界线处较高部位一侧。

3) 若有可能，井架、龙门架、施工电梯的位置，以布置在建筑的窗洞口处为宜，以避免砌墙留槎和减少井架拆除后的修补工作。

4) 井架、龙门架的数量要根据施工进度、垂直提升的构件和材料数量、台班工作效率等因素计算确定。

5) 固定式起重运输设备中卷扬机的位置不应距离起重机过近，以便司机的视线能够看到起重机的整个升降过程。

3. 确定砂浆、混凝土搅拌站位置

搅拌站位置取决于垂直运输机械。布置搅拌机时，应考虑以下因素。

(1) 根据施工任务大小和特点，选择适用的搅拌机及数量，然后根据总体要求，将搅拌机布置在使用地点和起重机附近，并与垂直运输机具协调，以提高机械的利用率。

（2）搅拌机的位置尽可能布置在运输道路附近，且与场外运输道路相连接，以保证大量的混凝土原材料顺利进场。

（3）搅拌机布置应考虑后台有上料的地方，砂石堆场距离越近越好，并能在附近布置水泥库。

（4）特大体积混凝土施工时，其搅拌机尽可能靠近使用地点。

（5）混凝土搅拌台所需面积 $25m^2$；砂浆搅拌机需 $15m^2$ 左右，它们四周应有排水沟，避免现场积水。

4. 确定材料及半成品堆放位置

材料、构件的堆场位置应根据施工阶段、施工部位及使用时间不同，有以下几种布置。

（1）建筑物基础和第一层施工所用的材料，应该布置在建筑物周围，并根据基槽（坑）的深度、宽度和边坡坡度确定，与基槽（坑）边缘保持一定距离，以免造成土壁塌方事故。

（2）第二施工层以上材料布置在起重机附近。

（3）砂、石等大宗材料，尽量布置在起重机附近。

（4）多种材料同时布置时，对大宗的、重量大的和先期使用的材料，尽可能靠近使用地点或起重机附近布置；而对少量的、重量小的和后期使用的材料，则可布置得远一些。

（5）按不同的施工阶段、使用不同的材料的特点，在同一位置上可先后布置不同的材料。例如，砖混结构基础施工阶段，建筑物周围可堆放毛石；而在主体结构施工阶段，在建筑物周围可堆放标准砖。

根据起重机械的类型，搅拌站、仓库和堆场位置又有以下几种布置方式：

（1）当采用固定式垂直运输设备时，须经起重机运送的材料和构件堆场位置，以及仓库和搅拌站的位置应尽量靠近起重机布置，以缩短运距或减少二次搬运；

（2）当采用塔式起重机进行垂直运输时，材料和构件堆场的位置，以及仓库和搅拌站出料口的位置，应布置在塔式起重机的有效起重半径内；

（3）当采用无轨自行式起重机进行水平和垂直运输时，材料、构件堆场、仓库和搅拌站等应沿起重机运行路线布置。且其位置应在起重臂的最大外伸长度范围内。

5. 确定场内运输道路

运输道路的布置主要解决运输和消防两个问题。现场主要道路应尽可能利用永久性道路，或先建好永久性道路路基，在土建工程结束之前再铺路面，以节约费用。现场道路布置时注意保证行驶通畅，使运输工具有回转的可能性。因此，运输路线最好围绕建筑物布置成一条环形道路。主干道路宽度单行道不应小于3.5m，双行道不应小于5.5~6.0m。木材场两侧应有6m宽通道，端头处应有 $12m \times 12m$ 回车场，消防车道不应小于4m，载重车转弯半径不宜小于15m。

道路一侧一般应结合地形设置排水管，沟深不小于0.4m，底宽不小于0.3m。

6. 临时设施的布置

（1）临时设施分类、内容

施工现场的临时设施可分为生产性与非生产性两大类。

生产性临时设施内容包括：在现场加工制作的作业棚，如木工棚、钢筋加工棚、薄钢板加工棚；各种材料库、棚，如水泥库、油料库、卷材库、沥青棚、石灰棚；各种机械操作棚，如搅拌机棚、卷扬机棚、电焊机棚；各种生产性用房，如锅炉房、烘炉房、机修房、水泵房、空气压缩机房等；其他设施，如变压器等。木工棚和钢筋加工棚的位置可考虑布置在建筑物四周以外的地方，但应有一定的场地堆放木材、钢筋和成品。石灰仓库和淋灰池的位置要接近砂浆搅拌站并在下风向；沥青堆场及熬制锅的位置要离开易燃仓库或堆场，并布置在下风向。

非生产性临时设施内容包括：各种生产管理办公用房、会议室、文娱室、福利性用房、医务室、宿舍、食堂、浴室、开水房、警卫传达室、厕所等。

（2）单位工程临时设施布置

布置临时设施，应遵循使用方便、有利施工、尽量合并搭建、符合防火安全的原则；同时结合现场地形和条件、施工道路的规划等因素分析考虑它们的布置。各种临时设施均不能布置在拟建工程（或后续开工工程）、拟建地下管沟、取土、弃土等地点。

各种临时设施尽可能采用活动式、装拆式结构或就地取材。施工现场范围应设置临时围墙、围网或围笆。

7. 临时供水、供电设施的布置

施工的临时用水包括施工用水、生活用水和消防用水。单位工程的临时供水管网一般采用枝状布置方式。临时供水应先进行用水量和管径计算，然后进行布置。供水管径可通过计算，也可查表选用，一般 5000~10000m^2 的建筑物其施工用水主管直径为 100mm，支管直径为 25~40mm。还应将供水管分别接到各用水点（如砖堆、石灰池、搅拌站等）附近，分别接出水龙头，以满足现场施工用水需要。在保证供水的前提下，应使管线越短越好，管线可暗铺，也可明铺。

工地内要设置消火栓，消火栓距离建筑物不应小于 5m，也不应大于 25m，距路边不大于 2m，消火栓之间距离不大于 120m，消火水管直径要大于 100mm。

临时供电，也应先进行用电量、导线计算，然后进行布置。单位工程的临时供电线路，一般采用枝状布置，其要求如下：

（1）尽量利用原有的高压电网及已有变压器。

（2）变压器应布置在现场边缘高压线接入处，离地应大于 3m，四周设有高度大于 1.7m 的铁丝网防护栏，并有明显的标志。不要把变压器布置在交通道口处。

（3）线路应架设在道路一侧，距建筑物应大于 1.5m，垂直距离应在 2m 以上，电杆间距一般为 25~40m，分支线及引入线均应由杆上横杆处连接。

（4）线路应布置在起重机械的回转半径之外。否则必须搭设防护栏，其高度要超过线路 2m，机械运转时还应采取相应措施，以确保安全。现场机械较多时，可采用埋地电缆代替架空线路，以减少互相干扰。

（5）供电线路跨过材料、构件堆场时，应有足够的安全架空距离。

（6）各种用电设备的闸刀开关应单机单闸，不容许一闸多机使用，闸刀开关的安装位置应便于操作。

(7) 配电箱等在室外时，应有防雨措施，严防漏电、短路及触电事故。

8. 施工平面图绘制要求

现场布置内容确定后，即可着手绘制施工平面图，其绘图步骤如下：

(1) 首先根据区域平面图或施工总平面图，选定应绘制的图幅和比例。图幅的大小应将拟建工程周围可供利用的空地和已有建筑、场外道路、围墙等均纳入图内，还应留出一定的空白图绘制指北针、图例、说明等，一般为一号图或二号图，比例一般采用 1∶500～1∶200。

(2) 绘图时应先将拟建房屋轮廓绘在中心位置，在按选定的起重机类型，根据其布置原则和要求，画出起重机及其配套设施的轮廓线。

(3) 根据其他临时设施的布置要求和计算的面积，逐一绘制其轮廓线。

(4) 按布置要求绘制水电管网及相应设施，现场施工平面图。

绘制施工平面图应严格地按《制图标准》绘图，图例要规范，线条粗细分明，字迹端正，图面整洁美观。

4.5.5 施工现场的动态性

建筑施工是一个复杂而多变的生产过程，各种施工机械、材料、构件等随着过程的进展而逐渐进场，而且又随着工程的进展而逐渐变动和消耗。因此在整个施工过程中，它们在工地上的时间布置情况是随时在改变着。为此，对于大型建筑工程、施工较长或建筑工地较为狭小的过程，就需要按不同的施工阶段布置几张施工平面图，以便能把不同施工阶段内工地上的合理布置具体地反映出来。在布置各阶段的施工平面图时，对整个施工期间使用的一些主要道路、水电管线和零售房屋等，不宜轻易变动，以节省费用。对较小的建筑物，一般按主要施工阶段的要求布置施工平面图，但同时考虑其他施工阶段对场地如何周转使用。见图 4-6 和图 4-7。

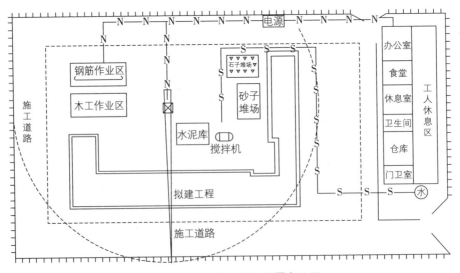

图 4-6 基础施工现场平面布置图

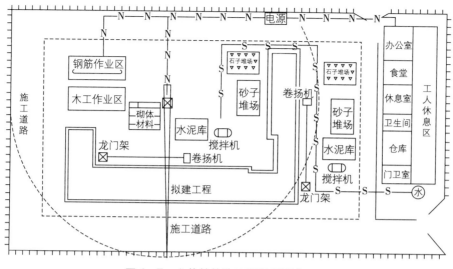

图 4-7 主体结构施工现场平面布置图

【实训】

已知某建筑物长 45m，高 24m，宽 23m，施工单位自有机械为固定式塔吊一部（臂长 50m），龙门架一部，搅拌机 2 台。试自拟施工现场条件，绘制一张单位工程施工现场平面布置图。

【课后讨论】

1. 塔吊安装完毕后马上可以投入使用吗？
2. 施工现场消火栓周边可以堆放建筑材料吗？

4.6 施工组织设计实例

某多层框架结构商业楼施工组织设计

4.6.1 编制依据

1. 施工图
建筑专业、结构专业、设备专业、电气专业施工图（略）
2. 主要规程 规范、标准、图集（略）

4.6.2 工程概况

1. 工程总体简介（表 4-17）

工程总体简介　　　　　　　　　　表 4 – 17

序号	项目	内容
1	工程名称	市经济开发新区商业大厦
2	建设单位	××××集团有限公司
3	设计单位	××××建筑设计研究院
4	监理单位	××××工程建设监理有限责任公司
5	质量监督单位	××市质量监督总站
6	施工总承包单位	××××有限责任公司总承包部
7	合同范围	结构、精装修、设备安装
8	合同工期	570 日历天
9	合同质量目标	合格

2. 建筑设计概况（表 4 – 18）

建筑设计概况　　　　　　　　　　表 4 – 18

项目	内容
建筑用途	地下室为车库和设备层；1～5 层为大型商场；6 层为餐饮及娱乐用房
建筑特点	大型商业建筑，地下 1 层，地上 6 层，局部 7 层为电梯机房。设置公共楼梯 6 部，电梯 4 部，自动扶梯 2 部。外墙外保温，精装修
建筑面积	地下建筑面积为 地上建筑面积为 总建筑面积为
建筑层数	地下 1 层，地上 6 层
建筑层高	地下室层高 5.7m，首层层高 5.5m，2～5 层层高 4.8m，6 层层高 4m。
标高	±0.000 标高、室内外高差见总平面竖向设计图、基底标高见施工图
建筑高度	檐口标高 28.70m，电梯机房顶标高 32.00m
填充墙	外墙采用 250mm 厚陶粒混凝土空心砌块砌筑； 内隔墙采用轻钢龙骨防火纸面石膏板，可自由分隔空间
外墙外保温	外围护墙体外加设 75mm 厚自熄性保温聚苯，容重不小于 20kg/m^3
外装修做法	首层墙体、门套及台阶、栏板等均采用花岗岩；其余外墙立面为玻璃幕墙
内装修做法	1～5 层地面均为大理石面层，6 层为细石混凝土面层；墙内贴石膏板，刷乳胶漆；吊顶采用轻钢龙骨骨架，面层为花饰石膏板

3. 结构设计概况（表4-19）

结构设计概况　　　　　　　　　　　　　　　　　　　表4-19

项　目	内　容					
结构形式	基础形式：梁板筏板基础，30cm厚现浇钢筋混凝土挡墙					
	主体形式：现浇钢筋混凝土框架结构，楼、电梯间为25cm厚现浇钢筋混凝土墙					
地下水位	第一层地下水为潜水，埋深5.35~8.50m，水位标高25.15~22.70m。第二层地下水为微承压水，静止水位埋深10.50~11.15m，水位标高20.75~19.20m					
	地下水对混凝土结构及钢筋均无腐蚀性					
地基	地基持力层：为粉质黏土④层					
	地基承载力特征值：180kPa					
地下防水	混凝土自防水：基础底板、地下室外墙采用防水混凝土，抗渗等级S8					
	柔性防水：×××牌聚乙烯丙纶卷材-聚合物水泥防水层					
钢筋连接	基础底板和地梁、框架柱、框架梁、混凝土墙连接方式为搭接和机械连接					
主要材料 混凝土强度等级	构件	强度等级	构件	强度等级	构件	强度等级
	垫层	C10	剪力墙	C30	板、梁	C30
	基础	C30	柱	C30	楼梯	C30
钢筋类别	HPB235、HRB400					
保护层厚度 一般要求	基础底板（有垫层）		墙体外墙分布筋			
	下排筋	上排筋	地下室外墙外侧	地上结构外墙外侧	其他墙	
	40	20	30	25	15	
	柱	梁	板	地下室外墙外侧		
	30	30	15	30		
抗震等级	工程设防烈度：8度设防					

4. 水、暖、空调、电气、消防及弱电系统等专业设计概况（略）

5. 主要项目工程量表（略）

4.6.3　施工部署

1. 工程总体目标

质量目标：合格。

安全目标：实现杜绝死亡、重伤事故，控制轻伤事故在2‰以下。

文明施工目标：创"文明安全工地"。

工期目标：570天日历天。

2. 组织机构

（1）组织机构图（图4-8）。

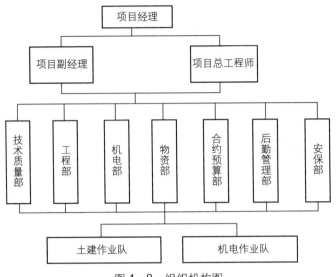

图 4-8 组织机构图

(2) 职能分工及职责（略）。

3. 任务划分

(1) 总包合同范围

土建工程、设备安装工程、室内外精装修工程均由我公司总承包（具体项目详见合同文本）。

主体结构及二次结构：两支整建制土建分包队。

防水工程：采用防水专业分包队（届时专项招标、考察选择施工队伍）。

混凝土：采用商品混凝土，届时招标、考察混凝土搅拌站供应。

水暖及设备：市经济开发新区商业大厦工程项目部机电部施工。

室内外精装修：采用专业分包队（届时专项招标、考察选择施工队伍）。

(2) 总包单位与分包单位的关系

项目部对内、外分包单位均通过招标及签订合同方式来确定关系，并依据合同条款相互约束。在合同中明确分包单位的施工项目、工期、质量目标等，同时明确总包与分包方各自的责任。分包方进入施工现场后，由项目部派专人负责，提供施工条件，协调与其他单位的关系，检查督促工程质量、施工进度、安全生产及其他各项管理措施的实施。

4. 总施工顺序

在施工作业面的管理与控制上，原则上严格按"先地下后地上；先结构后围护；先土建后专业，先做屋面后做室内装饰"的施工顺序。基础、结构施工时穿插机电管线的预留预埋；装饰施工时穿插机电设备的安装。做到有条不紊，配合默契。具体来说：

(1) 基础与地下室施工阶段：土方工程和底板混凝土工程应赶在严冬到来之前完成，为来年开春大面积展开施工创造条件；

(2) 主体结构施工阶段：采用小流水段均衡施工法组织施工，按伸缩缝和施工缝进行流水段的划分,以 2 台塔吊为核心组织流水线施工。便于材料垂直运输的组织、安排和调度。根据流水段的划分和结构施工进度安排,进行人、机、料各个方面的合理投入和控制,以及施工场地的合理安排;

(3) 装修施工阶段:分层进行结构验收后,室内装修随围护墙的砌筑由下向上顺序进行。结构到顶后,立即抢屋面工程,外檐装修由上而下进行,合理搭接工序,尽可能安排交叉作业以缩短工期;

(4) 水、暖、电等设备安装视工程进展,配合土建穿插进行。

(5) 收尾竣工阶段:零星装修,部分外线工程,水、暖、电等收尾及检测调试,组织竣工验收。

总施工顺序(见图 4-9)。

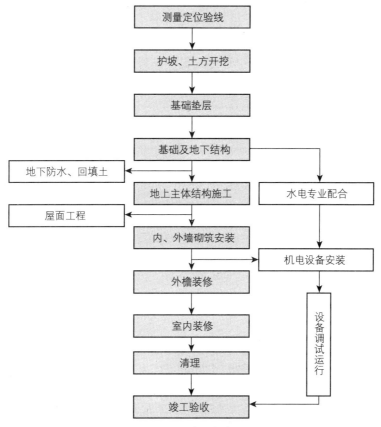

图 4-9 施工顺序图

5. 现场平面布置

(1) 施工区域的划分

以伸缩缝为界,将工程划分为东西两个施工区,每个施工区再以组团的方式划分流水段施工。设备安装工程公司负责配合二个施工区内的水暖及设备安装等。现场施工组团的划分、流水段的划分详图略。

(2) 大型施工机械部署

混凝土泵:在结构施工阶段采用两台混凝土输送泵(其中一台为备用泵)、一台地泵,负责整个结构混凝土施工。根据施工区域的划分,东西区各布置一台混凝土输送泵,另外配备一台备用泵,型号为 HBT60,共 3 台泵。为便于混凝土运输车的运输,所有混凝土输送泵均布置在每个施工区的路边,使用输送管接至浇筑点。

施工电梯:安排一部提升机,供物料垂直运输使用。在场区中部及伸缩缝附近布置一台提升机,供东西两区的物料垂直运输。

装修期间采用一部外用卷扬机以及室内楼梯作为垂直运输机械。

二次结构和装修施工阶段,现场设立 2 台砂浆搅拌机,以满足砌筑和抹灰砂浆的使用。

(3) 材料堆场布置

施工现场材料存放、加工场地及办公生活设施布置详施工总平面布置图(见附图 7~附图 9)。

6. 工期控制及进度计划

本工程开工日期为当年 9 月 1 日,第 3 年 5 月 1 日前竣工交付使用,总工期 19 个月(冬期不施工)。编制施工控制进度计划表,见表 4-20。

施工总进度计划表　　　　表 4-20

序号	主要工程项目	第1年度 9	10	11	12	第2年度 1	2	3	4	5	6	7	8	9	10	11	12	第3年度 1	2	3	4
1	机挖土方、修槽	—																			
2	级配砂砾石、灰土垫层		—																		
3	混凝土垫层、防水层			—																	
4	筏板基础底板、梁混凝土				—	—															
5	地下室柱墙混凝土						—														
6	地下室顶板							—													
7	肥槽回填土							—													
8	现浇柱、梁、板等								—	—	—	—	—								
9	内、外墙砖砌筑												—	—	—						
10	柱、梁、墙、顶抹灰、刷漆													—	—						
11	安装门窗														—						
12	楼、地面大理石、细石混凝土铺砌														—	—			—	—	
13	台阶、坡道、散水															—					
14	屋面防水、面砖													—	—						
15	镶挂花岗岩、贴外墙面砖														—	—					
16	外线	—	—	—	—	—															
17	水、暖、电、通风设备安装					—	—	—	—	—	—	—	—	—	—	—	—				
18	综合调试																	—	—		
19	竣工验收																				—

7. 组织协调

（1）在施工现场建立以项目经理为主，土建、专业工长及技术、材料、安全、消防、保卫人员齐备的施工组织管理机构对本工程实施系统管理。

（2）依据本工程总工期制定施工总进度计划；每月依据实际情况对总进度计划进行调整后，制定月进度计划；每周一次生产例会，对施工进度计划完成情况进行核实，对超前或拖期的原因进行分析，制定相应措施，为月进度计划的制定提供依据。

（3）在施工管理中采取施工进度、工程质量、现场管理、安全生产指标分解，落实到分包单位和班组。在签定合同和下达任务的同时明确工期、质量等目标，在每周例会上进行分析、评定、奖优罚劣，以分期目标的实现来保证最终实现总目标。

（4）采用限额领料的材料管理方式，控制管理材料，从节约减少入手，达到降低成本的目标。

（5）通过每周的监理例会，在施工中遇到的需建设单位给予解决的问题向监理和建设单位提出，并通过会议协商，求得解决及协调。

（6）项目部设立专门机构与社会各相关职能部门，紧密联系，解决施工中存在或可能遇到的问题。为保证施工进度做好工作。

（7）通过安全教育考核、安全知识竞赛、安全交底提高施工人员安全意识，编制详细的安全方案对整个施工现场进行安全布置和控制。

（8）通过提高结构施工质量，达到"内坚外美"的要求，减少剔凿、修补、抹灰等材料、人工耗用，降低垃圾产生量，节约材料、运输、人工费投入成本，达到经济效益、环境效益、社会效益的统一。

（9）当工期、质量、安全、成本发生矛盾时，应在保证安全的情况下确保施工质量，在确保安全、质量的前提下缩短工期，节约成本。

8. 劳动力计划

本工程投入的施工队伍具有市优、省优及国家优质工程施工经验，其所有管理人员、技术工人及普通工人，均具备良好的素质，在施工管理、技术、质量上都有很好的保证（详见商务标部分）。

各专业施工队伍，根据施工进度与工程状况按计划分阶段进退场，保证人员的稳定和工程的顺利展开。

基础施工阶段现场施工人员346人左右，结构施工阶段人数在742人左右，装修阶段施工人员在758人左右，按工种主要劳动力安排见表4-21。

劳动力需要量计划　　　　表4-21

序号	工种名称	施工阶段		
		基础施工	主体施工	装修施工
1	测量工	4	6	6
2	防水工	6	0	10
3	试验工	4	6	6

续表

序号	工种名称	施工阶段		
		基础施工	主体施工	装修施工
4	钢筋工	50	150	20
5	结构木工	80	230	20
6	混凝土工	30	50	20
7	壮工	80	140	100
8	抹灰工	10	30	170
9	装修木工	0	0	60
10	油工	0	0	60
11	瓦工	30	0	60
12	水暖工	6	20	40
13	电工	6	20	30
14	电焊工	10	30	6
15	架子工	30	60	40
16	瓷砖工	0	0	90
17	石材工	0	0	40
	合计	346	742	758

4.6.4 施工准备工作

1. 建设单位负责解决的事项

（1）提供建设场地红线桩、水准引点，地质勘察报告和地下障碍物、管线及走向等资料。

（2）提供建设单位自行负责加工订货项目清单、到货日期及有关资料。

（3）解决施工场地范围内原有地下障碍物拆迁工作，达到现场三通一平的条件。

2. 现场施工准备

（1）用水布置

1）用水量的计算

本工程施工现场用水主要有施工用水、生活用水和消防用水三部分。但一般来说，对于采用商品混凝土，现场又无特殊用水机械的工程，现场施工用水主要为混凝土养护、模板湿润、装修工程等，加之现场生活用水，用水量远远小于消防用水量，所以可以采用临时用水及临时消防用水系统共用，从而仅考虑消防用水的设置。

2）给水系统

工程水源及给水系统：市政给水系统接入场内的水表井；室外给水为生产、生活、消防合用系统。

管网布置：生产区围绕建筑物布置 $DN100$ 枝状管网，建筑物及室外的生产及消防用水管由枝网接出。临时铺设的水管采用暗敷，确保冬季正常供水，还要考虑地面上机械荷载对埋设管线的影响，避开重型货车通行道路。管道埋深1m，以保证管道及设施使用上的安全可靠性。

管道施工要求：给水采用镀锌钢管，丝扣连接，消防及生产给水采用普通钢管焊接。管道埋地敷设，埋深1m，刷防锈漆两道。管道做水压试验，试验压力为0.8MPa，10分钟内压降不大于0.05MPa，且管道不渗不漏为合格，管道系统在使用前应进行冲洗试验，试验合格后方可与水表等计量设备、水嘴等用水设备进行连接。

消防设施布置：

A. 在建筑物南侧设7个消火栓，配置消防箱，内置$\phi65$长25m的麻织水龙带及$\phi19$直流水枪，供地下室和现场消防使用。

B. 结构施工阶段设三根$DN80$临时消防立管，隔层接出消火栓，供消防使用。从泵房另行接出3根$DN25$立管隔层设接水口，供施工使用。管道采用普通钢管焊接，试验压力1.4MPa，每完成一个阶段的管道施工后都要进行水压试验，冬施前对管道进行保温，保温采用50mm厚岩棉管壳，外缠玻璃丝布。

C. 设置扬程40m的离心泵加压设备于加压泵房内，在泵房边设置一个120m³的贮水池，作为日常施工、生活用水，紧急情况下同样可以保证现场和楼内的消防用水。泵房内设24小时值班人员，保证突发事件水泵运转正常。

D. 设置9组灭火器，木工加工场3组，办公区3组，工人住宿区3组。装修阶段的消防设备的设置待定。

3）排水系统

厕所污水经化粪池后由环卫部门定时清掏；清洗泵车污水经现场沉淀后二次利用。食堂位于北侧工人住宿区，污水经隔油池后排入市政管网。

排水管道设计：$DN \leqslant 100$的污水支道采用UPVC排水塑料管，胶接连接；$DN \geqslant 100$的污水、废水干管采用承插铸铁排水管水泥接口。管道埋深依据现场实测的外排水管井标高确定。车道下埋深不小于0.7M，管道坡度5‰~10‰。场区门口设300×300隔水沟。

排水管网维护要求：化粪池、雨水口定期清掏，管道排水不畅时由专业队及时清理，以防管网堵塞。管网布置情况详见总平面图。

（2）施工现场临电布置

根据施工程序安排，本工程主要用电负荷为主体钢筋混凝土工程施工期间的各种机械设备及钢筋、模板加工和混凝土施工时的各种机具设备，插入进行的二次结构施工。因此，本方案用电量计算主要依据主体结构和穿插的二次结构施工阶段（包括预埋预留以及局部钢结构工程）的施工用电负荷验算。

1）总用电量负荷计算（略）

2）暂电设备材料选型及线路敷设

施工现场暂设A箱7台，配电室与A箱间的电缆选用$3 \times 240 + 2 \times 120$型，临时用电系统根据各种用电设备的情况，采用三相五线制树干式与放射式相结合的配电方式。电缆暗敷设在地面下。铺沙盖砖，过临时道路处穿钢管暗敷，电缆采用YJV22电缆，施工配电箱采用统一制作的标准铁质电箱，箱、电缆编号与供电回路对应。

室外线路敷设：

根据业主方供电线路接驳点及现场施工要求，业主暂指定点引出高压架线，从高压线上引支线入配电室，现场应设置 2 台 315KVA 的变压器。现场设置 7 个一级配电箱，在各主要用电处设二级配电箱，分别引至施工区域及生活区。

(3) 搭建临时设施

由于拟建建筑物周围无任何建筑可利用，因此，在场区西、南侧塔设施工用临时设施，详见施工平面布置图。

(4) 施工现场临时道路及围墙、大门

1) 施工现场围墙及大门

现场西侧围墙由甲方设置，除对现有围墙进行合理使用及维护外，按甲方划定的施工区域在现场内设置临时围挡，现场西北侧设一个大门，大门处设置警卫室，安排人员昼夜值班。

2) 施工临时道路设置

在施工现场围绕待建建筑设置一条 6m 宽的循环道路。道路的设置尽量利用场内现有的道路以及以后的规划道路。在北部生活区和办公区以及材料堆放、加工区也在现场内现场道路进行硬化处理，现场大门及主要干道等用于以后行走重车道路先用市政铺路专用无机料铺垫 300mm 厚，压路机碾压密实后铺设 150mm 厚 C15 混凝土进行加强，其他道路用无机料碾压密实后铺设 100mm 厚 C15 混凝土路面。

(5) 大型机械选择（略）

(6) 物资采购计划

认真核实施工图纸、设计说明及设计变更洽商文件，及时准确地编制施工预算，列出明细表。根据施工进度计划的要求进行施工预算材料分析，编制建筑物资需用量计划及进场时间，为制定物资采购计划施工备料，确定仓库和堆场面积，以及组织运输提供依据，并由经营管理负责人组织按计划进场。

对加工工艺复杂、加工周期长的材料，在要求的时间内，提前将样品及有关资料报监理工程师审批；同时、专门编制工艺设备需用量计划，为组织运输和确定堆放面积提供依据。生产部门合理安排施工计划，与计划、器材部门密切配合，制定详细的构件、材料运输计划，保障各种材料能分期、分批到场，减少现场占用率。

(7) 技术准备

1) 组织现场施工人员熟悉、审查图纸，做好变更洽商和各级书面技术交底，检查施工图是否完整、齐全，是否符合相关规范的要求；各专业之间的施工图是否交圈，有无矛盾和错误；建筑与结构图在坐标、尺寸、标高及说明方面是否一致，技术要求是否明确；掌握拟建工程的特点和结构形式，提出图纸问题及在施工中所要解决的问题和合理化建议等弄清设计意图和工程的特点及要求，及时发现问题。对工程的重要部位、关键工序编制分项工程施工方案和工艺卡。

2) 建筑物的龙门板定位放线和高程的引进都要经市测绘部门复核、验收后方可进行下道工序。

3）制订测量放线方案，做好场地平面控制网的测设。进入现场后，我方测量人员根据测绘院提供的坐标桩点和高程点，在现场设置平面和高程控制网并进行进行校核，在施工过程中妥善保护，严禁破坏。

4）塔吊行走轨道基础和模板堆放场地应认真碾压密实，并办理验收签证手续。

5）提出门窗、玻璃幕、花岗岩及大理石等的加工、进场计划，做好预埋铁件、钢筋下料、翻样等项工作。

6）本工程需要的图集、规范、标准、法规等配备齐全以满足施工要求。

7）器具配置：（略）详见测量设施配备表和质量检测及试验器具配备表（略）。

（8）技术工作计划

根据工程特点和进度计划，提前做好施工方案编制计划，明确编制单位，编制时间，审批单位，并报监理单位审批。

4.6.5 主要工程项目施工方法及技术措施

1. 主要施工工艺流程

（1）地下结构施工阶段

定位、放线→土方开挖→护坡→清槽→打钎验槽→垫层混凝土→地下结构→地下防水→后浇带施工→回填土。

（2）地上部分结构施工阶段

首层墙、柱钢筋绑扎→首层墙、柱模板→首层墙、柱混凝土→首层顶板、梁模板→首层顶板、梁钢筋绑扎→首层顶板、梁混凝土→二层墙、柱钢筋绑扎→二层墙、柱模板→二层墙、柱混凝土→二层顶板、梁模板→二层顶板、梁钢筋绑扎→二层顶板、梁混凝土……→顶层顶板、梁混凝土。

（3）屋面工程

屋顶结构→保温层→找坡层→防水找平层→防水层→试水→隔离层→面层→闭水试验。

（4）装修阶段

结构验收→二次结构→门窗口安装→墙面大角处理→外檐幕墙及镶挂花岗岩→架子拆除→水电设备安装→隔墙安装→室内装饰→内门窗扇安装→电梯门套→油漆、涂料→灯具安装。

2. 测量放线

（1）控制网布设

1）导线平面控制网

本工程导线平面控制网的布设根据设计的定位条件，以建筑红线桩作测设基点，确定拟建建筑的主要纵横轴线与建筑红线的相对位置关系，组成建筑物的导线平面控制网。按其控制网的中心十字主轴线，向四周扩展成整个场区的闭合网。测设精度为二级，边长相对中误差1/15000，测角中误差±12″。以甲方提供的红线桩及定位桩为依据，采用极坐标法进行测设。

地下结构施工采用外控法，控制点位布置在基槽边，便于向槽内投测。控制点（桩位）必须用混凝土保护，必要时使用钢管围护，并作出明显标识。控制主轴线距离各邻轴线均为1m，可避免与结构墙体、柱等发生位置冲突，且便于记忆，有利于加快放线进度。

地上结构施工测量采用内控法，于地下一层顶板上设钢板埋件，待施工后将控制点投测到钢板上，投点允许误差为1.5mm。

依据城市高程水准点（不少于2个）用附和测法引测到现场，在现场四周的四个方向设置不少于四个水准控制点。

2) 标高控制网

根据测绘院提供的水准点，采用附和测法引测底板、首层标高控制网。每个施工段须做三个标高点控制标高。楼板打混凝土时预埋钢筋头，楼层平面放线前引测标高。地下结构施工阶段，各层施工放线由底板标高控制网向上引测。

3) 验线工作程序

每次放线后，要严格做好自检互检工作，并对检测值做书面记录，由负责验线的技术人员验线，合格后将检测值记录连同预检单报工程经理部技术质量部负责人员验线，验线合格后报监理验线，监理签字认可后方可进行下道工序。

(2) 结构施工放线

1) 平面控制

A. 基础开挖测量放线

开挖过程中，随时测设挖土的确切标高、深度，记录±0.000的高程，以确保机械挖土深度符合设计要求。

根据平面图及钎探点平面布置图测量定出钎探位置。

B. 基底防水层及保护层施工完成后，放基础撂底线。由平面控制网投测控制线，由控制线放出底板外边线及各轴线，进而放出墙线、集水井上下口线等细部线。其中，控制线投测误差不大于±3mm，底板外轮廓尺寸误差不大于±20mm。

C. 地下各层结构放线时，应均由槽上平面控制点向下投测，精度同撂底线。由控制线放出各主轴线，通过各轴线放出墙柱边线和门窗洞口等细部线。

D. 首层放线验收后，将控制轴线引测到结构的外墙上，地上结构标高竖向传递时，用钢尺从首层起始标高竖向量取，分三处向上传递。每层楼面定位放线时，用经纬仪施测，起始控制点为首层墙体上的控制轴线。层允许偏差为±3mm，总高范围内允许误差为±10mm。

2) 标高控制

垫层及防水层施工完成后，由槽上两个水准点引测标高控制点，要求误差在3mm以内且误差小于3mm，作为底板施工的标高控制点。底板浇筑后，须重新引测标高控制点于底板上预埋钢筋头，底板施工后测其顶端标高。随结构向上传递。施工层抄平前，应先校测由下层传递上来的三个标高点，误差小于3mm为合格。墙体拆模后以其平均点引测 50 线，作为墙体留洞和层高控制的依据。

（3）装修阶段测量放线

1）装修工程施工前，应对已完成的结构进行全面的测量，并将数据提交装修放样人员，以便依据结构现状进行放样工作。

2）装修施工的放线应依据结构控制线施测，对地面、墙面、吊顶、屋面装饰测量基线应顾及结构现状，按设计图纸进行必要的分格调整。

3）地面十字直角定位线及分格线量距精度应高于 1/10000，测设直角精度应高于 ±20″，在结构四周墙面或柱面上应弹测建筑完成面上 500mm 水平线，作为地面和顶棚吊顶的控制线。

4）外墙装饰设计有分格要求时，应按高于 1/10000 的精度测定分格线，并在建筑物外墙转角处吊出铅垂钢丝，以便控制墙面垂直度、平整度及板块出墙位置，铅垂钢丝用经纬仪校测，两次投测误差小于 2mm。

（4）各项测量放线允许误差

1）平面控制各项允许误差：

基础放线尺寸（总长）±20mm，外廓轴线夹角：1′

轴线竖向投测：每层 ±3mm，总高 ±10mm

外廓主轴线：±10mm

细部轴线：±2mm

承重墙、梁、柱边线：±3mm

非承重墙边线：±3mm

门窗洞口线：±3mm

2）标高控制各项允许误差：

标高竖向传递：每层 ±3mm，总高 ±10mm

管道穿墙孔洞：±10mm

3. 土方施工

（1）地质情况

根据岩土工程勘察报告：拟建场区地形基本平坦，自然地面一般标高为 33.50～34.75m。地基持力层为粉质黏土④层，地基承载力特征值为 180kPa。

（2）水文地质条件

根据勘察报告显示勘察期间共测得 2 层地下水位：

第 1 层地下水为潜水，水位变化较大，埋深 5.15～8.15m，水位标高 25.15～22.70m 左右。

第 2 层地下水为微承压水，其静止水位埋深 10.50～11.15m，水位标高 20.75～19.20m 左右，承压水头高度 0.50～2.50m 左右。

（3）土方工程

土方工程施工的关键是施工组织，要制定好组织措施，合理进行机械配备，规划好工作面和开挖顺序，才能保证持续高效的施工。

根据基础的埋深情况并结合岩土工程勘察报告，为了保证基坑安全拟采用1：0.5的自然放坡形式。

根据现场实际情况，采用两步开挖到位，东西两侧各设一土方收尾坡道，采用外坡道的形式，坡道坡度为1：4，宽度为8m。

根据勘察报告该地区潜水水位变化较大，要求在施工前挖探坑，以确定潜水对结构施工的影响，并在肥槽内设明排水沟，将雨水或潜水集中明排。如潜水对结构施工确有影响，将采用明沟井点排水。在开挖基坑四周设置排水明沟，在四角及每间隔30m设一集水井，使地下水流汇集于集水井内，再用水泵将地下水排出基坑外。

1) 土方施工准备

A. 土方开挖开始前，先由建设方提供的放线控制桩位引线，并按基础外轮廓尺寸、肥槽宽度施放开挖边线，放线时须经甲方、监理认可验收后，方可进行开挖。

B. 根据以上特点的要求，便于发挥机械性能，创造多机作业立体工作面。本工程采用斗容量1.5~2.0m³反铲挖土机，配备4辆20~30t自卸汽车，分区、分步施工。

C. 现场西北角有足够场地作为卸土存放区，既不影响后期工程施工，又能节约运输成本。

2) 土方施工方法

A. 布置2台挖土机，自变形缝处向两端分两步退挖。

B. 东西两侧土方收尾坡道为外侧形式，其外延量约20m（坡道宽8m，坡度为1：4），坡道向基坑外延伸的通道两侧可采用1：0.5的坡度进行自然放坡。留出的坡道口可用三七灰土错台分层夯实做挡墙。

C. 由于施工时为枯水季节，原有及开槽前挖掘的探坑尚无水，本方案将不考虑降水。挖槽时若遇有地下水，则在槽四周设置临时排水沟用以排水。

3) 土方施工要求

A. 保证基坑底的土层必须平整，无浮土垃圾。

B. 开槽均应挖至持力层，开挖后进行普遍钎探，并通知勘探、设计及有关方面共同验槽，确认土质满足设计要求后，方可进行下步施工。机械挖土时，应留150~200mm厚土层，人工清除，如有超挖现象，应清除超挖部分虚土，不得擅自回填，待验槽时处理。

4) 土方工程质量要求

A. 机械挖土槽底标高与设计标高允许偏差+300mm，不得扰动老土。

B. 边坡允许偏差+200mm，严禁亏坡。

4. 钢筋工程

(1) 材料采购

钢筋的采购，选择质量稳定、信誉好的供货方。特别是在用于纵向受力部位的钢筋，在满足有关国家标准货的基础上，还应满足《混凝土结构工程施工及验收规范》（GB 50204—2002）关于抗震结构的力学性能要求。

(2) 材质检验

钢筋进场后首先进行外观检查，检查合格后按国家有关钢筋标准规定取样进行力学性能的实验，复试合格方可加工使用。钢筋在加工过程中如发生脆断，焊接性能不良或力学性能显著不正常时，应对该批钢筋进行化学成分分析和其他专项检验。

(3) 钢筋加工

现场内设钢筋加工区，钢筋集中加工成型。分批分类运至现场部位。所有加工严格按钢筋翻样图纸执行。加工后的钢筋须经质检人员抽样检查，检查应包括：钢筋是否平直，无局部曲折，钢筋的弯钩、弯折和平直长度，以及钢筋的加工尺寸误差是否满足《混凝土结构工程施工质量验收规范》(GB 50204—2002) 中有关钢筋加工允许偏差的规定。检查合格后方可进入施工面绑扎。

(4) 钢筋接头

板、墙、柱以及梁中所有钢筋如采用焊接接头应符合《钢筋焊接及验收规程》(JGJ 18—2003) 的规定；采用绑扎接头应符合《混凝土结构工程施工质量验收规范》(GB 50204—2002) 的规定，搭接长度应满足规范规定。

受力钢筋的接头位置应设在受力较小处：一般梁、板钢筋接头上铁在跨中，下铁应在支座；筏基底板部位钢筋接头上铁在支座，下铁应在跨中。接头应相互错开，当采用非焊接的搭接接头时，从任一接头中心至1.3倍搭接长度的区段范围内，或当采用焊接接头时，在任一焊接接头中心至长度为钢筋直径的35倍且不小于500mm的区段范围内，有接头的受力钢筋截面面积占受力钢筋总截面面积的百分率应符合下表规定 (表4-22)：

有接头的受力钢筋截面面积占受力钢筋总截面面积的百分率表　　　表4-22

接头型式		受拉区	受压区
绑扎搭接接头	柱	50%	50%
	梁、板、墙	25%	50%
焊接接头		50%	不限

(5) 工艺流程

1) 底板钢筋绑扎

工艺流程：基础结构验线→铺设底板下铁→放置钢筋马凳→铺设底板上铁→确认竖向钢筋位置→插竖向钢筋。

现场主要控制要点是位置的准确，底板钢筋开始绑扎之前，基础底线必须验收完毕，特别在柱插筋位置、梁或墙边线、集水井电梯井等位置线，应用油漆在墨线边及交角位置画出不小于50mm宽，150mm长标记。底板上层铁完成后，应由放线组用油漆二次确认插筋位置线。底板钢筋施工时，先铺作业面内集水坑，电梯井的底铁，然后再铺上层铁。

2) 墙、柱钢筋绑扎

工艺流程：放墙柱位置线→清理修整下层插铁→墙、柱钢筋竖向连接→测放柱箍筋间距线和剪力墙水平筋间距线→绑扎墙、柱钢筋。

套柱箍筋时，要注意箍筋的开口位置相互错开，箍筋绑扎前，要先在立好的柱子竖向钢筋上，用粉笔画出箍筋间距，然后将已套好的箍筋往上移动进行绑扎。根据抗震要求，柱箍筋弯钩为135°，平直段不小于10d。柱钢筋绑扎主要控制要点为首先主筋位置要准确，根据放线结果及时将位移钢筋进行调整，这样才能保证主筋和箍筋均到位；其次禁止将箍筋掰开后往主筋上套，应将箍筋从上套入主筋；

绑扎墙钢筋时，如有暗柱先将暗柱筋绑好，再连接竖直钢筋，然后每隔5~6m间距在竖直钢筋上按水平筋间距划好记号，再绑扎水平筋；墙体钢筋主要控制要点为禁止墙体钢筋的绑扎扣和搭接扣合二为一，另外应注意水平筋进入独立柱、暗柱的锚固长度是否合格；混凝土墙竖向钢筋可在施工缝标高处每隔一根错开搭接，搭接长度应不小于L_L。错开净距不小于500mm。暗柱及端柱纵向钢筋连接和锚固按相应抗震等级框架柱之要求。

3）梁、板钢筋绑扎

工艺流程：支梁底模→划主次梁钢筋间距→放主次梁箍筋→穿主梁底层纵向筋并与箍筋固定→穿次梁底层纵筋并与箍筋固定→支梁侧模和顶板模→绑板下铁马镫→绑板上铁。

板筋钢筋绑扎时，要先在模板上画线，绑完下铁后，垫好垫块和马镫，再绑扎上铁。浇筑混凝土时，随时修整板筋。

梁筋绑扎主要控制要点为首先由于梁主筋要在施工面上进行连接，受施工环境影响不利于操作，所以应重点检查连接后钢筋是否通直防止出现较大折角；第二，主梁交接处钢筋皮数较多，要事先做好安排调整各层钢筋高度，防止打灰后标高超高，给以后装修造成隐患；第三，梁钢筋和模板空间位置要准确，防止一侧露筋，另一侧保护层过厚；第四，柱边与梁边齐平时，梁外侧筋需于柱外侧筋内侧通过。

4）后浇带中梁纵筋可贯通不断；板、墙筋可相互伸过一个搭接长度，并应按设计要求设置。

5）当梁内钢筋需分层设置时，采用与主筋同规格且大于Φ25的钢筋做分隔钢筋，见图4-10。

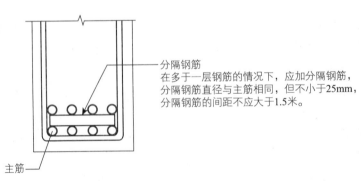

图4-10 多层钢筋分隔示意图

(6) 保护层

1) 各部位钢筋保护层的厚度必须满足设计要求,受力筋的保护层厚度均应≥钢筋直径。

2) 底板钢筋由于自重较大保护层垫块,采用钢筋垫块,垫块刷防锈漆处理,其他部位的保护层采用塑料垫块。

3) 保护层垫块须放置合理,呈梅花型布置,防止过疏造成钢筋紧贴模板,拆模后露筋。尤其是梁底垫块要在下铁放置前垫好,以免梁绑扎好后放置困难或漏放。

(7) 质量控制

A. 严把钢筋进场关。凡是进场的钢筋原材均按试验规定抽样进行复试,复试结果必须经监理审查批准。

B. 严把审图关。派有经验的技术人员进行审图和钢筋翻样工作。若钢筋过密一定要提前放样,提前采取措施。

C. 控制钢筋下料成型。钢筋成型均在现场外加工棚集中加工,为保证下料和成型尺寸准确,现场技术人员要亲自到加工现场进行交底,并派专人在加工现场负责监督检查钢筋的加工成型质量。同时加工好的钢筋还要再次经过严格挑选,有效地控制下料成型质量。

D. 锚固、接头长度要用尺检验,满足设计及规范要求。

E. 钢筋接头质量控制。所有钢筋接头位置应符合设计及规范要求。

F. 坚持两次放线。在梁、板模板支完后进行一次放线,根据放线调整竖向钢筋位置,梁、板钢筋绑扎完成后再进行第二次放线,进一步核正竖向钢筋位置,准确无误后方可浇筑梁板混凝土。

G. 在柱、墙模板上口加贴模定位定距箍,该箍应有足够的刚度,以保证构件截面钢筋位置准确,混凝土保护层均匀。

H. 后浇带或施工缝位置钢筋定位,用卡茬木方放在两皮钢筋之间和下铁钢筋护层处,并用钢筋马凳支撑,钢筋马凳放垫块上。

I. 控制垫块的验收和绑扎,购置标准塑料垫块。在技术交底中进一步明确垫块的绑扎位置。垫块使用前必须经过认真挑选,分规格存放,做好标识,注明规格及使用部位。绑扎时要逐一检查,确保绑扎牢固。

J. 钢筋绑扎成型后,不准踩踏,尤其是负筋部位;浇筑混凝土时,振捣棒不准触动钢筋,并设专人随时校正钢筋位置。

K. 混凝土浇筑完毕后,派专人负责及时调整钢筋的位置,纠正浇筑混凝土所产生的钢筋位移,及时清理粘在钢筋上的砂浆。

5. 模板工程

(1) 模板和支撑体系及其选型

本工程需进行包括地下室外墙、电梯间墙体、柱、梁、板模板安装。

本工程的地下室墙体模板采用组合钢模板;其他墙体模板采用双面覆膜竹胶板

模板体系；圆柱子采用定型钢模板；矩形柱子或其他异型柱子模板采用定型木模板；顶板、梁模板采用竹胶板。水平模板支撑采用 TCL 插卡型多功能早拆模板体系。

模板制作、安装质量必须有足够的强度、刚度，保证浇筑后混凝土的外观平整，保证结构质量。

(2) 主要模板施工工艺

1) 柱模板

A. 圆柱及矩形柱采用定型钢模板。

B. 异型柱按可变截面木模板配制。

C. 2~5 层柱模板按标准层高配置，其余非标层柱接高部分另配可变截面柱模板，与标准层楼板相接。

D. 模板底部和顶部在柱筋四角放置定位筋，以固定柱模板位置。

E. 可变截面柱楼板柱箍由四个直角背楞组成，背楞上按设计图反算截面尺寸打孔，用螺栓连接固定。

2) 楼板模板

采用双面覆膜竹胶板模板，抄平、放线→搭设排架→摆放 100mm×100mm 主楞→放置 50mm×100mm 次楞→安装梁底模板→调整梁底标高→支梁帮及楼板模板→调整标高、测定平整→梁、柱接头处理→加固→分项验收。

3) 墙体模板

墙体采用竹胶板，用木方作背楞，用木方、可调钢管支撑及花篮螺栓作为支撑系统，整装整拆，具有模板布置灵活、混凝土表面质感好、施工简便快速等特点。

4) 特殊部分模板

A. 楼梯踏步模板

楼梯模板拟采用定型钢模做侧模、12mm 厚多层板做底模，扣件钢管架支撑。保证楼梯模板的施工质量，也是确保模板整体施工质量的重要方面，楼梯模板采用预制加工，现场放样组拼的方法，确保成型准确。

平台支柱→安装平台桁架→立梯板支柱→安装梯板桁架→铺模板。（楼梯模板支撑系统图 4-11）。

B. 水平顶板模板

水平顶板模板支撑采用 TCL 插卡型多功能早拆模板系统，如图 4-12。

(3) 模板拆除

模板拆除要优先考虑整体拆除，便于整体转移后重复安装，拆模要保证混凝土强度达到一定的强度方可拆除。

侧模在混凝土强度能保证其表面及棱角，不因拆模而受损的情况下方可拆除。底模在混凝土强度必须符合表 4-23 规定时方可拆除。

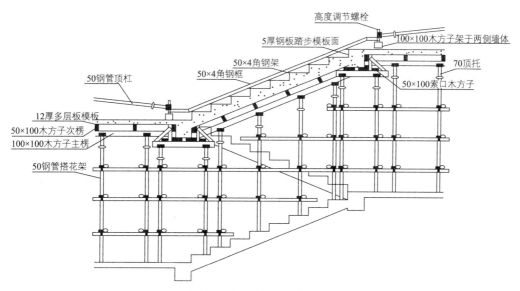

图 4-11 楼梯模板支撑图

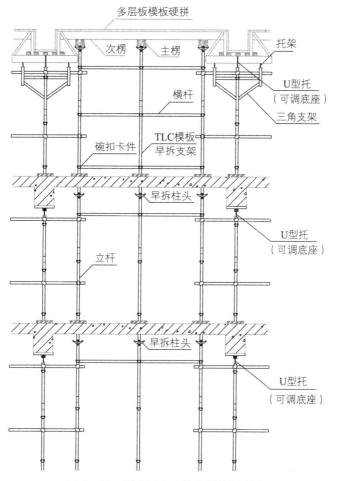

图 4-12 插卡型多功能早拆模板系统

底模拆除时混凝土强度要求　　　　　　表 4-23

结构类型	结构跨度	按设计的混凝土强度标准值的百分率计（%）
板	≤2	50
	>2 ≤8	75
	>8	100
梁	≤8	75
	>8	100
悬臂物件	≤2	75
	>2	100

(4) 模板工程技术质量控制措施

1) 对于本工程所采用的各种不同种类的模板或支撑系统，技术均已非常成熟，在国内外工程已得以推广运用。产品进场后严格质量检验，确保质量。

2) 工程施工前期，精心设计，认真加工，对每个单项模板工程做方案，有措施、有计算，严格按照本工程的要求和特殊性设计、制作和质量监控，全面保证工程质量。

3) 为确保墙体质量，在墙体竹胶模板施工时要特别注意以下几点：

A. 墙体竹胶板必须有足够的强度及刚度，竹胶板厚度≥15mm。

B. 模板竖楞间距 250mm，模板横楞间距不大于 700mm，最底下一道距地 300mm。

C. 地下室外墙穿墙处螺栓加止水环，横向间距均为 750mm。

4) 模板进场前，根据项目部的工程安排及流水段划分情况，对模板进行设计编号和使用部位编号，有次序地安排模板分批进场，保证现场施工的需求又避免占用现场更多的地方放置模板。

5) 模板所有零配件以及架体应安装牢固可靠，避免在施工过程中发生安全事故。

6) 支模时，严格按照模板的施工方案执行。

7) 施工中随时检查模板支撑的牢固性和稳定性。

8) 顶板模板施工时，要按规范及设计要求起拱。

9) 竖向构件吊垂线，梁、墙及悬挑结构采用拉通线的方法，并坚持在打混凝土不撤线，随时观察模板变形及时调整模板。

10) 为解决上下层梁、板、柱错位，模板拼缝漏浆的问题，混凝土可浇筑到梁或板底标高 +30mm 左右，剔掉浮浆后达到控制标高。

11) 墙、柱节点支模时模板下跨高度控制在 300~400mm，模板下跨部分至少加一道箍。

6. 混凝土工程

(1) 结构工程留置施工缝

总的原则为水平施工缝：由下至上，基础底板上第一道施工缝，内墙柱在底板上皮，外墙及墙间柱在底板表面上 300mm 处。以上各层均留置在框架梁或楼板下皮和楼板上皮处。纵向施工缝：地下室防水混凝土结构，除设计要求的后浇带外，不得擅自留置竖向施工缝。在地下室内外墙衔接处应设钢丝网卡，使防水混凝土与普通混凝土分开。依据流水段划分界线位置的设定，其原则是：墙体宜留在门窗洞口处和墙端，框架梁留置在跨中 1/3 或 2/3 处。

（2）竖向结构的混凝土施工

为了确保墙体、柱和楼层混凝土结合良好，浇筑混凝土前先浇筑一道 5cm 厚与墙体、柱混凝土相同标号的水泥砂浆；

分层浇筑，浇筑层的厚度不大于振捣棒作用部分长度的 1.25 倍。混凝土浇筑到墙体、柱上口预定标高时将其抹平；

振捣要均匀，每层振捣时振捣棒要插入下层混凝土，振捣棒插入下层混凝土的深度不小于 50mm。不得振捣钢筋和模板，振捣棒与模板的距离不大于其作用半径的 0.5 倍，且应避免碰撞钢筋、模板、预埋件等，遇到门窗洞口时振捣棒要距离洞口 30cm 以上，并且从两侧同时振捣，以防洞口模板变形。

（3）水平结构的混凝土施工

基础底板梁为大体积混凝土。在大体积混凝土施工中必须严格执行相关规范和工艺标准。基础底板梁大体积混凝土采用分层浇筑法。

楼板混凝土浇筑前在墙、柱钢筋上用水准仪做出标高控制点，用来控制混筑混凝土标高。楼板混凝土浇筑要控制防止浇筑时踩踏上层钢筋。洞口边要振捣密实。对于地下抗渗混凝土，楼板混凝土浇筑时，先做外墙部位楼板抗渗混凝土浇筑，然后再做其余楼板普通混凝土浇筑。如接槎处混凝土已经初凝，则需按施工缝二次浇筑处理。

7. 脚手架工程

（1）材料要求

1）焊接钢管（$\Phi 48 \times 3.5$），所用扣件不能有裂纹，气孔疏松，砂眼等铸造缺陷。扣件与钢管的贴合面接触良好，扣件夹紧钢管时，开口处的最小距离要小于 5mm。

2）脚手板：厚度 50mm，宽 200mm，采用杉木或松木制作，其材质符合国家现行标准中对 II 级木材的规定，脚手板的两端采用直径为 4mm 的镀锌钢丝各设两道箍，腐朽、劈裂等不符合一等材质的脚手板禁止使用。

（2）搭设顺序

基层加固垫实→铺通长脚手板→立杆下加底座→弹线、立杆定位→摆放扫地杆→竖立杆并与扫地杆扣紧→装扫地小横杆、并与立杆和扫地杆扣紧→装第一步大横杆并与各立杆扣紧→安第一步小横杆→安第一道拉杆→安第二步大横杆→安第二步小横杆→加设临时斜撑杆，上端与第二步横杆扣紧（与结构柱拉接后拆除）→安第三、第四步大横杆和小横杆→安装第二道拉杆→接立杆→逐层安装各步大横杆和小横杆→加设剪刀撑→铺设脚手板→挂安全网。

（3）搭设要求（略）

8. 砌筑工程

（1）材料要求

本工程填充墙采用陶粒混凝土空心砌块砌筑，其中内分室隔墙厚 150mm，外围护墙厚 250mm，其抗压强度为 MU5.0。

（2）工艺流程

施工准备→基层处理→放线、立皮数杆→预检→排砖摆底→构造柱钢筋绑扎→砌砖→绑圈梁及过梁钢筋→隐检→支模板→预检→浇筑混凝土→拆模板→砌上部砌块→分项工程验收。

（3）砌块砌筑

1）砌筑前应先行试摆，不够整块的使用半头砌块。

2）第二层第一块为半头砌块，以后皆为整砌块。砌块按孔洞竖向立砌，孔洞开口朝下，便于抹灰找平。同时应注意上下层之间错缝砌筑。

3）砌筑前要先铺砂浆，首层铺浆厚度不小于 20mm，以上各层水平缝厚度为 10～12mm，垂直缝宽度为 12～15mm。操作中随砌筑随将舌头灰刮净，使用的砂浆不得过夜。

4）砌筑时要单面挂线，做到"上跟线，下跟棱，左右要对平"，每层要穿线看平，墙面要随时用靠尺板校平，吊线吊垂直，以减少表面抹灰厚度。

5）填充墙应沿墙、柱相应部位设置墙身拉结筋 $2\phi 6@400$（或砌体皮数的倍数），伸入墙体的长度，三级时≥砌体墙长的 1/5 且≥1000mm，一、二级时沿墙全长设置；所有砌体墙在相互连接处及转角处，以及混凝土构造柱与砌体相互连接处，均应设置上述拉筋。

6）砌块端头与墙柱接缝处各涂刮厚度为 5mm 的砂浆粘结，挤紧密实，将挤出的砂浆刮平。

7）对于 200（100）左右厚的墙身，当墙净高大于 4m（3m）时，应在墙高的中部或门洞顶部设置一道与柱相连的且沿墙全长贯通的水平圈梁，圈梁钢筋应锚入柱 30d；当墙长超过 5m（4m）中间又无横墙或柱支承时，宜在墙顶与梁板结合处设置拉结筋，或设置后浇的混凝土构造柱，并在其所处的梁面及梁底预留钢筋。当墙长超过层高的二倍时，应设置后浇的混凝土构造柱。在砌筑前应先将构造柱的位置弹出，并把构造柱插筋处理顺直。砌砖墙时与构造柱连接处，砌成马牙槎。

8）砌块与门窗洞口连接，门窗采用后塞口，门窗洞口宜加门套，增加墙体强度，便于安装门窗。门洞上角过梁端部或其他可能出现裂缝的薄弱部位，应加钉铅丝网，减少抹灰层裂缝。

9）外填充墙除沿混凝土墙、柱相应部位设置墙身拉结筋外，在墙面粉刷前，在填充墙与混凝土构件内外周边接缝处，应固定设置镀锌钢筋网片，宽度≥200。

9. 装修工程

（1）主要分项工程的施工程序

1）室内：按先上后下和先内后外的施工程序。首先进行围护墙及隔断墙的砌筑，安排墙面及地面的抹灰，顶棚装饰，然后墙面、地面装饰施工。所有设备电气竖井墙体应待设备电气安装完毕后方能施工；地下室设备电气用房隔墙待设备管道安装完毕后方能砌筑；墙体在吊顶以上的部分应在设备管道安装完成后再进行施工。而在吊顶时，必须把顶棚内的各种管线先做完，最后封闭。

2) 每道工序完成后，必须经专业人员按相关的验收标准严格检查后，才能转入下一道工序的施工。

3) 在施工中，室内每楼层、每个房间要给土建装饰和机电等专业的设备安装提供统一的标高控制线（+0.5m 标高线）及房间内的十字中心控制线（地面及顶棚均应弹设，并且上下一致）。室外，弹设楼层标高控制线，着重控制门、窗洞口位置准确，立面效果横平竖直，协调一致。墙面分格线根据设计要求确定。

（2）墙体抹灰

1) 工艺流程

门、窗口四周堵塞→墙面清理粉尘、污垢→浇水湿润墙→吊直、套方、找规矩、贴灰饼→作护角→安装窗台板→抹底及中层灰→粘分格条（先弹线）→抹面层水泥砂浆。

2) 技术措施

A. 施工准备

（A）墙体表面的灰尘、污垢和油渍等清除干净，并洒水润湿。砖墙在抹灰前一天浇水湿透。

（B）混凝土墙体与混凝土柱、墙相接处基体表面抹灰前，先铺钉 5×5mm 的钢丝网，并绷紧牢固，钢丝网与各基体的搭接宽度各为 150mm。

（C）抹灰前必须将管道穿越的墙洞和楼板洞及时安放套管，并用 1:3 水泥砂浆或豆石混凝土填嵌密实，散热器和密集管道等背后的墙面抹灰，宜在散热器和管道前进行，抹灰面接槎顺平。

（D）抹灰前检查门窗框位置是否正确，与墙体连接是否牢固。连接处缝隙用 1:3 水泥砂浆分层嵌塞密实，若缝太大，在砂浆中加入少量麻刀灰。无副框的木门窗框先用塑料薄膜包裹，再钉 1500mm 高的木条加以保护。

（E）抹灰前检查基体表面的平整，并在大角的两面弹出抹灰层控制线。

B. 吊垂直、套方、找规矩、贴灰饼

抹底层灰前必须先找好规矩，即外墙大角垂直，墙面横线找平，立线顺直。贴灰饼时先在左右墙角上各做一个标准饼，然后用线锤吊垂直线做墙下角两个标准饼，设在勒脚线上口（内墙抹灰时，上灰饼做在 1.8m 高处，下灰饼做在踢脚板上口，用托线板找好垂直，下灰饼也可作为踢脚板依据），再大墙角左右两个标准饼面之间拉通线，做中间灰饼，间距 500mm，门窗口阳角等处上下增设灰饼。

C. 护角

室内墙面、柱面和门洞口的阳角，用 1:2 水泥砂浆作护角，高度为 2.1m，每侧宽度 50mm。根据灰饼厚度抹灰，粘好八字靠尺，并找方吊直，用 1:2 水泥砂浆分层抹灰，等砂浆稍干后，再用抆角器将水泥浆抆出小圆角。

D. 抹底层及中层砂浆

在墙体湿润的情况下抹底层灰，先刷水泥浆一遍，随刷随抹底层灰。底层灰采用

1:3水泥砂浆,厚度为5~7mm,待底层灰稍干后,再以同样砂浆抹中层灰。若中层灰过厚,则应分遍涂抹,然后以灰饼为准,用压尺刮平找直,用木抹板搓毛。中层砂抹完搓毛后,全面检查其垂直度、平整度、阴阳角是否方正、顺直,发现问题及时修补(或返工)处理,对于后做踢脚线的上口及管道背后位置等及时清理干净。

E. 抹面层砂浆

中层砂浆抹好后第二天,即可抹面层砂浆。首先将墙面洇湿,按图纸规定尺寸弹分格线,粘分格条,滴水槽,抹面层砂浆。面层用1:2.5水泥砂浆,厚度5~8mm。抹时先薄薄地刮一层灰使其与底灰饼粘牢,紧跟着抹第二道,与分格条抹平。并用大杠横竖刮平,木抹子搓平,铁抹子溜光压实。待表面无明水后,用刷子蘸水按垂直与地面的同一方向,轻刷一遍,以保证面层抹灰的颜色均匀一致,避免减少收缩裂缝。及时将分格条取出,等灰层干后,用素水泥膏将缝子勾好。对于难起的分格条,待灰层干透后再起条,防止直坏边棱。

F. 一般抹灰的允许偏差应满足要求。

(3) 大理石楼地面(略)

10. 屋面工程

屋面均为不上人水泥砂浆保护层屋面,檐口及楼、电梯间屋面为彩色瓦坡屋面。

(1) 工程做法

1) 不上人水泥砂浆保护层屋面:现浇钢筋混凝土楼板→聚苯板保温层→最薄处30厚1:0.2:3.5水泥粉煤灰页岩陶粒找2%坡→20厚1:3水泥砂浆找平层→4厚SBS弹性体改性沥青防水卷材→3mm厚麻刀灰隔离层→20厚1:3水泥砂浆保护层。

2) 彩色波形瓦坡屋面:钢筋混凝土屋面板→聚合物砂浆卧铺粘结60mm厚聚苯板→30mm厚1:3水泥砂浆分两次抹→1.6m厚水乳型聚合物水泥基复合防水涂料,固化前刷素水泥浆一道→20mm厚1:2.5水泥砂浆(掺建筑胶)铺卧波纹装饰瓦。

(2) 操作要点

1) 找平层施工

A. 为了避免或减少找平层开裂,找平层留设分格缝,缝宽为20mm,并嵌填密封材料或空铺卷材条。分格缝与排气道相重合,与保温层连通。

B. 找平层坡度符合设计要求,一般天沟、檐沟纵向坡度不小于1%;水落口周围直径500mm范围内坡度不小于5%。

C. 砂浆铺设按由远到近、由高到低的程序进行,最好在每分格内一次连续铺成,严格掌握坡度,可用2m左右长的方尺找平。待砂浆稍收水后,用抹子压实抹平;终凝前,轻轻取出嵌缝条,完工后表面严禁踩踏。

D. 铺设找平层12h后,洒水养护或喷冷底子油养护。

E. 找平层硬化后,用密封材料嵌填分格缝。

2) 保温层铺设:铺设保温板留设排气道,排气道宽为20mm,间距为6000mm纵横设置,屋面面积每36m²宜设置一个排气孔。要保证排气道纵横贯通,且与大气层相通。

A. 铺设块体保温层的基层平整、干净、干燥。

B. 块体保温板不破碎、缺棱掉角，铺设时遇有缺棱掉角破碎不齐的需锯平后拼接使用。

C. 干铺板状保温材料，需紧靠基层表面，铺平、垫稳，分层铺设时，上下接缝互相错开，接缝处用同类材料碎屑填嵌饱满。

D. 保温层的厚度应符合设计要求，厚度偏差不得超过 ±5%，其材料性能应符合标准要求。

E. 保温层表面应平整、块体需粘贴牢固。含水率不得超过设计要求。

3）屋面保温层与女儿墙（或其他高处屋面的墙面）交界处，加填 20mm 厚软质泡沫塑料条，高度同保温层加找坡高度。

11. 设备安装

水暖、电气、通风与空调、电梯等设备安装专业应单独编制施工组织设计和施工方案。

12. 成品保护措施

（1）主体施工期间的成品保护措施

1）模板的成品保护

A. 模板运输及现场堆放下部必须加支撑垫平，集中堆料高度不可过高，遇雨雪及时覆盖，防止变形。

B. 配制好的墙模、角模、门窗洞口模板运输及施工过程中轻拿轻放，不得磕碰。

C. 顶板模板支设好后不得在其上集中堆料。混凝土浇灌用的布料杆位置支撑适当加密。运料时注意不要碰撞支设好的墙模。

D. 拆模时严禁野蛮撬、砸模板以防损坏，其他工种不得随意拆除模板的支撑件。

E. 水电做管需穿过顶板模板时，模板上打孔必须使用手枪钻，不得使用錾子。

2）钢筋的成品保护

A. 现场钢筋原材及半成品的堆放注意防雨雪，以防钢筋锈蚀，另外还需注意钢筋的污染问题。

B. 作业面堆料不得放置在楼板负筋之上，负筋铺好后搭设人行马道，以防踩弯负筋，铺设负筋部位马凳适当加密。

C. 为防止浇灌顶板混凝土过程中对墙、柱主筋的污染，墙、暗柱主筋要及时用湿绵丝进行清理或者缠塑料布保护。

D. 运料过程中注意不要磕碰已绑扎好的墙、柱钢筋。

E. 墙体、楼板开洞由钢筋工进行，水、电等其他工种严禁拆改。

3）混凝土的成品保护

A. 混凝土原材料（水泥、外加剂）等注意防潮防雨，堆料时下部必须垫高。

B. 新浇筑完的混凝土楼面严禁上人以防踩出脚印，混凝土楼板不具备足够强度时严禁集中堆料，以防压裂混凝土楼板。

C. 二次浇筑混凝土时，将已浇筑的混凝土进行覆盖，以保证清水混凝土不受污染。

D. 混凝土拆模时必须等到具有规范要求的强度后进行。拆模时必须由技术质量部批准。

E. 混凝土构件严禁其他工种随意剔凿，必须进行剔凿时要征得技术部门的同意，并按规范要求剔凿。

F. 运料过程中注意不要磕碰已浇筑完混凝土构件。

G. 雨期施工时，如混凝土浇灌过程中遇雨，注意及时遮盖已成型混凝土，以防雨淋。

H. 冬期施工时严格控制入模温度、养护温度、及时覆盖，注意混凝土防冻。

4）二次结构墙体的成品保护

A. 要注意水电工种不得随意剔凿。

B. 加强施工人员成品保护教育工作，避免故意损坏。

C. 对于水电预埋（留）管线、孔洞的成品保护，技术及工长等有关管理人员，必须适当了解水电管线埋设情况，并有水电队技术人员配合，加强施工中对水电管线的保护，尽量避免破坏其管线、孔洞。

（2）装修施工期间成品保护措施

1）地面的成品保护

A. 水、电专业所有在地面下暗敷的管线必须于地面施工前完成，以避免地面施工完后再次剔凿。

B. 地面未达到足够强度前不得上人及堆放材料。

C. 在地面上倒运暖气片等设备时注意轻挪轻放，以防碰坏地面。

D. 油漆、浆活施工时地面加以遮盖，以防污染。

2）墙面（抹灰、防水腻子）的成品保护

A. 水、电专业对于穿墙或于墙内暗敷管线的施工，要尽早及时施工，以避免后期再次凿开墙面。

B. 墙面腻子刮完后，应开始巡视，防止墙面因乱涂乱划遭受污染。

C. 抹灰完成后，倒、运料时注意柱、墙棱角的保护，尽量避免磕碰。

D. 若楼内油漆工程赶在墙面腻子之后施工，施工时油漆与腻子分水线处须贴上胶条，以防油漆污染墙面。

E. 竣工清理时注意不要污染墙面。

3）门窗的成品保护

A. 门窗到场后应入库存放，下边应垫起、垫平、码放整齐。对已装好披水的窗，注意存放时的支垫，防止损坏披水。

B. 检查门窗保护膜，确认完好无损后再进行安装，安装好后及时将门框两侧用木板条捆绑好，防止碰撞损坏。

C. 任何工种严禁用门窗作为架高支点，以防门窗变形或损坏。室内运输材料时，防止磕、碰和损坏门窗。

D. 墙顶腻子、油漆浆活施工时注意不要污染门窗及五金配件。

4）厕所、卫生间防水的成品保护

A. 防水施工前水暖专业的套管、托吊工作必须做完，以免后期剔凿。

B. 防水层施工过程中，未固化前不得上人走动，以免破坏防水层。

C. 进行保护层施工时运送砂浆的手推车车腿要用软物包裹，以防刮破防水层。

5）消防设备的成品保护

A. 消防设备的成品保护主要注意不得随意开关消火栓龙头。

B. 配电箱、盘、柜、开关、插座等电气设备的成品保护。

C. 注意看护，防止被毁、被盗。

D. 进行涂料等施工时注意防止污染。

E. 非电工禁止乱动电气设备。

F. 置于室外时要搭设防护棚，防止物品坠落冲击、防止雨淋。

13. 季节性施工

根据工程施工进度计划，本工程在冬期需进行以下项目施工：

结构工程、二次结构、室内外装饰工程。

（1）施工管理与准备

1）现场总包方成立以项目经理为第一责任人的冬期施工领导机构，负责安排、管理、落实、检查各项冬施工作，部署及全面安排冬施工作。各分包单位均成立各自的冬施管理小组，负责对各自施工项目的冬施管理工作，编制各施工项目的冬期施工方案并组织实施，服从工程总包方的统一管理。

2）在进入冬施前，现场必须遵照设计要求及施工的有关规定，做好冬施的材料和技术准备工作，确保冬施的顺利进行。

3）凡进行冬期施工的施工项目，要复核施工图纸，对不宜冬期施工的工艺，及时与设计单位研究解决。

4）加强冬期施工信息反馈，认真研究每年的冬季气候特点，详细记录日、旬、月的气象情况，对施工中发现的问题及时解决。

5）做好施工人员的冬期施工培训工作，组织相关人员进行一次全面检查施工现场的准备工作，包括临时设施、临电、机械设备、土方护坡防护等项工作。

（2）钢筋工程

1）在负温条件下使用的钢筋，施工时应加强检验，钢筋在运输和加工过程中应防止撞击和割痕。

2）在负温下冷拉的钢筋，应逐根进行外观质量检查，其表面不得有裂纹和局部颈缩。

3）钢筋冷拉设备、仪表和液压工作系统油液应根据环境温度选用，并应在使用温度条件下进行配套检验。

4）钢筋冷拉在负温下操作时，温度不得低于-20℃，冬期张拉预应力钢筋，其温度不得低于-15℃。

5) 当温度低于 -20℃ 时,不得对低合金 Ⅱ、Ⅲ 级钢筋进行冷弯操作,以避免钢筋在弯点处发生脆断。

6) 钢筋的焊接,宜在室内进行,当必须在室外焊接时,其最低气温不得低于 -20℃,且应有防雪、挡风的措施,焊后的接头严禁立即碰到冰雪。

(3) 混凝土施工

1) 主体结构冬期施工:确定结构工程冬施原则为"以提高混凝土自身抗冻性能为主,负温条件下加强养护,保证混凝土早期强度在负温条件下能够继续增长,同时在采用综合法前提下,做好保温覆盖和防风遮挡工作"。混凝土外加剂均用水剂,可保证防冻剂在低温下不结晶不沉淀。在试验基础上,提出科学合理的施工配合比,使混凝土的负温养护 1 天强度接近或超过受冻临近强度等级。

2) 混凝土的配置和搅拌

A. 优先选用普通硅酸盐水泥。配置与加入优质复合型水性防冻剂。大模板背面安装保温板,为避免防冻剂中氯盐及碱含量对预应力钢筋的腐蚀侵害,要选用无氯、低碱或无碱的防冻剂。同时,外加剂的选用还要具备优良的减水性能。

B. 要求混凝土供方提前进行热工计算,对水、砂进行加热,以保证混凝土的出机温度和入模温度。

3) 混凝土的运输和浇筑:在本工程混凝土冬期施工中,加强进行混凝土在运输和浇筑过程中的温度热工计算,得出科学、合理的数据以更好地指导施工。

4) 混凝土的养护

A. 主要采用综合蓄热法进行混凝土的养护。即在混凝土中掺加合理的外加剂,利用原材料加热及水泥的水化热的热量,通过适当保温,延缓混凝土冷却,使混凝土温度降到 0℃ 或设计规定温度前达到预期要求强度。

B. 混凝土浇筑后用阻燃草帘进行覆盖保温。对边棱、角部的保温厚度,应增大到面部位的 2~3 倍。混凝土养护期间应防风防失水。

C. 冬期施工测温:测温人员培训后方可上岗,上岗前对其进行技术交底。

混凝土养护期间温度测量:混凝土从入模开始至达到受冻临界强度之前,每隔 2 小时测量一次,达到受冻临界强度之后,每隔 6 小时测量一次。全部测温孔均编号,并绘制布置图。冬期施工测温项目和次数具体要求见表 4-24。

冬期施工测温项目和次数 表 4-24

测温项目	要 求
室外气温及环境温度	每昼夜不少于 4 次,此外还需测最高、最低气温
新浇混凝土的温度	每 2 小时一次,直至混凝土强度达到临界点强度

(4) 装修工程

1) 在本工程装修施工中,出于使用安全考虑,冬施将不安排外檐湿作业。

2) 冬期室外装饰施工前,随外架子搭设,在西、北面加设挡风措施。

3）玻璃工程冬期施工时，将玻璃、镶嵌用合成橡胶等材料运到有采暖设备的室内，操作地点环境温度不低于5℃。

（5）机电工程

1）冬季无采暖措施不能进行管道试压。冬季放电缆要采取相应的加温措施。室外的工作量应尽量在冬期施工前完成。

2）做好各种怕冻材料的保管工作，采取有效的防冻措施，以免因低温造成质量问题。

3）机电安装试水尽可能避免冬施或采取其他技术措施，以防止设备及管线受冻。

（6）二次结构工程

1）原材料要求

A. 砌块材料：加气混凝土砌块各项指标应达到国家标准要求，吸水率不大于70%。砌块表面应清除污物及冰、霜、雪等，遇水浸泡后的砌块不得使用。

B. 水泥：采用普通硅酸盐水泥，不得使用熟料水泥。水泥的强度等级以32.5级为宜。水泥不得受潮结块。

C. 石灰：把生石灰置于灰池中加水熟化，熟化时间不应少于7天，灰池中贮存的石灰膏应防止污染、干燥和冻结。受冻后，应经融化后方可使用。受冻而脱水风化干燥的石灰膏不得使用。

D. 砂：水泥砂浆或砂浆强度等级等于或大于M5的水泥混合砂浆，砂的含泥量不得超过10%；砂中不得含有冰块和直径大于1cm的冻结块。

2）砌筑砂浆

A. 砂浆的强度等级及品种必须符合设计要求。

B. 流动性满足砌筑要求。

C. 砂浆在运输和使用时不得产生泌水、分层、离析现象，要保证砂浆组分的均匀性。

D. 冬期施工中不得使用无水泥配制的砂浆。

E. 在特殊情况下尚应满足抗冻性以及防腐蚀性等方面的要求。

F. 拌合砂浆时，水的加热温度不得超过80℃，砂的加热温度不得超过40℃。水泥不得加热。水加热可将蒸汽直接通入水箱，亦可用铁桶烧水。砂加热可用排管、蒸汽，用蒸汽管直接插入沙堆中加热沙子时，要控制温度、湿度。

G. 冬期砌筑施工时，为保证砂浆的使用温度与砖石表面的温差不宜过大，以至于在砖石与砂浆之间产生冰膜，影响砌体强度，砌筑时砖表面与砂浆的温差一般不宜超过30℃，石材表面与砂浆温差不宜超过20℃。

4.6.6 施工进度保证措施

为了达到制定的施工进度目标，将从施工管理制度、制约施工进度的各种因素综合考虑，制定适合于本工程的各种工期保证措施。

1. 施工进度计划的实施

（1）编制月（旬）计划。为了实施施工进度计划，将规定的任务结合现场的情况、劳动力机械等资源条件和施工的实际进度，在施工开始前和过程中不断地编制本月（旬）的作业计划，使施工计划更具体、更切合实际。

（2）签发施工任务书。编制好月（旬）作业计划以后，将每项具体任务通过签发施工任务书的方式使其进一步落实。

（3）做好施工进度记录，填好施工进度统计表。

（4）做好施工中的调度工作。

2. 施工进度计划的贯彻

施工进度计划的实施就是施工活动的进展，也就是用施工进度计划指导施工活动、落实和完成计划。为了保证施工总进度计划的实施，并尽量按编制的计划时间逐步进行，保证各进度目标的实现，做好如下的工作：

（1）检查各层次的计划，形成严密的计划保证系统。

（2）层层下达施工任务书。

（3）计划全面交底，发动工人实施计划。

3. 施工进度计划的检查

（1）跟踪检查施工实际进度，确定为每周进行一次跟踪检查；若在施工中遇到天气、资源供应等不利因素的严重影响，检查的时间间隔可临时缩短，次数应频繁。

（2）整理统计检查数据，收集到的施工实际进度数据，要进行必要的整理，按计划控制的工作项目进行统计，形成与计划进度具体有可比性的数据。

（3）对比实际进度与计划进度。将收集的资料整理和统计成具有与计划进度可比性的数据后，就可进行比较，得出实际进度与计划进度相一致、超前、拖后三种情况。

（4）施工进度检查结果的处理。施工进度检查的结果，按照报告制度的规定，形成进度控制报告，向有关主管人员和部门汇报。

4. 具体措施

制约施工进度的因素为"方法、物、机、人、环境"，每一项因素对工程进度都很重要。为顺利实现约定的工期目标，采取以下措施：

（1）加强施工部署和管理方法，确保工期目标的实现；

（2）充足、精良的机械设备和周转材料是实现工期目标的前提；

（3）充分利用施工管理及作业层丰富的人力资源，是实现工期目标的先决条件；

（4）采用成熟的科技新成果、新工艺，保证实现工期目标。

4.6.7 施工质量保证措施

为了达到本工程的质量目标，将针对本工程的质量管理制度和管理体系，制定各种质量保证措施，确保质量目标的实现。

1. 质量保证体系

（1）质量管理体系

项目将成立由项目经理领导，各专业工长、各专职质检员参加的质量管理系统，形成一个横向和纵向的质量管理网络。

(2) 质量管理制度

1) 全体管理人员和施工作业人员必须树立"百年大计,质量第一"的思想,共同把好质量关。

2) 严格按照国家现行的建筑安装工程施工规范和验收评定标准进行施工。

3) 编制项目质量保证计划,使产品生产的全过程始终处于受控状态。实行分项、分部评级奖罚制度,奖优罚劣。

4) 实行现场施工操作过程中的"操作挂牌制",贯彻执行"谁管生产,谁管质量;谁施工,谁负责质量;谁操作,谁保证质量"的原则,分区段责任落实到人,各区段施工工长包括钢筋工长、模板工长、混凝土工长、砌体工长等,以及各区段专职质量检查员,分管各自职责范围内工程施工质量。

5) 实行技术交底制。分部分项工程施工前,施工工长要对施工班组进行详细、有针对性的技术交底,并有书面记录,有交接人签字。

6) 实行"三检制",即自检、互检、专业检。每完成一道分项工程或工序后,施工班组长进行自检,合格后施工工长进行互检,达到合格由专职质检员进行专业检验。质量达到合格才能进行下一道工序的施工,并做好记录,有签字手续。

7) 实行一票否决制。在分部分项工程施工过程中,专职质检员一旦检查出不合格项,施工内容不予验收,必须按要求按时整改,质检员有权对相关人员处以经济处罚甚至暂停施工,采取纠正措施,对施工班组勒令退场等,直至达到规范要求后方可进行下道工序施工。

8) 工程质量保证措施。工程质量的好坏取决于施工管理,施工质量技术要求和措施是施工质量保证体系的具体落实,其主要是对施工各阶段及施工中的各控制要素进行控制。

(3) QC 小组活动

1) 项目将成立以项目经理为组长、总工程师为副组长的 QC 小组,小组成员包括技术员、工长、质量员、班组长等。

2) 根据现场实际情况,选定小组课题,目的是解决施工过程中的技术难题或提高工序施工质量,来自现场,服务现场。

3) 按选定的课题,进行 QC 小组活动,通过 PDCA 循环,实现 QC 小组目标。

4) 总结 QC 小组活动,在公司内以及公司外发布 QC 成果。

(4) 图纸会审制度等

4.6.8 施工安全、现场消防和保卫制度

为了达到本工程制定的安全目标,将建立针对本工程的安全管理制度和管理体系,制定具体的安全施工保证措施及消防措施。

1. 安全管理制度

(1) 在施工生产过程中贯彻"安全第一,预防为主"的安全工作方针。

(2) 提高施工人员的安全生产意识，通过经常性的安全生产教育，使施工人员牢固树立"安全为了生产，生产必须安全"和"人人为我，我为人人"的安全工作思想。

(3) 实行"施工生产安全否决权"，对于影响施工安全的违章指挥及违章作业，施工人员有权进行抵制，安全员有权停止施工并限期进行整改。在整改后，需经安全员检查同意后方能恢复施工。

(4) 安排施工任务的同时必须进行安全交底，按照安全操作规程及各项规定的要求进行施工。安全交底要求有书面资料，有交底人和接受交底人签字，并整理归档以备查。

(5) 对新工人和变换工种工人进行安全教育，使其熟悉本工种的安全操作规程，特殊工种人员要经过专业培训，考试合格后发上岗证并持证上岗。

(6) 坚持班前安全活动，并做好记录，班前班后进行安全自查，发现现场安全隐患及时处理，报告现场管理人员直至项目经理，待安全隐患处理完后方可施工。

(7) 现场施工用电严格按照《施工现场临时用电安全技术规范》（JGJ 46—2005）的有关规定及要求进行布置与架设，并定期对闸刀开关、插座及漏电保护器的灵敏度进行常规的使用安全检查。

(8) 施工机械设备的设置及使用必须严格遵守《建筑机械使用安全技术规范》的有关规定。

(9) 塔吊、外用电梯、外架等安装（搭设）完毕须组织专项验收，合格后投入使用。

(10) 经常开展安全检查和评比工作。专职安全员天天查，项目经理部一周检查两次，公司每半月检查一次。

(11) 经常性地检查现场"三宝、四口、五临边"的执行情况。

2. 安全管理体系

建立由项目经理领导，各专业工长及各专职质检员参加的横向到边、纵向到底的安全生产管理系统。

4.6.9 总分包管理

1. 总分包管理措施

(1) 合同管理

分承建商经业主确定后，必须与主承建商签定分包合同。在合同中详细列举甲、乙双方的责、权、利，双方共同遵守。任何违约行为都要由违约方承担相应的违约责任。

(2) 制度管理

主承建商将通过制定一系列制度对各分承建商加强有效管理，确保工程总体目标的实现。

1) 工程协调会制度：每周一次，定期召开，及时解决生产中的各种矛盾和问题。

协调会议决定的事项记录将包括处理事项内容、负责人、完成时间、检查人等，并打印发至各分包方执行。

2）工程质量管理制度：督促分承建商重视分包工程质量，实现整体创优目标。

3）安全生产、文明施工管理制度：确保施工安全，创建文明施工现场。

4）施工现场半成品、成品保护制度：确保现场不因各工种交叉施工而显得凌乱，有效保护各工种的劳动成果。

分承建商必须针对上述各项制度确定相关责任人，报主承建商备案，以便施工中加强联络。分承建商进场后，须遵守其他相关管理制度。

（3）计划管理

1）以业主要求的竣工日期为总目标，各分包单位必须按合同工期和总进度计划安排进场，备齐有关机械设备和材料。各分承建商分别编制本专业的施工进度计划，主承建商在此基础上根据现场合理的施工顺序要求，汇总编制施工总进度计划。总计划征求分承建商意见后，作为共同的文件下发执行。各分承建商根据总计划的要求合理配备、调整各生产要素，总承建商督促检查。

2）分承建商进场施工需主承建商提供的各种条件均须事先提交计划，由主承建商统一调配，从而保证施工有序进行。

2. 总分包的协调与配合

（1）总包为各专业分包单位提供临时工作和生活用房。

（2）总包为各专业分包单位提供工作用电、用水。

（3）总包为各专业分包单位提供生产区域内的垂直运输。

（4）总包为各专业分包单位提供施工生产中的临时设施，如脚手架等。

（5）各分包单位必须听从总包的统一安排和调度。总包单位应给分包单位留出足够的作业时间和工作面。

（6）各分包单位及时给总包提供各自的计划安排和进展情况，以便总包能够做出宏观的控制。

（7）各分包单位向总包及时反馈施工生产中发现的问题，以便及时解决。预留预埋部分为避免遗漏和差错，除分包单位自检其隐蔽记录外，经总包检查正确，方可浇筑混凝土，并要做深化图设计。

（8）各分包单位及时向总包单位提供各种材质证明、试验合格证、质评资料和资质证书等。

（9）当在施工生产中遇到各种矛盾时，总包必须站在为工程进度和工程质量总负责的角度统一解决和协调。

（10）为保证有效地将分包单位纳入总包单位管理体系中，分包单位进度款申请需经总包单位签字认可。

4.6.10　项目新技术应用

推广应用的新技术、新工艺有：

(1) 深基坑支护技术的应用；
(2) 深井泵井点降水技术；
(3) 高强高性能混凝土施工技术；
(4) 粗直径钢筋连接技术；
(5) 新型墙体材料应用技术；
(6) 新型建筑防水应用技术；
(7) 节能型围护结构应用技术；
(8) 火灾自动报警及联动系统；
(9) 管理信息化技术；
(10) 大体积混凝土温度监测和控制。

单元小结

本章主要介绍了单位工程施工组织设计的编制方法及内容。重点阐述了施工方案的选择、施工进度计划的编制和施工平面图的布置。由于学生缺乏实践经验，学习本章有一定的困难，注意结合案例进行学习。

练习题

1. 单位工程施工组织设计包括哪些内容？
2. 施工方案包括哪些内容？
3. 确定施工顺序应遵循的基本原则和基本要求是什么？
4. 选择施工方法和施工机械应满足哪些基本要求？
5. 单位工程施工进度的编制步骤是怎样的？
6. 施工平面图的设计应包括哪些内容？施工平面图在施工中起什么作用？
7. 如何确定垂直起重设备的位置？如何确定搅拌机、仓库与材料堆场、临时加工场地的位置？
8. 某市拟建一超五星级写字楼工程，设计采用钢管混凝土组合结构，共38层，层高4m，建筑总高度152m，总建筑面积$58000m^2$。建成后将成为该地段又一标志性建筑。某施工单位对本工程势在必夺，调集各部门主干技术力量对该工程进行投标。该施工单位对技术标的编制要求比较高，尤其是对单位施工组织设计的编制要求很高。在投标时投入了大量的技术人员参加单位施工组织设计的编制工作。

问题：
（1）施工进度计划一项中具体包括哪些内容？
（2）简述单位工程施工组织设计编制的原则。
（3）一般单位工程施工组织设计的编制内容有施工平面图、施工进度计划，除此之外还包括其他哪些主要内容？
（4）施工平面图设计具体包括哪些内容？

9. 某施工单位承建了住宅小区的一栋住宅楼工程项目。设计采用钢筋混凝土剪力墙结构，共28层，层高2.8m，外墙采用聚苯板保温外贴砖。现主体结构已经完成，马上进入装修阶段，由于工期比较紧，装修工程的施工顺序的确定对工期会产生一定的影响。

问题：
（1）确定分项工程施工顺序时要注意的几项原则是什么？
（2）室内外装饰工程的施工顺序通常有先内后外、先外后内、内外同时进行三种顺序，选择这三种施工顺序时应注意的适用条件是什么？
（3）请写出框架柱和顶板梁板在施工中各分项工程的施工顺序（包括钢筋分项工程、模板分项工程、混凝土分项工程）。

单元课业

课业名称：单位工程施工组织设计的编制
时间安排：学期末，用1周时间完成。

一、课业说明

本课业是通过编制一个具体的单位工程施工组织设计，学习如何对工程施工进行科学的组织与管理，合理地确定工程工期和设计施工现场平面布置图，制定施工方案及确保工程质量的、安全生产的、工期的、文明施工与环境保护的、降低工程成本的技术组织措施，使学生对建筑工程施工组织有一个全面的了解，既锻炼了学生独立思考和创新的能力，又增强了学生的工程实践意识，为今后从事本专业工作打下坚实的基础。

二、背景知识

本教材第一单元～第四单元内容、《混凝土结构工程施工》、《地基基础工程施工》、《装饰装修工程施工》、《砌体工程施工》、《屋面工程施工》等知识。

三、课业要求

学生应独立完成设计任务所规定的全部内容,设计时间为 1 周。课程设计结束后,学生上交施工组织设计说明书,教师组织学生进行答辩。

四、任务内容

1. 工程建设

工程名称:×××教学楼。

建设单位:×××学校。

设计单位:×××建筑设计研究院。

监理单位:×××建设监理有限责任公司。

勘察单位:×××工程地质勘察有限责任公司。

施工单位:×××建筑工程有限责任公司第五项目部。

承包形式:包工包料。

资金来源:企业自筹。

计划开、竣工日期:2008 年 11 月 15 日至 2009 年 6 月 30 日。

施工合同:施工合同及补充协议已经签订。

2. 工程建设地点

工程地点水文:地下水稳定水位为基底以下 1.98m,水质对基础无侵蚀性。

工程地点地形、地貌:根据本工程《岩土工程勘察报告》介绍,现场地形开阔,无障碍物,场区地势呈西高东低且坡度较小,相对高差小于 0.5m。

工程地点气候:施工期间主导风向偏南,最大风力 7 级;雨季为 7、8、9 三个月,最大降雨量为中上等,大降雨量较少,近年夏季雷暴天数为 10 天左右;夏季日平均气温 31℃,冬季日平均气温 10℃。

工程地点地震:抗震设防烈度为 7 级。

3. 工程设计

(1) 建筑设计

1) 拟建工程的建筑面积为 $8058m^2$,平面形状为一字形,地下一层,地上四层,层高 4.2m,总高 17.52m,总长 53.9m,总宽 29.9m。

外墙采用浅色瓷砖贴面,内墙与天棚抹 1∶2.5 水泥砂浆、涂料罩面,教室、走廊及会议室地面采用面砖,卫生间使用防滑地砖。会议室天棚采用钢龙骨吊石膏板。教室内门采用钢质门、办公室采用高级实木门。卫生间地面基层为 40mm 厚的细石混凝土随打随抹,掺 3% T595 硅质密实剂,基层上刷聚氨酯防水涂膜(上返 150mm)防水。

2) 屋面找平层为水泥砂浆、保温层为 80mm 厚的挤塑型苯板、找坡层为 C7.5 炉渣混凝土、防水层为三元乙丙卷材、隔离层为油毡、保护层为 4cm 厚的细石混凝土

（设 6m×6m 的分格缝）。

3）雨水管为 PVC 塑料管。

（2）结构设计

1）基础形式：柱下条形基础基础。

2）主体结构类型：为现浇钢筋混凝土框架结构。

3）墙、柱、梁、板的材料：外围护墙、分户墙及内隔墙分别为 300mm 厚、200mm 厚和 100mm 厚的多孔砖。外墙为多孔砖外粘 80mm 厚的聚苯乙烯泡沫板的复合墙体。墙体使用混合砂浆砌筑。梁、板、柱及电梯间墙均为现浇钢筋混凝土。

4. 施工条件

建筑施工场地较为狭窄，南面及西面为已建建筑，东面和北面为围墙，中心绿地可以作为施工场地占用；"四通一平"工作基本完成；现场的平面布置已完成；当地交通运输条件良好；施工所需资源均已落实，保证按时进场；现场的临时设施已经搭建完毕，能够满足生产和生活的需要。劳动组织形式为三级管理。

5. 工程施工特点

工程的钢筋混凝土量、围护墙砌筑量和抹灰量大、水平和垂直运输量较大，需使用塔吊、布料杆泵车、龙门架进行水平与垂直运输。

6. 施工中的关键问题

（1）基础混凝土的浇筑质量、工程框架结构的梁、柱接头处的施工质量和屋面防水及卫生间地面防水。

（2）复合保温墙体的施工。

7. 工程各分部分项工程施工段的划分及各道工序的施工时间见表 4-25。

8. 配套设施

采暖：由市区给热管网供暖；

给水：由市区给水管网供水；

外排水：采用外排水方式排至室外散水；

内排水：卫生间采用单立管排水；

强电：配电系统、照明系统、动力系统；

弱电系统：电话与电视系统、宽带系统及消防报警自控系统等。

某四层框架结构工程各分部分项施工段的划分
及各道工序的施工时间表　　　　　　　　表 4-25

序号	分项工程名称	持续时间	工作班次	序号	分项工程名称	持续时间	工作班次
一	基础工程（分2段）			1	挖土方（不分段）	2	1
2	立塔吊	4天	1	3	混凝土垫层（之后养护与弹线，不分段）	1天	2
4	基础钢筋	4天	1	5	基础模板	3天	1

续表

序号	分项工程名称	持续时间	工作班次	序号	分项工程名称	持续时间	工作班次
6	基础混凝土（之后养护与弹线）	3天	2	7	扎柱钢筋	1天	1
8	支柱模板	1天	1	9	浇注混凝土	1天	1
10	支梁、板模板	3天	1	11	扎梁、板、楼梯钢筋	2天	1
12	浇梁、板混凝土（之后养护与弹线）	2天	2	13	地下室围护坡砌筑	6天	1
14	拆模板	2天	1	15	外墙做垂直防潮层	1天	1
16	回填土	2天	1	二	主体工程（一层2段，共8段）		
17	扎柱钢筋	5天	1	18	支柱模板	4天	1
19	浇筑混凝土	4天	1	20	支梁、板、楼梯模板	8天	1
21	扎梁、板、楼梯钢筋	8天	1	22	浇梁、板、楼梯混凝土（之后养护与弹线）	4天	2
23	拆模板	8天	1	三	屋面工程（不分段）		
24	砌外围护墙	16天	1	25	砌筑女儿墙	3天	1
26	清理基层	1天	1	27	抹找平层（之后养护）	1天	1
28	铺隔气层	1天	1	29	保温及找坡层	4天	1
30	抹找平层（之后养护）	1天	1	31	防水层	4天	1
32	保护层	1天	1	四	装饰工程（一层一段，共4段）		
33	外墙苯板保温	6天	1	34	砌内隔墙	8天	1
35	安装吊篮	1天	1	36	外墙抹灰	4天	1
37	顶棚抹灰	4天	1	38	墙面抹灰	8天	1
39	地面抹灰（之后养护）	8天	1	40	楼梯间抹灰	8天	1
41	做散水与台阶	3天	1	42	安装水落管	1天	1
43	安装门窗扇（含固定塑钢窗框）	8天	1	44	内墙涂料		1
45	拆塔吊	3天	1	46	拆吊篮	1天	1
47	水电安装	从基础扎筋开始		48	工程收尾	8天	

单元5
施工现场准备

引　言

施工现场是施工的全体参加者为了实现优质、高速、低耗的目标,而有节奏、均衡、连续地进行战术决战的活动空间。施工现场的准备工作,主要是为了给施工项目创造有利的施工条件,是保证工程按计划开工和顺利进行的重要环节。本章主要介绍施工现场的准备工作。

学习目标

通过本章的学习,你将能够:
1. 计算用水量,用电量并布置临时水电管网
2. 按照施工平面布置图的要求搭设临时设施
3. 熟悉建筑材料及施工机具进场的相关内容

施工现场准备工作由两个方面组成，分别是建设单位的施工现场准备工作和施工单位应完成的施工现场准备工作，只有二者的施工现场准备工作均就绪时，施工现场就具备了施工条件。

1. 建设单位施工现场准备工作的内容

（1）办理土地征用、拆迁补偿、平整施工场地等工作，使施工现场具备施工条件；

（2）将施工所需水、电、电信线路从施工场地外部接至专用条款约定地点，保证施工期间的需要；

（3）开通施工场地与城乡公共道路的通道，以及专用条款约定的施工场地内的主要道路，满足施工运输的需要，保证施工期间的畅通；

（4）向承包人提供施工场地的工程地质和地下管线资料，对资料的真实准确性负责；

（5）办理施工许可证及其他施工所需证件、批件和临时用地、停水、停电、中断道路交通、爆破作业等的申请批准手续；

（6）确定水准点与坐标控制点，以书面形式交给承包人，进行现场交验；

（7）协调处理施工场地周围的地下管线和邻近建筑物、构筑物（包括文物保护建筑）、古树名木的保护工作，承担有关费用。

上述施工现场准备工作，承发包双方也可在合同专用条款内交由施工单位完成，其费用由建设单位承担。

2. 施工单位现场准备工作的内容

（1）根据工程需要，提供和维修非夜间施工使用的照明、围栏设施，并负责安全保卫；

（2）遵守政府有关主管部门对施工场地交通、施工噪声以及环境保护和安全生产等的管理规定，按规定办理有关手续，并以书面形式通知发包人，发包人承担由此发生的费用，因承包人责任造成的罚款除外；

（3）按专用条款约定做好施工场地地下管线和邻近建筑物、构筑物（包括文物保护建筑）、古树名木的保护工作；

（4）按专用条款约定的数量和要求，向发包人提供施工场地办公和生活的房屋及设施，发包人承担由此发生的费用；

（5）保证施工场地清洁符合环境卫生管理的有关规定；

（6）建立测量控制网；

（7）搭设现场生产和生活用的临时设施；

（8）工程用地范围内的"三通一平"，其中平整场地工作应由建设单位承担，但建设单位也可要求施工单位完成，费用仍由建设单位承担。

5.1 三通一平

学习目标

1. 平整场地
2. 用水量计算、管径的选择及临时管线的布置
3. 用电量计算、导线截面选择及供电线路的步骤

关键概念

通电　通水　通路

5.1.1 平整场地

1. 拆除障碍物

施工现场内的一切地上或地下障碍物，都应在开工前拆除。这项工作一般是由建设单位来完成，但也有委托施工单位来完成的。如果委托施工单位来完成这项工作，一定要事先摸清现场情况，尤其原有建筑物和构筑物情况复杂，而且资料不全，在拆除前应采取相应的措施，防止事故的发生。

架空、电线（电力、通信）、地下电缆（包括电力、通信）、自来水、污水、燃气、热力的拆除，都应与有关部门取得联系，办好手续后由专业公司来完成。

场地内若有树木，需报园林部门批准后方可砍伐。

2. 场地平整

场地平整是将需进行建筑范围内的自然地面，通过人工或机械挖填平整改造成为设计所需要的平面，以利现场平面布置和文明施工。在工程总承包施工中，三通一平工作常常是由施工单位来实施，因此场地平整也成为工程开工前的一项重要内容。

场地平整要考虑满足总体规划、生产施工工艺、交通运输和场地排水等要求，并尽量使土方的挖填平衡，减少运土量和重复挖运。它的一般施工工艺程序安排是：现场勘察→清除地面障碍物→标定整平范围→设置水准基点→设置方格网，测量标高→计算土方挖填工程量→平整土方→场地碾压→验收。

当确定平整工程后，施工人员首先应到现场进行勘察，了解场地地形、地貌和周围环境。根据建筑总平面图及规划了解并确定现场平整场地的大致范围。

大面积平整土方宜采用机械进行，如用推土机，铲运机推运平整土方；有大量挖方应用挖土机等进行。在平整过程中要交错用压路机压实。

平整场地的一般要求如下：

(1) 平整场地应做好地面排水。平整场地的表面坡度应符合设计要求，如设计无要求时，一般应向排水沟方向做成不小于 0.2% 的坡度。

(2) 平整后的场地表面应逐点检查，检查点为每 $100 \sim 400 m^2$ 取 1 点，但不少于 10 点；长度、宽度和边坡均为每 20m 取 1 点，每边不少于 1 点，其质量检验标准应符合相关要求。

(3) 场地平整应经常测量和校核其平面位置、水平标高和边坡坡度是否符合设计要求。平面控制桩和水准控制点应采取可靠措施加以保护，定期复测和检查；土方不应堆在边坡边缘。

3. 现场控制网测量

为了使建筑物或构筑物的平面位置和高程符合设计要求，施工前应按总平面图，设置永久性的经纬坐标桩及水平坐标桩，建立工程测量控制网，以便建筑物在施工前的定位放线。建筑物定位、放线，一般通过设计定位图中平面控制轴线来确定建筑物四周的轮廓位置。测定经自检合格后，提交有关技术部门和监理方验线，以保证定位的正确性。沿红线（规划部门给定的建筑红线，在法律上起着建筑四周边界用地作用）放线后，还要由城市规划部门验线，以防止建筑物压红线或超红线。

控制网一般采用方格网，这些网点的位置应视工程范围的大小和控制精度而定。建筑方格网多由 $100 \sim 200m$ 的正方形或矩形组成，如果土方工程需要，还应测绘地形图，通常这项工作由专业测量队完成，但施工单位还需根据施工的具体需要做一些加密网点等补充工作。

在测量放线时，应校验和校正经纬仪、水准仪、钢尺等测量仪器；校核轴线桩与水准点，制定切实可行的测量方案，包括平面控制、标高控制、沉降观测和竣工测量等工作。

5.1.2 施工道路

施工道路必须首先修通铁路专用线与公路主干道，使物资直接运到现场，尽量减少二次或多次转运。其次修通单位工程施工的临时道路（也尽可能结合永久性道路位置）。

场地内的道路应根据各加工厂、仓库及各施工对象的相对位置，考虑货物运转，区分主要道路和次要道路，进行道路的规划。

(1) 合理规划临时道路与地下管网的施工程序。应充分利用拟建的永久性道路，提前修建永久性道路或先修路基和简易路面，作为施工所需的临时道路，以达到节约投资的目的。

(2) 保证运输畅通。应采用环形布置，主要道路宜采用双车道，宽度不小于 6m，次要道路宜采用单车道，宽度不小于 3.5m。

(3) 选择合理的路面结构。根据运输情况和运输工具的不同类型而定。一般场外与省、市公路相连的干线，宜建成混凝土路面；场区内的干线，宜采用级配碎石路面；场内支线一般为土路或砂石路。

现场内临时道路的技术要求和临时道路的种类、厚度见表 5-1、表 5-2。

简易道路的技术要求表　　　　　　　　　　　表 5-1

指标名称	单位	技术标准
设计车速	km/h	≤20
路基宽度	m	双车道 6~6.5；单车道 4.4~5；困难地段 3.5
路面宽度	m	双车道 5~5.5；单车道 3~3.5
平面曲线最小半径	m	平原、丘陵地区 20；山区 15；回头弯道 12
最大纵坡	%	平原地区 6；丘陵地区 8；山区 9
纵坡最短长度	m	平原地区 100；山区 50
桥面宽度	m	木桥 4~4.5
桥涵载重等级	t	木桥涵 7.8~10.4（汽-6~汽-8）

施工道路路面种类和厚度　　　　　　　　　　　表 5-2

路面种类	特点及其使用条件	路基土	路面厚度(cm)	材料配合比
级配砾石路面	雨天照常通车，可通行较多车辆，但材料级配要求严格	砂质土	10~15	体积比：黏土：砂：石子 =1:0.7:3.5 重量比：1. 面层：黏土 13%~15%，砂石料 85%~87% 底层：黏土 10%，砂石混合料 90%
		黏质土或黄土	14~18	
碎（砾）石路面	雨天照常通车，碎（砾）石本身含土较多，不加砂	砂质土	10~18	碎（砾）石 >65%，当地土壤含量 ≤35%
		砂质土或黄土	15~20	
碎砖路面	可维持雨天通车，通行车辆较少	砂质土	13~15	垫层：砂或炉渣 4~5cm 底层：7~10cm 碎砖 面层：2~5cm 碎砖
		黏质土或黄土	15~18	
炉渣或矿渣路面	可维持雨天通车，通行车辆较少，当附近有此项材料可利用时	一般土	10~15	炉渣或矿渣 75%，当地土 25%
		较松软时	15~30	
砂土路面	雨天停车，通行车辆较少，附近不产石料而只有砂时	砂质土	15~20	粗砂 50%，细砂、粉砂和黏质土 50%
		黏质土	15~30	
风化石屑路面	雨天不通车，通行车辆较少，附近有石屑可利用	一般土壤	10~15	石屑 90%，黏土 10%
石灰土路面	雨天停车，通行车辆少，附近产石灰时	一般土壤	10~13	石灰 10%，当地土 90%

5.1.3 施工通水

施工现场的通水包括给水和排水两个方面。

施工用水包括生产、生活与消防用水。通水应按施工总平面图的规划进行安排。施工给水设施应尽量利用永久性给水线路。临时管线的铺设，既要满足生产用水的需要和使用方便，还要尽量缩短管线，以降低成本。

1. 工地总水量的确定

1) 生产用水 q_1

现场施工生产用水包括施工用水、机械用水和附属生产企业用水三部分。

生产用水量 q_1 可按下式计算：

$$q_1 = K_1 \frac{\sum K_2 Q_1 N_1}{8 \times 3600} \qquad (5-1)$$

式中 q_1——施工用水量（L/s）；

K_1——未预计的施工用水系数（1.05~1.15）；

K_2——用水不均衡系数。现场施工用水取 $K_2 = 1.5$，附属生产企业用水，取 $K_2 = 1.25$，施工机械和运输机械用水取 $K_2 = 2.0$，动力设备用水取 $K_2 = 1.1$；

Q_1——最大用水日时，白天一个台班所完成的实物工程量、附属企业的产量或施工机械用水、动力设备的台数；

N_1——现场施工、附属企业生产的用水或机械用水定额（表5-3，表5-4）。

施工用水参考定额　　　　　　　　　表5-3

序号	用水对象	单位	耗水量（N_1）	备注
1	浇注混凝土全部用水	L/m³	1700~2400	包括砂浆搅拌用水
2	搅拌普通混凝土	L/m³	250	
3	混凝土养护（自然养护）	L/m³	200~400	
4	冲洗模板	L/m²	5	
5	搅拌机清洗	L/台班	600	
6	人工冲洗石子	L/m³	1000	
7	机械冲洗石子	L/m³	600	
8	砌砖工程全部用水	L/m³	150~250	
9	抹灰工程全部用水	L/m²	30	
10	浇砖	L/千块	200~250	
11	抹面	L/m²	4~6	不包括调制用水
12	楼地面	L/m²	190	主要是找平层
13	搅拌砂浆	L/m³	300	

机械用水参考定额　　　　　　　　　表5-4

序号	用水机械名称	单位	耗水量（L）	备注
1	内燃挖土机	m³·台班	200~300	以斗容量立方米计
2	内燃起重机	t·台班	15~18	以起重机吨数计
3	蒸汽起重机	t·台班	300~400	以起重机吨数计
4	蒸汽打桩机	t·台班	1000~1200	以锤重吨数计
5	拖拉机	台·昼夜	200~300	

续表

序号	用水机械名称	单位	耗水量（L）	备注
6	汽车	台·昼夜	400~700	
7	点焊机 25 型	台·h	100	
8	50 型	台·h	150~200	
9	75 型	台·h	250~300	
10	对焊机	台·h	300	
11	冷拔机	台·h	300	
12	木工场	台班	20~25	

2）生活用水量 q_2

生活用水主要包括现场生活用水和居住区生活用水两部分。生活用水可按下式计算：

$$q_2 = \frac{K_3 Q_2 N_2}{8 \times 3600} + \frac{K_4 N_3 Q_3}{24 \times 3600} \quad (5-2)$$

式中 q_2——生活区用水量（L/s）；

K_3——生活区用水不均衡系数，一般取 $K_3 = 1.3~1.5$；

Q_2——现场施工最高峰时期，白天施工人数；

N_2——现场生活区用水定额，每人白天上班时期的用水量大小，主要视当地天气情况而定，一般取 20~60（L/人·班）；

K_4——居住区生活用水不均衡系数，一般取 $K_3 = 2.0~2.5$；

Q_3——居住区最高峰时期职工和家属的居住人数；

N_3——居住区昼夜生活用水定额，每一居民每昼夜的平均用时定额是随地区的不同和有无室内卫生设备而变化的，一般取 100~120（L/人·昼夜）。

3）消防用水量 q_3

消防用水主要是满足发生火灾时消火栓用水的要求，其用水量见表 5-5。

消防用水量　　　　　表 5-5

序号	用水名称		火灾同时发生次数	单位	用水量
1	居民区消防用水	5000 人以内	一次	L/s	10
		10000 人以内	二次	L/s	10~15
		25000 人以内	二次	L/s	15~20
2	施工现场消防用水	施工现场在 25ha 内	一次	L/s	10~15
		每增加 25ha	一次	L/s	5

注：ha 为公顷符号。1 公顷 = 100 公亩 = 10000m²。

4）工地总用水量 Q

A. 当 $(q_1 + q_2) \leq q_3$ 时，则 $Q = q_3 + (q_1 + q_2)/2$

B. 当 $(q_1 + q_2) > q_3$ 时，则 $Q = q_1 + q_2 + q_3$

C. 当工地面积小于 5ha 而且 $(q_1 + q_2) < q_3$ 时，则 $Q = q_3$，最后计算出的总用量，还应增加 10%，以补偿不可避免的水管漏水损失。

2. 选择水源

建筑工地临时供水水源，有供水管道和天然水源两种。应尽可能利用现场附近已有的供水管道，只有在工地附近没有现成的供水管道或现有供水管道无法使用以及供水管道供水量难以满足使用要求时，才使用江河、水库、泉水、井水等天然水源。选择水源时应注意下列因素：

(1) 水量充足可靠；

(2) 生活饮用水、生产用水的水质，应符合要求；

(3) 尽量与农业、水利资源综合利用；

(4) 取水、输水、净水设施要安全、可靠、经济；

(5) 施工、运转、管理和维护方便。

3. 供水管内径的确定

供水管内径的确定有两种方法，分别是计算法和查表法，可根据具体情况来选用。

(1) 计算法

$$d = \sqrt{\frac{4Q}{\pi \cdot v \cdot 1000}} \qquad (5-3)$$

式中　d——配水管直径 (m)；

　　　Q——耗水量 (L/s)；

　　　v——管网中水流速度 (m/s)。一般取经济流速 1.5~20m/s。

临时水管经济流速参见表 5-6。

临时水管经济流速参考表　　　　　表 5-6

管径	流速 (m/s)	
	正常时间	消防时间
1. $D < 0.1$m	0.5~1.2	—
2. $D = 0.1~0.3$m	1.0~1.6	2.5~3.0
3. $D > 0.3$m	1.5~2.5	2.5~3.0

(2) 查表法

为了减少计算工作，只要确定管段流量 q 和流速范围，可直接查表 5-7、表 5-8，选择管径 d。埋入地下的永久性水管应选用供水铸铁管。

给水铸铁管计算表　　　　　　　　　　　　　　　　　　表5-7

流量(L/s)	管径(mm)									
	75		100		150		200		250	
	i	v	i	v	i	v	i	v	i	v
2	7.98	0.46	1.94	0.26						
4	.28.4	0.93	6.69	0.52						
6	61.5	1.39	14	0.78	1.87	0.34				
8	109	1.86	23.9	1.04	3.14	0.46	0.765	0.26		
10	171	2.33	36.5	1.30	4.69	0.57	1.13	0.32		
12	246	2.76	52.6	1.56	6.55	0.69	1.58	0.39	0.529	0.25
14			71.6	1.82	8.71	0.80	2.08	0.45	0.695	0.29
16			93.5	2.08	11.1	0.92	2.64	0.51	0.886	0.33
18			118	2.34	13.9	1.03	3.28	0.58	1.09	0.37
20			146	2.60	16.9	1.15	3.97	0.64	1.32	0.41
22			177	2.86	20.2	1.26	4.73	0.71	1.57	0.45
24					24.1	1.38	5.56	0.77	1.83	0.49
26					28.3	1.49	6.64	0.84	2.12	0.53
28					32.8	1.61	7.38	0.90	2.42	0.57
30					37.7	1.72	8.4	0.96	2.75	0.62
32					42.8	1.84	9.46	1.03	3.09	0.66
34					84.4	1.95	10.6	1.09	3.45	0.70
36					54.2	2.06	11.8	1.16	3.83	0.74
38					60.4	2.18	13.0	1.22	4.23	0.78

注：v——流速（m/s）；i——压力损失（m/km或mm/m）。

给水钢管计算表　　　　　　　　　　　　　　　　　　表5-8

流量(L/s)	管径(mm)									
	25		40		50		70		80	
	i	v	i	v	i	v	i	v	i	v
0.1										
0.2	21.3	0.38								
0.4	74.8	0.75	8.98	0.32						
0.6	159	1.13	18.4	0.48						
0.8	279	1.51	31.4	0.64						
1.0	437	1.88	47.3	0.8	12.9	0.47	3.76	0.28	1.61	0.2
1.2	629	2.26	66.3	0.95	18	0.56	5.18	0.34	2.27	0.24
1.4	856	2.64	88.4	1.11	23.7	0.66	6.83	0.4	2.97	0.28
1.6	1118	3.01	114	1.27	30.4	0.75	8.7	0.45	3.76	0.32
1.8			144	1.43	37.8	0.85	10.7	0.51	4.66	0.36

续表

流量 (L/s)	管径 (mm)									
	25		40		50		70		80	
	i	v	i	v	i	v	i	v	i	v
2.0			178	1.59	46	0.94	13	0.57	5.62	0.40
2.6			301	2.07	74.9	1.22	21	0.74	9.03	0.52
3.0			400	2.39	99.8	1.41	27.4	0.85	11.7	0.60
3.6			577	2.86	144	1.69	38.4	1.02	16.3	0.72
4.0					177	1.88	46.8	1.13	19.8	0.81
4.6					235	2.17	61.2	1.3	25.7	0.93
5.0					277	2.35	72.3	1.42	30	1.01
5.6					348	2.64	90.7	1.59	37	1.13
6.0					399	2.82	104	1.7	42.1	1.21

4. 配水管网的布置

配水管网布置的原则是在保证不间断供水的情况下，管道铺设越短越好，同时还应考虑在施工期间各段管网具有移动的可能性。

(1) 供水管网的布置方式

供水管网的布置方式有环状管网、枝状管网和混合管网等三种方式，如图5-1所示。

环状管网的供水可靠性强，当管网某处发生故障，仍能保障供水不断；但管线长，造价高。它适用于对供水的可靠性要求较高的建设项目或重要的用水区域。

枝状管网的供水可靠性差，但管线短，造价低，适用于一般中小型工程。

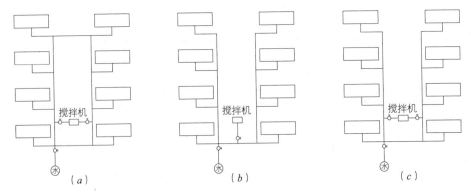

图5-1 工地临时供水管网布置方式示意图
(a) 环式管网；(b) 枝式管网；(c) 混合式管网

混合管网是指主要用水区及供水干管采用环状管网，其他用水区和支管采用枝状管的一种综合供水方式。它兼有环状管网和枝状管网的优点，一般适用于大型工程。

(2) 供水管网的铺设方式

管网的铺设方式有明铺和暗铺两种。由于暗铺是埋在地下，不会影响地面上的交通运输，因此多采用暗铺，但要增加铺设费用。寒冷地区冬期施工时，暗铺的供水管应埋设在冰冻线以下。明铺是置于地面上，其供水管应视情况采取保暖防冻措施。

(3) 供水管网的布置要求

1) 应尽量提前修建并充分利用拟建的永久性供水管网作为工地临时供水系统，以节约修建费用；在保证供水要求的前提下，新建供水管线的长度越短越好，并应适当采用胶皮管、塑料管作为支管，使其具有可移动性，以便于施工。

2) 供水管网的铺设要与土方平整规划协调一致，以防重复开挖；管网的布置要避开拟建工程和室外管沟的位置，以防二次拆迁改建。

3) 有高层建筑的施工工地，一般要设置水塔、蓄水池或高压水泵，以便满足高空施工与消防用水的要求。临时水塔或蓄水池应设置在地势较高处。

4) 供水管网应按防火要求布置室外消火栓。室外消火栓应靠近十字路口、工地出入口，并沿道路布置，距路边应不大于2m，距建筑物的外墙应不小于5m，为兼顾拟建工程防火而设置的室外消火栓与拟建工程的距离也不应大于25m，消火栓的间距不应超过120m，工地室外消火栓必须设有明显标志，消火栓周围3m的范围内不准堆放建筑材料、停放机具和搭设临时房屋等；消火栓供水干管的直径不得小于100mm。

施工现场的排水也十分重要，特别在雨期，如场地排水不畅，会影响到施工和运输的顺利进行，高层建筑的基坑深、面积大，施工往往要经过雨期，应做好基坑周围的挡土支护工作，防止坑外雨水向坑内汇流，并做好基坑底部雨水的排放工作。

5.1.4 施工通电

建筑工地临时供电，包括动力用电与照明用电。

1. 确定供电数量

在计算用电量时，从下列各点考虑：

(1) 全工地所使用的机械动力设备，其他电气工具及照明用电的数量；

(2) 施工总进度计划中施工高峰阶段同时用电的机械设备最高数量；

(3) 各种机械设备在工作中需用的情况。

总用电量可按以下公式计算：

$$P_{总} = P_{动} + P_{照} \tag{5-4}$$

式中 $P_{总}$——施工现场用电的总需要容量（kVA）；

$P_{动}$——施工机械、动力设备和其他施工电器用电总容量（kVA）；

$P_{照}$——室内外照明用电总需要容量（kVA）；

施工机械、动力设备和其他施工电器用电总需要容量可按下式计算

$$P_{动} = 1.05 \sim 1.10 \left(K_1 \frac{\sum P_1}{\cos\phi} + K_2 \sum P_2 \right) \tag{5-5}$$

式中 $\sum P_1$——各种施工机械、动力设备上的电动机额定功率之和（kW），常用机械设备上电动机的额定功率，见表5-9；

$\cos\phi$——工地上所有电动机的平均功率因数，施工现场最高为0.75~0.78，一般为0.65~0.75，临时电网系统可取（0.7~0.75）；

$\sum P_1/\cos\phi$——所有电动机所需要的总用电容量（kVA）

K_1——各种电动机同时满负荷使用时的需要系数，见表 5-10；

K_2——各种电焊机、电热器等其他施工电器同时使用时的需要系数；

$K_2\sum P_2$——各种电焊机、电热器等其他施工电器平均用电总额定容量之和（kVA）。

施工机械用电定额参考资料　　　　　　　　表 5-9

机械名称	型号	功率（kW）	机械名称	型号	功率（kW）
单斗挖土机	W502	55	交流电焊机	BX3-500-2	38.6
单斗挖土机	W1002	100	纸筋麻刀搅拌机	ZMB-10	3
蛙式夯土机	HW-32	1.5	灰浆泵	UB3	4
蛙式夯土机	HW-60	3	挤压式灰浆泵	UBJ2	2.2
振动夯土机	HZD250	4	灰气联合泵	UB-76-1	5.5
螺旋钻孔机	ZKL400	40	侧式磨光机	CM2-1	1
螺旋钻孔机	ZKL600	55	立面水磨石机	MQ-1	1.65
螺旋式钻扩孔机	BQZ-400	22	墙面水磨石机	YM200-1	0.55
塔式起重机（自升式）	TQ90	58	泥浆泵	红星75	60
快速卷扬机	JJZ-1	7.5	液压控制台	YKT-36	7.5
快速卷扬机	JJ1K-1	7	自动控制自动调平液压控制台	YZKT-56	11
快速卷扬机	JJ1K-3	28	静电触探车	ZJYY-20A	10
快速卷扬机	JJ1K-5	40	混凝土沥青地割机	BC-D1	5.5
自落式混凝土搅拌机	JD150	5.5	小型砌块成型机	GC-1	6.7
自落式混凝土搅拌机	JD200	7.5	载货电梯	JT1	7.5
强制式混凝土搅拌机	JW250	11	建筑施工外用电梯	SCD100/100A	11
强制式混凝土搅拌机	JW500	30	木工电刨	MIB2-80/1	0.7
混凝土输送泵	HB-15	32.2	木压刨板机	MB1043	3
插入式振动器	ZX25	0.8	木工圆锯	MJ114	3
插入式振动器	ZX70	1.5	脚踏截锯机	MJ217	7
平板式振动器	ZB5	0.5	单面木工压刨床	MB103	3
平板式振动器	ZB11	1.1	单面木工压刨床	MB103A	4
真空吸水机	HZX-40	4	单头直榫开榫机	MX2112	9.8
真空吸水机	HZX-60A	4	灰浆搅拌机	UJ325	3
钢筋调直切断机	GT4/14	4	灰浆搅拌机	UJ100	2.2
钢筋调直切断机	GT6/8	5.5	交流电焊机	BX3-120-1	9
钢筋切断机	QT40	7	交流电焊机	BX3-300-2	23.4
钢筋切断机	QJ40-1	5.5	交流电焊机	BX3-120-1	9
钢筋弯曲机	GW40	3	交流电焊机	BX3-300-2	23.4
钢筋弯曲机	WJ40	3	交流电焊机	BX3-120-1	9
钢筋弯曲机	GW32	2.2	交流电焊机	BX3-300-2	23.4

需要系数（K 值）　　　　　表 5-10

用电名称	数量	需要系数 K	数值	备注
电动机	3~10 台	K_1	0.7	如施工中需要电热时，应将其用电量计算进去。为使计算结果接近实际，式中各项动力和照明用电，应根据不同工作性质分类计算
电动机	11~30 台	K_1	0.6	
电动机	30 台以上	K_1	0.5	
加工厂动力设备			0.5	
电焊机	3~10 台	K_2	0.6	
电焊机	10 台以上	K_2	0.5	
室内照明		K_3	0.8	
室外照明		K_4	1.0	

单班施工时，用电量计算可不考虑照明用电。

由于照明用电所占的比重与机械设备等用电相比要少得多，为了简化计算，可取机械设备等动力用电的 10% 作为照明用电容量。因此，施工现场用电的总需要容量看按下式计算：

$$P_{总} = 1.1 P_{动} \tag{5-6}$$

2. 选择电源

（1）建筑工地临时供电电源须考虑的因素

1）建筑工程及设备安装工程的工程量和施工进度；

2）各个施工阶段的用电需要量；

3）施工现场的大小；

4）用电设备在建筑工地上的分布情况和距离电源的远近情况；

5）现有电气设备的容量情况。

（2）临时供电电源的几种方案

1）完全由工地附近的电力系统供电；

2）工地附近的电力系统只能供给一部分，尚需自行扩大原有电源或增设临时供电系统以补充其不足；

3）利用附近高压电力网，设临时变电所和配变压器；

4）工地位于边远地区，没有电力系统时，电力完全由临时电站供给。

3. 确定供电系统

（1）配电导线截面的选择与计算

1）按机械强度选择：导线必须具有足够的机械强度，以防止受拉或机械损伤折断。在各种不同敷设方式下，导线按机械强度所允许的最小截面见表 5-11。

2）按允许电流强度选择导线截面：导线必须能承受负载电流长时间通过，而其最高温升不超过规定值。

三相四线制线路上的电流可按下式计算：

$$I_{线} = \frac{K \cdot P}{\sqrt{3} \cdot U_{线} \cdot \cos\phi} \tag{5-7}$$

式中 $I_{线}$——某一段线路上的电流强度（A）；

$U_{线}$——该段线路上的总用电量（kVA）；

P——该段线路所负荷的电动机额定功率总和（kW）；

$\cos\phi$——功率因数，临时网路取 0.7~0.75。

导线按机械强度所允许的最小截面　　　　　　　　　　表 5-11

导线用途	导线最小截面（mm²）	
	铜线	铝线
照明装置用导线：户内用	0.5	2.5
户外用	1.0	2.5
双芯软电线：用于吊灯	0.35	—
用于移动式生产用电设备	0.5	—
多芯软电线及软电缆：用于移动式生产用电设备	1.0	—
绝缘导线：固定架设在户内绝缘支件上，其间距为		
2m 及以下	1.0	2.5
6m 及以下	2.5	4
25m 及以下	4	10
裸导线：户内用	2.5	4
户外用	6	16
绝缘导线：穿在管内	1.0	2.5
设在木槽板内	1.0	2.5
绝缘导线：户外沿墙敷设	2.5	4
户外其他方式敷设	4	10

制造厂根据导线的容许温升，制定了各类导线在不同敷设条件下的持续容许电流表（表 5-12），在选择导线时，导线中通过的电流不允许超过此表规定。

配电导线持续容许电流表（空气温度为 +25℃）　　　　表 5-12

导线标称截面（mm²）	橡皮或塑料绝缘线（单芯500V）				裸线		
	BX型（铜、橡）	BLX型（铝、橡）	BV、BVR型（铜、塑）	BLV型（铝、塑）	TJ型铜线	铜芯铝绞线	TJ型铝线
0.5	—	—	—	—	—	—	—
0.75	18	—	16	—	—	—	—
1	21	—	19	—	—	—	—
1.5	27	19	24	18	—	—	—
2.5	35	27	32	25	—	—	—
4	45	35	42	32	—	—	—
6	58	45	55	42	—	—	—
10	85	65	75	59	—	—	—

续表

导线标称截面（mm²）	橡皮或塑料绝缘线（单芯 500V）				裸线		
	BX 型（铜、橡）	BLX 型（铝、橡）	BV、BVR 型（铜、塑）	BLV 型（铝、塑）	TJ 型铜线	铜芯铝绞线	TJ 型铝线
16	110	85	105	80	130	105	105
25	145	110	138	105	180	135	135
35	180	138	170	130	220	170	170
50	230	175	215	165	270	220	215
70	285	220	265	205	340	275	265
95	345	265	325	250	415	335	325
120	400	310	375	285	485	380	375
150	470	360	430	325	570	445	440
185	540	420	490	380	645	515	500
240	660	510	—	—	770	610	610

3）按允许电压降选择导线截面。配电导线上的电压降必须限制在一定限度之内，否则距变压器较远的机械设备会因电压不足而难以启动，或经常停机而无法正常使用；即使能够使用，也由于电动机长期处在低压运转状态，会造成电动机电流过大、升温过高而过早地损坏或烧毁。按允许电压降选择导线截面的计算公式如下：

$$S = \frac{\sum P \cdot L}{C \cdot \varepsilon}\% = \frac{\sum M}{C \cdot \varepsilon}\% \tag{5-8}$$

式中　S——导线截面（mm²）；

　　　M——负荷矩（kW·m）；

　　　P——负载的电功率或线路输送的电功率（kW）；

　　　L——送电线路的距离（m）；

　　　ε——允许的相对电压降（即线路电压损失）(%)，照明允许电压降为 2.5%~5%，电动机电压不超过 ±5%；

　　　C——系数，视导线材料、线路电压及配电方式而定，见表 5-13。

所选用的导线截面应同时满足以上三项要求，即以求得的三个截面中的最大者为准，从电线产品目录中选用线芯截面。实际上，配电导线截面面积计算与选择的通常方法是：当配电线路比较长、线路上的负荷比较大时，往往以允许电压降为主确定导线截面；当配电线路比较短时，往往以允许电流强度为主确定导线截面；当配电线路上的负荷比较小时，往往以导线机械强度要求为主选择导线截面。当然，无论以哪一种为主选择导线截面，都要同时复核其他两种要求，以求无误。

按允许电压降计算时的 C 值　　　　表 5-13

线路额定电压（V）	线路系统及电流种类	系数 C 值	
		铜线	铝线
380/220	三相四线	77	46.3

续表

线路额定电压（V）	线路系统及电流种类	系数 C 值	
		铜线	铝线
220		12.8	7.75
110		3.2	1.9
36		0.34	0.21
24	单线或直流	0.153	0.092
12		0.038	0.023

(2) 变压器的选择与布置要求

1) 当施工现场只需设置一台变压器时，供电线路可按枝状布置，变压器应设置在引入电源的安全区域内；

2) 当工地较大，需要设置多台变压器时，应先用一台主降压变压器，将工地附近的 110kV 或 35kV 的高压电网上的电压降至 10kV 或 6kV，然后再通过若干个分变压器将电压降至 380/220V。

主变压器与各分变压器之间采用环状连接布置；每个分变压器到该变压器负担的各用电点的线路可采用枝状布置，分变电器应设置在用电设备集中、用电量大的地方或该变压器所负担区域的中心地带，以尽量缩短供电线路的长度。低压变电器的有效供电半径为 400~500m。

施工现场所需变压器的规格应满足下式要求

$$P_{变} = P_{总} \qquad (5-9)$$

式中 $P_{变}$ 为所选择的变压器容量（kVA），常用变压器的型号、性能见表 5-14。

常有变压器性能表　　表 5-14

序号	型号	额定容量（kVA）	额定电压		总重量（kg）
			高压（kV）	低压（V）	
1	SL1-20/10	20	10、6.3、6	400	225
2	SL1-50/10	50	10、6.3、6	400	390
3	SL1-100/10	100	10、6.3、6	400	590
4	SL1-200/10	200	10、6.3、6	400	965
5	SL1-500/10	500	10、6.3、6	400	1880
6	SL1-1000/10	1000	10、6.3、6	400	3440
7	SL1-100/35	100	35	400	955
8	SL1-500/35	500	35	400	2550
9	SL1-1000/35	1000	35、38.5	10500、6300、6000	4140
10	SJL1-20/10	20	10、6.3、6	400	200
11	SJL1-50/10	50	10、6.3、6	400	340
12	SJL1-100/10	100	10、6.3、6	400	570

续表

序号	型号	额定容量（kVA）	额定电压		总重量（kg）
			高压（kV）	低压（V）	
13	SJL1-200/10	200	10, 6.3, 6	400	940
14	SJL1-500/10	500	10, 6.3, 6	400	1820
15	SJL1-1000/10	1000	10, 6.3, 6	400	3440
16	SJL-20/10	20	10	400	290
17	SJL-50/10	50	10	400	460
18	SJL-100/10	100	10	400	690
19	SJL-500/10	500	10	400	1180
20	SJL-30/6	30	6	400	315

（3）供电线路的布置要求

1）工地上的3kV、6kV或10kV的高压线路，可采用架空裸线，其电杆距离为40~60m；也可用地下电缆。户外380/220V的低压线路，也可采用架空裸线，与建筑物、脚手架等相近时必须采用绝缘架空线，其电杆距离为25~40m。分支线或引入线均必须从电杆处连接，不得从两杆之间的线路上直接连接。电杆一般采用钢筋混凝土电杆，低压线路也可采用木杆。

2）配电线路宜沿道路的一侧布置，高出地面的距离一般为4~6m，要保持线路平直；离开建筑物的安全距离为6m，跨越铁路时的高度应不小于7.5m；在任何情况下，各供电线路均不得妨碍交通运输和施工机械的进场、退场、装拆及吊装等，同时要避开堆场、临时设施、开挖的沟槽或后期拟建工程的位置，以免二次拆迁。

3）各用电点必须配备与用电设备功率相匹配的，由闸刀开关、熔断保险、漏电保护器和插座等组成的配电箱，其高度与安装位置应以操作方便、安全为准；每台用电机械或设备均应分设闸刀开关和熔断器，实行单机单闸，严禁一闸多机。

4）设置在室外的配电箱应有防雨措施，严防漏电、短路及触电事故的发生。

施工中如需要通电信、通蒸汽、燃气，应按施工组织设计的要求进行安排，以保证施工的顺利进行。

【工程案例】

按图5-2选择厂区内给水铸铁管局部管段的计算流量q和管径d。

（1）求从水源至工地及加工厂主干管的流量（q_1）和管径（d_1）。

$q_1 = (40+30+20)/3600 = 0.025\text{m}^3/\text{s} = 25\text{L/s}$

查表5-7，得管径$d_1 = 150\text{mm}$（流速$v = 1.43\text{m/s}$，满足流速范围所规定的要求）。

（2）求q_2和d_2

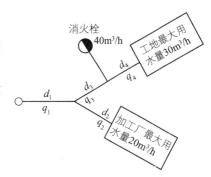

图5-2 供水管线示意图

$$q_2 = 20/3600 = 0.0055 \text{m}^3/\text{s} = 5.5 \text{L/s}$$

查表 5-7，得管径 $d_2 = 100\text{mm}$（流速 $v = 0.72\text{m/s}$，满足流速范围规定的要求）。

(3) 求 q_3 和 d_3

$$q_3 = (40+30)/3600 = 0.0195 \text{m}^3/\text{s} = 19.5 \text{L/s}$$

查表 5-7，得管径 $d_3 = 150\text{mm}$（流速 $v = 1.12\text{m/s}$，满足流速范围规定的要求）。

(4) 求 q_4 和 d_4

$$q_4 = 30/3600 = 0.00833 \text{m}^3/\text{s} = 8.33 \text{L/s}$$

查表 5-7，得管径 $d_4 = 100\text{mm}$（流速 $v = 1.08\text{m/s}$，满足流速范围所规定的要求）。

【课后讨论】
1. 施工现场的临时用电需要做专项的施工方案吗？
2. 当高压线下有钢的加工棚时，应采取什么措施？

5.2 临时设施搭设

学习目标

1. 确定临时设施的面积
2. 选定临时设施的位置

关键概念

生产用房　生活用房

现场临时设施包括办公用房屋、生产用房屋、仓储用房屋及生活用房屋，应按照施工平面布置图的要求进行，临时建筑平面图及主要房屋结构图都应报请城市规划、市政、消防、交通、环境保护等有关部门审查批准。搭设临时设施时，应满足下列要求：

1. 结合施工现场具体情况，统筹安排，合理布置。
(1) 布点要适应生产需要，方便职工上下班。
(2) 不许占据正式工程位置，避开取土、弃土场地。
(3) 尽量靠近已有交通，或即将修建的正式或临时交通线路。

2. 贯彻执行国务院有关在基本建设中节约用地的指示，布置要紧凑，充分利用山地、荒地、空地或劣地，尽量少占或不占农田并保护农田，在可能条件下结合施工采取造田，改造土壤的措施。

3. 尽量利用施工现场或附近已有的建筑物，包括拟拆除可暂时利用的建筑物。在新开辟地区，应尽可能提前修建能够利用的永久性工程。

4. 必须修建的临时建筑，应以经济适用为原则，合理地选择结构形式。

5. 符合安全防火要求。

5.2.1 生产用房屋

施工现场生产类用房主要有混凝土搅拌站、砂浆搅拌站、钢筋混凝土构件预制厂、钢筋加工厂、木材加工厂、金属结构加工厂、施工机械的管理维修厂等用房。

各种加工厂布置，应以方便使用、安全防火、运输费用少、不影响建筑安装工程施工的正常进行为原则。一般应将加工厂与相应的仓库或材料堆场布置在同一地区，且多处于工地边缘。

1. 预制加工厂的布置。应尽量利用建设地区永久性的加工厂，只有在运输困难时，才考虑在建设场地的空闲地带设置预制加工厂。

2. 钢筋加工厂的布置。一般应采用分散或集中布置，对于需要进行冷加工、对焊、点焊的钢筋或大片钢筋网，宜集中布置在中心加工厂；对于小型加工件，利用简单机具成型的钢筋加工，宜分散在钢筋加工棚中进行。

3. 木材加工厂的布置。应视木材加工的工作量、加工性质和种类决定是集中设置还是分散设置。

4. 混凝土搅拌站的布置。宜根据工程的具体情况，采用集中、分散或集中与分散相结合的三种方式布置。当现浇混凝土量大时，宜在工地设置搅拌站；当运输条件好时，以采用集中搅拌为好；当运输条件较差时，宜采用分散搅拌。

5. 砂浆搅拌站的布置。宜采用分散就近布置。

6. 金属结构、锻工、电焊和机修等车间的布置。由于它们在生产上联系密切，应尽可能布置在一起。

生产用房面积的大小，取决于设备的尺寸、工艺过程、建筑设计及保安与防火等的要求。各类加工厂、作业棚等所需面积参见表 5-15、表 5-16、表 5-17。

现场加工厂所需面积参考指标　　　　　表 5-15

序号	加工厂名称	年产量		单位产量所需建筑面积	占地总面积 (m^2)	备注
		单位	数量			
1	混凝土搅拌站	m^3	3200	0.022 (m^2/m^3)	按砂石堆场考虑	400L 搅拌机 2 台
		m^3	4800	0.021 (m^2/m^3)		400L 搅拌机 3 台
		m^3	6400	0.020 (m^2/m^3)		400L 搅拌机 4 台
	综合木工加工厂	m^3	200	0.30 (m^2/m^3)	100	加工门窗、模板、地板、屋架等
		m^3	500	0.25 (m^2/m^3)	200	
		m^3	1000	0.20 (m^2/m^3)	300	
		m^3	2000	0.15 (m^2/m^3)	420	
2	钢筋加工厂	t	200	0.35 (m^2/t)	280~560	加工、成型、焊接
		t	500	0.25 (m^2/t)	380~750	
		t	1000	0.20 (m^2/t)	400~800	
		t	2000	0.15 (m^2/t)	450~900	

续表

序号	加工厂名称	年产量 单位	年产量 数量	单位产量所需建筑面积	占地总面积（m²）	备注
3	现场钢筋调直或 冷拉 拉直场 卷扬机棚 冷拉场 时效场			所需场地（长×宽） (70~80)×(3~4)(m) 15~20(m²) (40~60)×(3~4)(m) (30~40)×(6~8)(m)		包括材料及成品堆放 3~5t 电动卷扬机一台 包括材料及成品堆放 包括材料及成品堆放
	钢筋对焊 对焊场地 对焊棚			所需场地（长×宽） (30~40)×(4~5)(m) (15~24)(m²)		包括材料及成品堆放寒冷地区应适当增加
	钢筋冷加工 冷拔、冷轧机 剪断机 弯曲机 φ12 以下 弯曲机 φ40 以下			所需场地（m²/台） 40~50 30~50 50~60 60~70		
4	石灰消化 { 贮灰池 淋灰池 淋灰槽			5×3=15（m²） 4×3=12（m²） 3×2=6（m²）		每两个贮灰池配一套淋灰池和淋灰槽，每 600kg 石灰可消化 1m³ 石灰膏
5	沥青锅场地			20~24（m²）		台班产量 1~1.5t/台

现场作业棚所需面积参考指标 表 5-16

序号	名称	单位	面积（m²）	备注
1	木工作业棚	m²/人	2	占地为建筑面积的 2~3 倍
2	电锯房	m²	80	34~36in 圆锯 1 台
3	钢筋作业棚	m²/人	3	占地为建筑面积的 3~4 倍
4	搅拌棚	m²/台	10~18	
5	卷扬机棚	m²/台	6~12	
6	烘炉房	m²	30~40	
7	焊工房	m²	20~40	

现场机运站、机修间、停放场所需面积参考指标 表 5-17

序号	施工机械名称	所需场地（m²/台）	存放方式	检修间所需建筑面积 内容	检修间所需建筑面积 数量（m²）
	一、起重、土方机械类：				
1	塔式起重机	200~300	露天	10~20 台设 1 个检修台位（每增加 20 台增加 1 个检修台位）	200（增 150）
2	履带式起重机	100~125	露天		
3	履带式正铲或反铲，拖式铲运机，轮胎式起重机	75~100	露天		
4	推土机，拖拉机，压路机	25~35	露天		
5	汽车式起重机	20~30	露天或室内		

续表

序号	施工机械名称	所需场地（m²/台）	存放方式	检修间所需建筑面积 内容	检修间所需建筑面积 数量（m²）
6	二、运输机械类： 汽车（室内） （室外）	20~30 40~60	一般情况下室内不小于10%	每20台设1个检修台位（每增加1个检修台位）	170（增160）
7	平板拖车	100~150			
8	三、其他机械类： 搅拌机，卷扬机，电焊机，电动机，水泵，空压机，油泵	4~6	一般情况下室内占30%露天占70%	每50台设1个检修台位（每增加1个检修台位）	50（增50）

5.2.2 仓储库房

在建筑工程的施工过程中，工地上需运进并存储较多的建筑材料、半成品和成品。因此，必须搭设临时性仓库。

1. 库房的分类

按保管材料的方法不同，建筑工地上临时性仓库可分为下列几种：

（1）露天仓库用于堆放不因自然气候影响而损坏质量的材料。例如，石料、砖瓦和装配式钢筋混凝土构件等的堆场。

（2）库棚用于储存防阳光直接侵蚀的材料。例如，油毛毡、面砖、细木作零件和沥青等的仓库。

（3）封闭式仓库用于储存防止大气侵蚀而发生质变的建筑物品、贵重材料以及细小容易损坏或散失的材料。例如，储存水泥、石膏、五金零件及贵重设备、器具和工具的仓库。

2. 仓库面积的确定

（1）按材料储备期计算

$$F = Q/P \tag{5-10}$$

式中 F——仓库面积（m²），包括通道面积；

P——每平方米仓库面积上存放材料数量，见表5-18；

Q——材料储备量，材料储备一方面要确保工程施工的顺利进行，另一方面还要避免材料的大量积压，以免仓库面积过大，增加投资，积压资金。通常储备量根据现场条件，供应条件和运输条件来确定。对经常或连续使用的材料，如砖、瓦、砌块、砂石、水泥和钢材等，可按储备期计算：

$$Q = n \cdot Q_1/T \tag{5-11}$$

式中 n——储备天数，见表5-18；

Q_1——计划期间内需用的材料数量；

T——需用该项材料的施工天数，并大于 n。

常用材料仓库或堆场面积计算中有关系数参考表　　　　表 5-18

序号	材料、半成品名称	单位	每平方米储存定额 q	储备天数	面积利用系数 k	备注	库存货堆场
1	水泥	t	1.2~1.5	30~60	0.7	堆高12~15袋	封闭库存
2	生石灰	t	1.0~1.5	30	0.8	堆高1.2~1.7m	棚
3	砂子（人工堆放）	m³	1.0~1.2	15~30	0.8	堆高1.2~1.5m	露天
4	砂子（机械堆放）	m³	2.0~2.5	15~30	0.8	堆高2.4~2.8m	露天
5	石子（人工堆放）	m³	1.0~1.2	15~30	0.8	堆高1.2~1.5m	露天
6	石子（机械堆放）	m³	2.0~2.5	15~30	0.8	堆高2.4~2.8m	露天
7	块石	m³	0.8~1.0	15~30	0.7	堆高1.0~1.2m	露天
8	木模板	m²	4~6	10~15	0.7		露天
9	砖	千块	0.8~1.2	15~30	0.8	堆高1.2~1.8m	露天
10	混凝土砌块	m³	1.5~2.0	15~30	0.7	堆高1.5~2.0m	露天

对于露天堆放，经常使用且量大的材料，如砂、石子、砖、砌块等，在运输和供应得到保障的情况下，尽量减少储备量。

对于用量少，不经常使用或储备期较长的材料，如耐火砖、石棉瓦、水泥管、电缆等可按储备量计算（以年度需要量的百分比储备）。

（2）按系数计算

适用于规划估算仓库面积的可按下式估算：

$$F = \phi \cdot m \tag{5-12}$$

式中　F——所需仓库面积（m²）；

　　　ϕ——系数，见表 5-19；

　　　m——计算基数，见表 5-19。

按系数计算仓库面积参考资料　　　　表 5-19

序号	名称	计算基数（m）	单位	系数（φ）	备注
1	仓库（综合）	按年平均全员人数（工地）	m²/人	0.7~0.8	陕西省一局统计手册
2	水泥库	按当年水泥用量的40%~50%	m²/t	0.7	黑龙江、安徽省用
3	其他仓库	按当年工作量	m²/万元	1~1.5	
4	五金杂品库	按年建安工作量计算时	m²/万元	0.1~0.2	
5	五金杂品库	按年平均在建建筑面积计算时	m²/百m²	0.5~1	原华东院施工组织设计手册
6	土建工具库	按高峰年（季）平均全员人数	m²/人	0.1~0.2	建研院、一机部一院资料
7	水暖器材库	按年平均在建建筑面积	m²/百m²	0.2~0.4	建研院、一机部一院资料
8	电器器材库	按年平均在建建筑面积	m²/百m²	0.3~0.5	建研院、一机部一院资料
9	化工油漆危险品仓库	按年建安工作量	m²/万元	0.05~0.1	
10	三大工具堆场（脚手、跳板、模板）	按年平均在建建筑面积	m²/百m²	1~2	
		按年建安工作量	m²/万元	0.3~0.5	

3. 仓库的布置

仓库的面积确定后，还需决定仓库的结构形式，然后按建筑平面图选定最合适的布置位置。仓库位置的选定要做方案比较，论证其技术上的可能性和经济上的合理性。布置仓库时，应注意以下几个问题：

（1）仓库要有坚实的场地；

（2）地势较高而平坦；

（3）位置距各使用地点适中，以便缩短运输距离；

（4）尽量利用永久性仓库，减少临时建筑面积；

（5）要注意技术和安全防火的要求。如砖堆不能堆得太高，块石等堆放在沟边时要保持一定的距离，避免压垮土壁，易燃材料仓库应布置在拟建房屋的下风口，并需设消防器器材；危险品仓库应设在工地边缘和人少又易保卫的地方等。

5.2.3 办公及生活用房屋

在工程建设期间，必须为施工人员修建一定数量供行政管理及生活用的建筑房屋。办公用房及生活用房屋可采取下列方式：

1. 利用拟拆除建筑；
2. 租用工程邻近建筑；
3. 新建暂用办公室，结构、装饰简易；
4. 采用装配式活动房屋；
5. 先建永久性办公室施工时用，待交工时重新装饰；
6. 初期搭建简易办公用房，然后搬进新建房屋。

一般全工地性的行政管理用房屋宜设在工地入口处，以便对外联系；也可在工地中间，便于工地管理；工人用的福利设施应设置在工人较集中的地方，或工人必经之处；生活区应设在场外，距工地 500~1000m 为宜；食堂可布置在工地内部或工地与生活区之间；临时设施建筑面积见表 5-20。

生活用房屋设施参考指标 表 5-20

临时房屋名称	指标使用方法	参考指标（m²/人）	备注
一、办公室	按干部人数	3~4	
二、宿舍	按高峰年（季）平均职工人数	2.5~3.5	
单层通铺	（扣除不在工地住宿人数）	2.5~3	
双层床		2.0~2.5	1. 本表根据全国收集到的有代表性的企业、地区的资料综合
单层床		3.5~4	
三、食堂	按高峰年平均职工人数	0.5~0.8	
四、食堂兼礼堂	按高峰年平均职工人数	0.6~0.9	2. 工区以上设置的会议室已包括在办公室指标内
五、其他合计	按高峰年平均职工人数	0.5~0.6	
医务室	按高峰年平均职工人数	0.05~0.07	3. 家属宿舍应以施工期长短和离基情况而定，一般按高峰年职工平均人数的10%~30%考虑
浴室	按高峰年平均职工人数	0.07~0.1	
理发	按高峰年平均职工人数	0.01~0.03	
浴室兼理发	按高峰年平均职工人数	0.08~0.1	
其他公用	按高峰年平均职工人数	0.05~0.10	4. 食堂包括厨房、库房，应考虑在工地就餐人数和几次进餐
六、现场小型设施			
开水房		10~40	
厕所	按高峰年平均职工人数	0.02~0.07	
工人休息室	按高峰年平均职工人数	0.15	

【实训】

计算砂堆场的面积,其中砂子储备量为 400m³。

【课后讨论】

1. 由于场地限制,如果将办公室、宿舍布置在了塔吊的起重范围之内,应该采取什么安全措施?

2. 易燃易爆物品仓库地点的选择应注意什么问题?

5.3 施工物资进场

学习目标

1. 建筑材料的采购、验收、保管与发放、物资的现场管理
2. 周转材料的配备、堆放和使用
3. 施工机具的配备、进场验收、合理使用及维修

关键概念

材料进场、机械进场

施工物资是指施工中必须有的劳动手段(施工机械、工具)和劳动对象(材料、配件、构件)等,施工物资准备和进场是一项较为复杂而又细致的工作,建筑施工所需的材料、构(配)件、机具和设备品种多且数量大,能否保证按计划供应,对整个施工过程的工期、质量和成本,有着举足轻重的作用。各种施工物资只有运到现场并有必要的储备后,才具备必要的开工条件。因此,要将这项工作作为施工准备工作的一个重要方面来抓。施工管理人员应尽早地计算出各阶段对材料、施工机械、设备、工具等的需用量,并说明供应单位、交货地点、运输方式等,特别是对预制构件,必须尽早地从施工图中摘录出构件的规格、质量、品种和数量,制表造册,向预制加工厂订货并确定分批交货清单、交货地点及时间,对大型施工机械、辅助机械及设备要精确计算工作日,并确定进场时间,做到进场后立即使用,用完后立即退场,提高机械利用率,节省机械台班费及停留费。

5.3.1 建筑材料进场

1. 建筑材料验收

(1) 物资验收的要求

材料进场验收是划清企业内部和外部经济责任,防止进料中的差错事故和因供货

单位、运输单位的责任事故造成企业不应有的损失。同时，材料进场验收也是材料由流通领域向消耗领域转移的中间环节，是保证进入现场的物资满足工程达到预定的质量标准，满足用户最终使用，确保用户生命安全的重要手段和保证。其要求如下：

1）材料验收必须做到认真、及时、准确、公正、合理。

2）严格检查进场材料的有害物质含量检测报告，按规范应复验的必须复验，无检测报告或复验不合格的应予退货。

3）严禁使用有害物质含量不符合国家规定的建筑材料。

4）严禁使用国家明令淘汰的建筑材料，使用没有出厂检验报告的建筑材料。

（2）物资验收的方法

材料进场时，应当予以验收，其验收的主要依据是订货合同、采购计划及所约定的标准，或经有关单位和部门确认后封存的样品或样本，还有材质证明或合格证等。其常用的验收方法有如下几种：

1）双控把关。为了确保进场材料合格，对预制构件、钢木门窗、各种制品及机电设备等大型产品，在组织送料前，由两级材料管理部门业务人员会同技术质量人员先行看货验收；进库时由保管员和材料业务人员再行一起组织验收方可入库。对于水泥、钢材、防水材料、各类外加剂实行检验双控，既要有出厂合格证，还要有试验室的合格试验单方可接收入库以备使用。

2）联合验收把关。对直接送到现场的材料及构配件，收料人员可会同现场的技术质量人员联合验收；进库物资由保管员和材料业务人员一起组织验收。

3）收料员验收把关。收料员对地材、建材及有包装的材料及产品，应认真进行外观检验；查看规格、品种、型号是否与来料相符，宏观质量是否符合标准，包装、商标是否齐全完好。

4）提料验收把关。总公司、分公司两级材料管理的业务人员到外单位及材料公司各仓库提送料，要认真检查验收提料的质量、索取产品合格证和材质证明书。送到现场（或仓库）后，应与现场（仓库）的收料员（保管员）进行交接验收。

（3）进场验收

在对材料进行验收前，要保持进场道路畅通，以方便运输车辆进出；同时，还应把计量器具准备齐全，然后针对物资的类别、性能、特点、数量确定物资的存放地点及必须的防护措施，进而确定材料验收方式。如现场建有样品库，对特殊物资和贵重物资采取封样，此类进场物资严格按样品（样板）进行验收。

材料验收的程序如图5-3所示。

图5-3 材料进场验收程序

1）单据验收。单据验收主要查看材料是否有国家强制性产品认证书、材质证明、装箱单、发货单、合格证等。具体来说，就是查看所到货物是否与合同（采购计划）

一致；材质证明（合格证）是否齐全并随货同行，是否有强制产品认证书，能否满足施工资料管理的需要；查看材料的环保指标是否符合要求。

2）数量检验。数量检验主要是对实物的实际数量进行计量，并与发货凭证相对照，检查其相符程度。数量检验包括检斤、检尺和计数。有些物资以重量为计量单位，必须进行检斤过磅，最后累计总的重量。重量有毛重、皮重、净重之分，应以净重为准。检验时允许有一定的误差，但不得超过国家规定的误差标准。有些物资以体积、面积或长度计量，数量检验需经过检尺。如原木和锯材应严格按照有关规定进行检尺求积。对于定尺的大中型钢材，可通过理论换算计重，对标准箱平板玻璃也可通过换算求其数量（平方米）。

数量检验可分为全检和抽检两种方式：

A. 全检，即对到货的数量全部进行检尺、过磅、点数、量方。

B. 抽检，对那些产品协作关系比较稳定，证件齐全，包装完好的材料；包装严密，拆包有损于质量或不易恢复的材料；数量大、件数多的材料；规格整齐划一，可实行理论换算的材料等可抽查到货的一部分，一般抽查5%~15%，抽查发现问题时，可扩大范围或全部重新检验。

对于进口材料的验收，要严格、细致、迅速、准确，不误索赔期限。

3）质量检验。质量检验分为包装质量检验、物资（材料）外观质量检验和物资（材料）内在质量检验。

质量检验首先要有检验标准和检验规程及必要的质量检验的管理制度。其次检验人员要经过严格培训合格后上岗，甚至要持有一定的资格证书后才可上岗。只有这样才可保证物资（材料）检验的质量。使工程项目的质量、进度、安全、成本得到控制和保证。

物资（材料）的外观及其包装的质量检验一般由仓库的验收人员负责。物资（材料）的内在质量，应抽样并送到有检验资格的专门部门检验。特别是对工程项目质量、安全有重要影响的材料，如水泥、钢材、预搅拌混凝土等的检验更要严肃和认真。被检验的物资应有质量合格的证明书。

(4) 验收结果处理

1）材料进场验收后，验收人员按规定填写各类材料的进场检测记录。如资料齐全，可及时登入进料台账，发料使用。

2）材料经验收合格后，应及时办理入库手续，由负责采购供应的材料人员填写《验收单》，经验收人员签字后办理入库，并及时登账、立卡、标识。

验收单通常一式四份，计划员一份，采购员一份，保管员一份，财务报销一份。

3）经验收不合格，应将不合格的物资单独码放于不合格品区，并进行标识，尽快退场，以免用于工程。同时做好不合格品记录和处理情况记录。

4）已进场（进库）的材料，发现质量问题或技术资料不齐时，收料员应及时填报《材料质量验收报告单》报上一级主管部门，以便及时处理，暂不发料，不使用，原封妥善保管。

（5）办理入库手续

到货物资经验查、验收合格后，按实收数及时办理入库手续，填写物资入库验收单。办理入库手续，是采购工作和仓库保管工作的界限，入库验收单是报销及记账的依据。

2. 材料的保管

物资的仓库保管及仓库安全

1）库存物资保管的基本要求

物资保管是仓库的中心任务。库存物资应堆放合理、质量完好、库容整洁美观，并应满足以下基本要求。

A. 全面规划：根据物资性能、搬运、装卸、保管条件、吞吐量和流转情况，合理安排货位。同类物资应安排在一处；性能上互有影响或灭火方法不同的物资，严禁安排在同一处储存。实行"四号定位"，库内保管划定库号、架号、层号、位号；库外保管划定区号、点号、排号、位号，对号入座，合理布局。现场临时储存的零星物资可不实行"四号定位"。

B. 科学管理：必须按类分库、新旧分堆、规格排列、上轻下重、危险专放、上盖下垫、定量保管、五五堆放、标记鲜明、质量分清、过目知数、定期盘点，便于收发保管。

C. 制度严密，防火防盗：要建立健全保管、领发等管理制度，并严格执行，使各项工作井然有序；做到防火防盗工作，根据保管材料的不同，配置不同类型的灭火器。

D. 勤于盘点，及时记账：做到日清、月结、季盘点，年终清仓；平常收发料时，随时盘点，发现问题，及时解决；要健全料卡、料账制度，收发、盘点情况及时登卡记账，做到账、卡、物三相符。健全原始记录制度，为物资统计与成本核算提供资料。

2）材料保养的基本要求

材料的保养的实质就是根据库存材料的物理、化学性质和所处的环境条件，采取措施延缓材料的质量变化。

A. 温度和湿度的控制。仓库的温度过高，一些化工材料会发生熔化、挥发；温度过低会发生凝固、硬结变化；仓库的湿度过高会使易霉物质生霉腐烂等。因此应及时掌握仓库内的温度和湿度。控制温度和湿度的简单办法有：通风、密封、吸潮等措施。

B. 防锈。在周围介质的电化学作用下，金属及其制品极易被腐蚀。防锈的措施就是防止电化学的作用，例如金属及其制品储存环境不能太潮湿；严禁金属与酸、碱、盐类化学品存放在一起；在金属表面涂防锈油或防锈漆等。

C. 防止兽害。库区要搞好卫生，灭鼠灭虫，防虫害、兽害。

3. 物资的发放

物资的发放是划清仓库与使用单位的经济责任界限，要防止错发影响施工生产和造成经济损失，它是仓库为施工生产服务的关键一环。

（1）出库原则："先进先出，推陈出新"。有保管期限的物资，要在期限内发出；零星用料，要做到破斤破两，方便施工。

（2）出库凭证：包括发料通知、提料单、拨料单等，凭证填制必须准确无误，印鉴齐全，无涂改现象。

（3）发料工作：有提料制和发料制两种方法，准确、及时，尽可能一次性完成。物资包装要符合运输要求，要向需用单位进行点交。

（4）点交：出库物资和单据、证件要向收料人当面点交清楚，办清手续，由收料人签章。

5.3.2 周转材料进场

周转材料是指企业在施工过程中能够多次使用，并可基本保持原来的形态而逐渐转移其价值的材料，主要包括钢模、木模板、脚手架和其他周转材料等。

1. 施工周转材料的分类

周转材料按其在施工生产过程中的用途不同，一般可分为下四类：

（1）模板。模板是指浇灌混凝土用的木模、钢模等，包括配合模板使用的支撑材料、滑膜材料和扣件等在内。按固定资产管理的固定钢模和现场使用固定大模板则不包括在内。

（2）脚手架，如钢架管、碗扣钢架管、吊篮等。

（3）扣件、U形卡具、附件等零件。

2. 周转材料的配备

一般情况下，公司最好有自己的周转材料，这样可以免去了公司为租赁材料而花费的费用。但是随着施工技术工艺的不断发展，施工质量对周转物资的应用提出了更高的要求，传统非金属有机周转物资如木材、竹材的用量逐步减少，取而代之的是新型金属周转物资，如组合型钢模、滑升钢模、钢脚手架、轻型门式金属架等在施工中广泛应用。由于新型金属周转物资单位价值高，使用时间长，一次性投资较大，一些中小企业经济上很难做到周转物资品种配套齐全，由此带来了周转物资管理模式的更新，由传统的施工班组管理周转物资向社会化专业周转物资经营者租赁经营发展。一些大型建筑企业也相继成立公司内部的专业周转物资施工队伍，向租赁经营方向发展。

目前除传统木模班组管理外，金属周转物资管理主要有以下几种形式：

（1）模板工程公司。施工单位按施工生产计划将模板的分部分项工程分包给模板工程公司、双方以合同方式确定分包工程量，按商定的单价计费。

（2）周转物资租赁公司。施工单位与租赁公司签订周转物资租赁合同，按租用时间长短和规定的租赁单位计算收取租费。

（3）施工单位内部周转物资专业租赁站。租赁站服务对象主要是施工单位（企业）内部施工工程。一般由项目经理部提出申请周转物资租赁，并根据企业内部租赁办法签订内部租赁合同。

3. 周转材料的堆放和使用

根据工程量、施工方案编报需用，周转材料进场后应按施工平面布置图位置进行堆放，同规格放在一起，不能混放，做好防水、防潮措施，同时注意做好周转材料的保养和维修。

（1）组合钢模板应分规格码放，以便于清点和发放，一般码十字交叉垛，高度不超过1.8m，大模板应集中码放，做好防倾斜安全措施，并设置区域维护；钢脚手架架管应分规格顺向码放，周围应围栏固定，减少滚动；周转材料零配件集中存放、装箱货装，便于转运，减少损失。

（2）周转材料如连续使用的，每次用完都应该及时清理，除垢后，涂刷保护剂，分类码放，以备再用。如不再使用的，应及时回收、整理和退场。

5.3.3 施工机械设备的进场

建筑施工企业的机械设备，通常是指企业自有的或租赁的为施工服务的各种生产性机械设备，包括起重机械、挖掘机械、土方铲运机械、桩工机械、钢筋混凝土机械、木工机械以及各类汽车、动力设备、焊接切割机械等。

1. 施工机械设备的配备

（1）自购机械设备

施工单位应根据自身的性质、任务类型、施工工艺特点和技术发展趋势自购配备施工机械设备。自购的施工机械设备应当是企业常年大量使用的施工机械设备，这样才能达到较高的机械利用率和经济效果。

自购施工机械设备的具体原则如下：

1）贯彻机械化、半机械化和改良工具相结合的方针，因时因地制宜地采用先进技术和适用技术，以适用技术为主，形成多层次的技术装备结构。

2）有重点、有步骤地优先装备非用机械不可的工程（起重、吊装、打桩等）、不用机械难以保证质量和工期的工程（混凝土搅拌、捣固、大量土石方等），以及其他笨重劳动工种（装卸、运输等）。对于消耗大量手工劳动的零星分散作业，宜于发展机动工具。

3）注意机械的配套。配套有两个含义：其一是一个工种的全部过程和环节配套，如混凝土工程，搅拌要做到上料、称量、搅拌与出料的所有过程配套，运输要做到水平运输、垂直运输与布料的各个过程以及浇灌、振捣等环节都实现机械化而不致形成"瓶颈"环节；其二是主导机械与辅助机械在规格、数量和生产能力上配套，如挖土机的斗容量，要求与运土汽车的载重量和数量之间相配套等。

4）以经济效益为机械设备配备的依据，讲求实效。克服"大而全"、"小而全"的思想。同时，要做好任务预测和技术发展的预测，使机械设备既能满足当前施工任务的需要，又能适合长远要求。

（2）租赁机械设备

机械设备租赁是企业利用广阔社会机械设备资源装备自己,迅速提高自身形象,增强施工能力,减小投资包袱,尽快武装的有力手段。其租赁形式有内部租赁和社会租赁两种:

1) 内部租赁 指由施工企业所属的机械经营单位与施工单位之间的机械租赁。作为出租方的机械经营单位,承担着提供机械、保证施工生产需要的职责,并按企业规定的租赁办法签订租赁合同,收取租赁费用。

2) 社会租赁 社会租赁是指社会化的租赁企业对施工企业的机械租赁。社会租赁有以下两种形式:一是融资性租赁,即租赁公司为解决施工企业在发展生产中需要增添机械设备而又资金不足的困难,而融通资金、购置企业所选定的机械设备并租赁给施工企业,施工企业按租赁合同的规定分期交纳租金,合同期满后,施工企业留购并办理产权移交手续。二是服务性租赁,即指施工企业为解决企业在生产过程中对某些大、中型机械设备的短期需要而向租赁公司租赁机械设备。在租赁期间,施工企业不负责机械设备的维修、操作,施工企业只是使用机械设备,并按台班、小时或施工实物量支付租赁费,机械设备用完后退还给租赁公司,不存在产权移交的问题。

租用施工机械设备时,必须注意核实以下内容:出租企业的营业执照、租赁资质、机械设备安装资质、安全使用许可证、设备安全技术定期检定证明、机械人员操作证。

(3) 机械施工承包

某些操作复杂的机械,由专业机械化施工公司装备,组织专业工程队组承包。如构件吊装、大型土方工程等。

2. 施工机具进场验收

进场施工机械设备安装后必须按规定进行验收,合格方可使用,做好验收记录,验收人员履行签字手续。验收内容主要是:

(1) 对进入施工现场的机械设备的性能、环保要求、安全装置和操作人员的资质进行审验,不符合要求的机械和人员不得进入施工现场。

(2) 安装位置是否符合施工平面布置图要求。

(3) 安装地基是否坚固,机械是否稳固,工作棚搭设是否符合要求。

(4) 传动部分是否灵活可靠,离合器是否灵活,制动器是否可靠,限位保险装置是否有效,机械的润滑情况是否良好。

(5) 电气设备是否安全可靠,电阻摇测记录应符合要求,漏电保护器灵敏可靠,接地接零保护正确。

(6) 安全防护装置完好,安全、防火距离符合要求。

(7) 机械工作机构无损坏;运转正常,紧固件牢固。

(8) 机手持证上岗。

(9) 大型机械如塔吊、施工升降机等设备安装前,项目经理部应根据设备出租方提供的数据及要求进行基础的设计与施工,经验收合格后,方可交由有资质的设备安装单位组织安装。大型机械设备由设备安装单位完成安装、调试后,由项目经理部组织设备安装单位及相关人员共同验收,填写验收记录表,合格后办理验收手续,方可投入使用。

3. 机械设备的合理使用与维修

（1）机械设备的合理使用

1）人机固定，实行机械使用、保养责任制，将机械设备的使用效益与个人经济利益联系起来。

2）实行操作证制度。专机的专门操作人员必须经过培训和统一考试，确认合格，发给驾驶证。这是保证机械设备得到合理使用的必要条件。

3）操作人员必须坚持搞好机械设备的例行保养和遵守磨合期使用规定。

4）建立设备档案制度。这样就能了解设备的情况，便于使用与维修。

5）合理组织机械设备施工。必须加强维修管理，提高机械设备的完好率和单机效率，并合理地组织机械的调配，搞好施工的计划工作。

6）搞好机械设备的综合利用。

7）要努力组织好机械设备的流水施工。当施工的推进主要靠机械而不是人力时，划分施工段的大小必须考虑机械的服务能力，要使机械连续作业，不停歇。项目有多个单位工程时，应使机械在单位工程之间流水作业，减少进出场时间和装卸费用。

8）机械设备安全作业。项目经理部应按机械设备的安全操作要求安排工作和进行指挥，不得要求操作人员违章作业，也不得强令机械带病操作，更不得指挥和允许操作人员野蛮施工。

9）为机械设备的施工创造良好条件。比如现场环境、施工平面图布置、交通道路、夜间施工照明等。

（2）机械设备的保养

机械设备的保养通常分为例行保养（每班保养）和定期保养两种：

1）例行保养

机械操作人员或使用人员在上下班和交接班时间进行的保养工作称为例行保养，其基本内容是：

A. 清洁：消除机械设备上的污垢，洗擦机械设备上的灰尘，保持机械设备整洁。

B. 调整：检查动力部分和传动部分运转情况，有否异常现象；行走部分和工作装置工作情况，是否有变形、脱焊、裂纹和松动；操作系统、安全装置和仪表工作情况，是否有失灵现象；油、水、电、气容量情况，有无不足或泄漏；各处配合间隙及连接情况，有无异变或松动。发现不正常时应及时调整。

C. 紧固：紧固各处松动的螺栓。

D. 润滑：按规定做好润滑注油工作。

E. 防腐：采取适当措施做好机身防腐工作。

2）定期保养

机械设备定期保养，是根据技术保养规程规定的保养周期，当机械设备运转到规定的工作台班或台时，就要停机进行保养，这种保养称为定期保养。

（3）机械设备的修理

机械设备的修理，是对设备因正常的或不正常的原因造成的损坏或精度劣化的修复工作，通过修理更换已经磨损、老化、腐蚀的零部件，使设备性能得到恢复。修理按作业范围可分为：

1) 日常修理：是以保养检查中发现的设备缺陷或劣化症状，采取及时排除在故障之前的修理。

2) 小修：是属于无法预料或控制的，通常发生在设备使用和运行中突然发生的故障性损坏或临时故障的修理，属于局部修理，亦称故障修理。

3) 中修：中修时除了对主要组成进行彻底修理之外，还要对其他部分进行检查保养和必要的修理。若机械的各个主要组成磨损程度相似，可以延长使用到下次大修，则可取消中修这一级。小型、简单的机械设备也可以取消中修这一级。

4) 大修：是指机械设备的多数组成配件即将达到极限磨损的程度，经过技术鉴定需要进行一次全面、彻底的恢复性修理。使机械设备的技术状况和使用性能达到规定的技术要求。

【课后讨论】
1. 施工过程中的材料管理应从哪些方面考虑？
2. 机械设备的需要量计划如何确定？

5.4 施工现场管理

学习目标

1. 文明施工内容
2. 环境管理的要求
3. 消防保安工作的要求

关键概念

文明施工、环境管理

根据《建设工程项目管理规范》（GB/T 50326—2006）及《建设工程施工现场管理规定》在施工过程中施工单位应从文明施工管理、规范场容管理、环境管理、消防保安、卫生防疫及健康等方面进行施工现场的管理。

5.4.1 施工现场的文明施工管理

文明施工是指保持施工场地整洁、卫生，施工组织科学，施工程序合理的一种施工活动。实现文明施工，不仅要着重做好现场的场容管理工作，而且还要相应做好现场材料、机械、安全、技术、保卫、消防和生活卫生等方面的管理工作。一个工地的文明施工水平是该工地乃至所在企业各项管理工作水平的综合体现。

1. 文明施工基本条件

（1）有整套的施工组织设计（或施工方案）。

（2）有健全的施工指挥系统和岗位责任制度。

（3）工序衔接交叉合理，交接责任明确。

（4）有严格的成品保护措施和制度。

（5）大小临时设施和各种材料、构件、半成品按平面布置堆放整齐。

（6）施工场地平整，道路畅通，排水设施得当，水电线路整齐。

（7）机具设备状况良好，使用合理，施工作业符合消防和安全要求。

2. 文明施工内容

文明施工的重点内容包括现场围挡、封闭管理、施工场地、材料堆放、现场住宿、现场防火等。文明施工一般内容还包括治安综合治理、施工现场标牌、生活设施管理等。

（1）现场围挡

1）围挡的高度按当地行政区域的划分，市区主要路段的工地周围设置的围挡高度不低于2.5m；一般路段的工地周围设置的围挡高度不低于1.8m。

2）围挡材料应选用砌体，金属板材等硬质材料，禁止使用彩条布、竹笆、安全网等易变形材料，做到坚固、平稳、整洁、美观。

3）围挡的设置必须沿工地四周连续进行，不能有缺口或存在个别处不坚固等问题。

（2）封闭管理

1）为加强现场管理，施工工地应有固定的出入口。出入口应设置大门便于管理。

2）出入口应有专职门卫人员及门卫管理制度，加强人员和材料进出的管理。

3）为加强对出入现场人员的管理，规定进入施工现场人员都应佩戴工作卡以示证明，工作卡应佩戴整齐。

4）出入大门口的形式，各企业各地区可按自己的特点进行设计。

（3）施工场地

1）工地的地面，有条件的可做混凝土地面，无条件的可采用其他硬化地面的措施，使现场地面平整坚实。但像搅拌机棚内等处易积水的地方，应做水泥地面和有良好的排水措施。

2）施工场地应有循环干道，且保持经常畅通，不堆放构件、材料、道路应平整坚实，无大面积积水。

3）施工场地应有良好的排水设施，保证排水畅通。

4）工程施工的废水、泥浆应经流水槽或管道流到工地集水池统一沉淀处理，不得随意排放和污染施工区域以外的河道、路面。

5）施工现场的管道不能有跑、冒、滴、漏或大面积积水现象。

6）施工现场应该禁止吸烟，防止发生危险。应该按照工程情况设置固定的吸烟室或吸烟处，吸烟室应远离危险区并设必要的灭火器材。

7）工地应尽量绿化，尤其在市区主要路段的工地应该首先做到。

（4）材料堆放

1）施工现场工具、构件、材料的堆放必须按照总平面图规定的位置放置。

2）各种材料、构件堆放必须按品种、分规格堆放，并设置明显标牌。

3）各种物料堆放必须整齐，砖成丁，砂、石等材料成方，大型工具应一头平齐，钢筋、构件、钢模板应堆放整齐用通长的木方垫起。

4）各楼层内清理的垃圾不得长期堆放在楼层内，应及时运走，施工现场的垃圾也应分别按类型集中堆放。

5）易燃易爆物品不能混放，除现场有集中存放处外，班组使用的零散的各种易燃易爆物品，必须按有关规定存放。

（5）现场住宿

1）施工现场必须将施工作业区与生活区严格分开不能混用。在建工程内不得兼作宿舍，因为在施工区内住宿会带来各种危险，如落物伤人，触电或内洞口、临边防护不严而造成事故。如两班作业时，施工噪声影响工人的休息。

2）施工作业区与办公区及生活区应有明显划分，有隔离和职业健康安全防护措施，防止发生事故。

3）寒冷地区，冬季住宿应有保暖措施和防煤气中毒的措施。炉火应统一设置，有专人管理并有岗位责任。

4）炎热季节，宿舍应有消暑和防蚊虫叮咬措施，保证施工人员有充足睡眠。

5）宿舍内床铺及各种生活用品放置整齐，室内应限定人数，有安全通道，宿舍门向外开，被褥叠放整齐、干净，室内无异味。

6）宿舍周围环境卫生好，不乱泼乱倒，应设污物桶，污水池。房屋周围道路平整，室内照明灯具低于 2.4m 时，采用 36V 安全电压，不准在电线电缆上晾衣服。

（6）现场防火

1）施工现场应根据施工作业条件订立消防制度或消防措施，并记录落实效果。

2）按照不同作业条件，合理配备灭火器材。如电气设备附近应设置干粉类不导电的灭火器材；对于设置的泡沫灭火器应有换药日期和防晒措施。灭火器材设置的位置和数量等均应符合有关消防规定。

3）当建筑施工高度超过 30m（或当地规定）时，为解决单纯依靠消防器材灭火效果不足问题，要求配备有足够的消防水源和自救的用水量，立管直径在 $DN50$ 以上，有足够扬程的高压水泵保证水压和每层设有消防水源接口。

4）施工现场应建立动火审批制度。凡有明火作业的必须经主管部门审批（审批时应写明要求和注意事项），作业时，应按规定设监护人员，作业后，必须确认无火源危险时，方可离开。

(7) 治安综合治理

1) 施工现场应在生活区内适当设置工人业余学习和娱乐场所，以便劳动后的人员也能有合理的休息方式。

2) 施工现场应建立治安保卫制度和责任分工，并有专人负责进行检查落实情况。

3) 治安保卫工作不但是直接影响施工现场的安全与否的重要工作，同时也是社会安定所必需，应该措施得力，效果明显。

(8) 施工现场标牌

1) 施工现场的进口处应有整齐明显的"五牌二图"。

工程概况牌、安全纪律牌、防火须知牌、安全生产与文明施工牌、安全无重大事故牌、项目经理部组织机构及主要管理人员名单图及施工现场平面布置图。如果有的地区认为内容还应再增加，可按地区要求增加。

2) 标牌是施工现场重要标志，所以不但内容应有针对性，同时标牌制作、悬挂也应规范整齐，字体工整。

3) 为进一步对职工做好安全宣传工作，要求施工现场在明显处，应有必要的职业健康安全内容的标语。

4) 施工现场应该设置读报栏、黑板报等宣传园地，丰富学习内容，表扬好人好事。

(9) 生活设施

1) 施工现场应设置符合卫生要求的厕所，有条件的应设水冲式厕所，厕所应有专人负责管理。

2) 建筑物内和施工现场应保持卫生，不准随地大小便。高层建筑施工时，可隔几层设置移动式简易厕所，切实解决施工人员的实际问题。

3) 食堂建筑、食堂卫生必须符合有关卫生要求。炊事员必须有卫生防疫部门颁发的体检合格证，生熟食应分别存放，食堂炊事人员穿白色工作服，食堂卫生定期检查等。

4) 食堂应在明显处张挂卫生责任制并落实到人。

5) 施工现场作业人员应能喝到符合卫生要求的白开水。有固定的盛水器具和有专人管理。

(10) 保健急救

1) 较大工地应设医务室，有专职医生值班。一般工地无条件设医务室的，应有保健药箱及一般常用药品，并有医生巡回医疗。

2) 为适应临时发生的意外伤害，现场应具有急救器材（如担架等）以便及时抢救，不扩大伤势。

3) 施工现场应有经培训合格的急救人员，懂得一般急救处理知识。

(11) 社区服务

1) 工地施工不扰民，应针对施工工艺设置防尘和防噪声设施，做到不超标（施工现场噪声规定不超过85dB）。

2) 按当地规定，在允许的施工时间之外必须施工时，应有主管部门批准手续，并做好周围工作。

3）现场不得焚烧有毒、有害物质，应该按照有关规定进行处理。

4）现场应采取不扰民措施。有责任人管理和检查，或与社区定期联系听取意见，对合理意见应处理及时，工作应有记载。

5.4.2　施工现场的环境管理

施工单位在施工现场的施工活动中，会产生各种泥浆、污水、粉尘、废气、固体废弃物、噪声和振动等对环境造成污染和危害。施工单位应根据国家有关环境保护的法律、法规、标准（如《环境保护法》、《环境噪声污染防治法》、《固体废物污染环境防治法》、《建筑施工场界噪声限值》等），采取有效措施控制施工现场对环境造成各种污染和危害。

施工现场的环境管理应符合以下要求：

（1）施工中需要停水、停电、封路而影响环境时，必须经有关部门批准、事先告示。

（2）施工单位应该保证施工现场道路畅通，排水系统处于良好的使用状态；保持场容场貌的整洁，随时清理建筑垃圾。在车辆、行人通行的地方施工，应当设置沟井坎穴覆盖物和施工标志。

（3）妥善处理泥浆水，未经处理不得直接排入城市排水设施和河流、湖泊、池塘。

（4）除设有符合规定的装置外，不得在施工现场熔融沥青或者焚烧油毡、油漆以及其他会产生有毒有害烟尘和恶臭气体的物质。

（5）使用密封式的圈筒或者采取其他措施处理高空废弃物。建筑垃圾、渣土应在指定地点堆放，每日进行清理。

（6）采取有效措施控制施工过程中的扬尘。

（7）禁止将有毒有害废弃物用做土方回填。

（8）对产生噪声、振动的施工机械，应采取有效控制措施，减轻噪声扰民。

建设部《建筑工程施工现场管理规定》还指出，建设工程施工由于受技术、经济条件限制，对环境的污染不能控制在规定范围内的，建设单位应当会同施工单位事先报请当地人民政府建设行政主管部门和环境保护行政主管部门批准。

单元小结

本章主要介绍了通水、通电、通路、场地平整、建筑材料准备、施工机具的准备及施工现场的管理。通过本章学习，学生应掌握用水量及用电量的计算；明确施工物资的配备原则、进场验收和合理使用；熟悉施工现场管理的内容。

练习题

1. 拆除障碍物时应注意哪些方面问题?
2. 供水管的内径如何选择?
3. 如何选择配电导线的截面?
4. 材料的现场管理包括哪些内容?
5. 周转材料分为几类?
6. 机械设备的来源有哪些渠道?如何做到施工机械设备的合理使用?
7. 施工现场管理的内容包括哪些方面?
8. 文明施工的基本条件是什么?
9. 某综合写字楼项目占地10000m², 总建筑面积50000m², 工程抗震设防烈度为8度。施工现场主要用水量:混凝土和砂浆的搅拌用水(用水定额250L/m³)、内燃挖土机(用水定额200L/台班·m³)一台、现场生活用水(用水定额100L/人·班)、消防用水。根据施工总进度计划确定出施工高峰和用水高峰,主要工程量和施工人数如下:日最大混凝土浇筑量为1000m³;昼夜高峰人数400人。现场布置两个消火栓,间距100m,其中一个距拟建建筑物4m,另一个距临时道路2.5m。[提示:$K_1=1.05$, $K_2=1.5$, $K_3=2.0$, $K_4=1.5$]。

问题:

(1) 简述施工现场总用水量的计算规定。

(2) 计算该工程总用水量(不计漏水损失)。

(3) 计算供水管径(假设管网中水流速度。$v=1.5\text{m/s}$)。

(4) 该工程消火栓设置是否妥当?试说明理由。

10. 某学校投资兴建一教学楼工程,主体采用框架结构,地上由中部5层合班教室和南北对称的6层教学楼组成。地下1层为自行车车库。总建筑面积18982m², 建筑占地面积2809m², 建筑总高度24m。拟建的教学楼平面为E形,南北方向长75.6m, 东西方向长为55.92m, 其施工平面布置图见图5-4。

问题:

(1) 简述现场施工道路的布置要求。

(2) 根据本工程特点说明仓库及材料堆场的布置要求?

(3) 常用材料的库房或堆场面积如何确定?

(4) 单位工程施工组织设计平面图对消火栓布置有哪些要求?对消防车道宽度的要求有哪些?

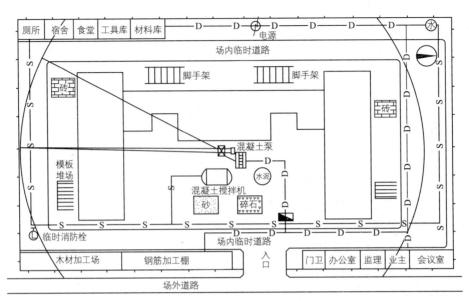

图 5-4 某教学楼的施工平面布置图

单元6
施工组织设计的贯彻实施

引　言

　　施工组织设计的编制，为指导施工部署、组织施工活动提供了计划依据。但在实际施工中，影响施工的因素是很多的，这就要求我们，一方面要严格按照施工组织设计提出的要求，做好施工前的一切准备工作，尽可能满足施工生产的需要，并创造条件，使施工生产顺利进行，保持施工组织设计的稳定性；另一方面，要深入实际，掌握情况，预见问题，根据施工现场的具体情况，及时将施工组织设计加以修改、调整、补充，保证施工组织任务的全面贯彻。

学习目标

　　通过本章的学习，你将能够：
　　1. 知道施工组织设计审批的内容
　　2. 明确工程开工应具备的条件
　　3. 掌握施工交底的内容

编制施工组织设计文件,只是施工组织的静态计划过程,而贯彻实施施工组织设计,则是施工组织的动态过程。施工组织设计从编制到实施的具体过程如图 6-1 所示。

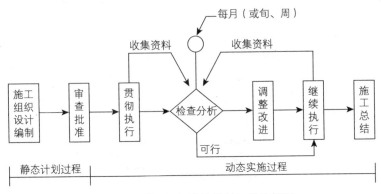

图 6-1 施工组织设计编制与实施框图

6.1 施工组织设计的审批与开工报告

学习目标

1. 施工组织设计审批的内容
2. 工程开工应具备的条件

关键概念

审批、开工报告

6.1.1 施工组织设计的审批

1. 审批的意义

施工组织设计编制好后,应经上级管理部门进行审查、批准,其作用主要有三个方面:

(1) 可使编制的施工组织设计尽可能完善、科学、合理,特别是对工程施工进度、施工质量、安全生产以及施工成本有重大影响的一些技术措施、施工方案应进行认真审查,减少和防止失误。

(2) 审查、批准的过程,也是统一思想、协调矛盾的过程。因为实施施工组织设计,不仅是施工单位的事,它涉及很多部门,很多方面,特别是施工组织总设计,涉及面更广,只有统一思想,才能使各方面协调一致的进行贯彻实施,取得预期的效果。

(3) 只有审批过的施工组织设计，才能成为对各方面都具有约束力的技术经济文件，成为施工组织以及施工结算等各项活动的依据。

2. 审批的规定

施工组织设计的审批和施工组织设计的编制一样，应视工程大小、内容复杂程度的不同而进行分级审批。《建筑施工组织设计规范》（GB/T 50502—2009）规定：

（1）施工组织设计应由项目负责人主持编制，可根据需要分阶段审批；

（2）施工组织总设计应由总承包单位技术负责人审批，单位工程施工组织设计应由施工单位技术负责人或技术负责人授权的技术人员审批，施工方案应由项目技术负责人审批，重点、难点分部（分项）工程和专项工程施工方案应由施工单位技术部门组织相关专家评审，施工单位技术负责人批准；

（3）由专业承包单位施工的分部（分项）工程或专项工程的施工方案，应由专业承包单位技术负责人或技术负责人授权的技术人员审批；有总承包单位时，应由总承包单位项目技术负责人核准备案；

（4）规模较大的分部（分项）工程和专项工程的施工方案应按单位工程施工组织设计进行编制和审批。

如果项目施工过程中，发生以下情况之一时，施工组织设计应及时进行修改或补充：

1）工程设计有重大修改；

2）有关法律、法规、规范和标准实施、修订和废止；

3）主要施工方法有重大调整；

4）主要施工资源配置有重大调整；

5）施工环境有重大改变。

经修改或补充的施工组织设计应重新审批后实施。

3. 审批的内容

施工组织设计的审批主要从以下几个方面进行：

（1）施工进度的安排是否符合建设单位及有关部门提出的对该建设项目的交付使用或部分投产时间的要求；施工部署和工序搭接是否科学、合理；能否确保全年连续、均衡施工。

（2）是否贯彻建筑工业化方针；工程的施工机械化、工厂化、装配化水平是否符合实际情况；

（3）是否贯彻建筑业技术进步方针；是否积极采用新技术、新工艺、新设备、新材料等；

（4）质量、安全措施是否切实可行；各季节性施工措施是否恰当；

（5）各种地方资源的利用是否充分；安排临时设施时，是否充分利用了原有建筑物或拟建工程设施；降低施工成本的各项措施是否可行；

（6）施工平面图布置是否合理；能否确保文明施工要求；

（7）施工实施过程中，各有关方面的职责是否明确；

(8) 施工准备工作计划是否可行。

经过审批的施工组织设计，是项目施工组织的依据。施工管理、计划、技术、物资供应和附属加工企业都必须按照施工组织设计规定的内容和步骤来安排、布置各自的工作。

施工单位经内部分级审批完毕后，还需向监理单位报批，报批表见表 6-1。

施工组织设计方案报审表　　　　　　　　表 6-1

工程名称：　　　　　　　　　　　　　　　　　编号：

致：_____（监理单位）：
　　我方已根据施工合同的有关规定完成了_____建设项目工程_____施工组织设计（方案）的编制，并经我单位上级部门技术负责人审查批准，请予以审查。
　　附：施工组织设计（方案）

承包单位：_____（章）
项目经理：_____
日　　期：_____

专业监理工程师审查意见：

专业监理工程师：_____
日　　期：_____

总监理工程师审查意见：

项目监理机构：_____
总监理工程师：_____
日　　期：_____

6.1.2　工程项目的开工条件

1. 国家计委关于基本建设大中型项目开工条件的规定

（1）项目法人已经设立。项目组织管理机构和规章制度健全，项目经理和管理机构成员已经到位，项目经理已经过培训，具备承担项目施工工作的资质条件。

（2）项目初步设计及总概算已经报批。若项目总概算报批时间至项目申请开工时间超过两年以上（含两年），或自报批至开工时间，动态因素变化大，总投资超出原批概算10%以上的，须重新核定项目总概算。

（3）项目资本金和其他建设资金已经落实，资金来源符合国家有关规定，承诺手续完备，并经审计部门认可。

（4）项目施工组织设计大纲已经编制完成。

（5）项目主体工程（或控制性工程）的施工单位已经通过招标选定，施工承包合同已经签订。

（6）项目法人与项目设计单位已签订设计图纸交付协议。项目主体工程（或控制性工程）的施工图纸至少可以满足连续三个月施工的需要。

（7）项目施工监理单位已通过招标选定。

（8）项目征地、拆迁的施工场地"七通一平"（即供电、供水、道路、通信、燃气、排水、排污和场地平整）工作已经完成，有关外部配套生产条件已签订协议。项目主体工程（或控制性工程）施工准备工作已经做好，具备连续施工的条件。

（9）项目建设需要的主要设备和材料已经订货，项目所需建筑材料已落实来源和运输条件，并已备好连续施工三个月的材料用量。需要进行招标采购的设备、材料，其招标组织机构落实，采购计划与工程进度相衔接。

国务院各主管部门负责对本行业中央项目开工条件进行检查。各省（自治区、直辖市）计划部门负责对本地区地方项目开工条件进行检查。凡上报国家计委申请开工的项目，必须附有国务院有关部门或地方计划部门的开工条件检查意见。国家计委按照本规定对申请开工的项目进行审核，其中大中型项目批准开工前，国家计委将派人去现场检查落实开工条件。凡未达到开工条件的，不予批准新开工。

小型项目的开工条件，各地区、各部门可参照本规定制定具体的管理办法。

2. 工程项目开工条件的规定

依据《建设工程监理规范》（GB 50319—2000）的，工程项目开工前，施工准备工作具备了以下条件时，施工单位应向监理单位报送工程开工报审表及开工报告、证明文件等，由总监理工程师签发，并报建设单位。

（1）施工许可证已获政府主管部门批准；

（2）征地拆迁工作能满足工程进度的需要；

（3）施工组织设计已获总监理工程师批准；

（4）施工单位现场管理人员已到位，机具、施工人员已进场，主要工程材料已落实；

（5）进场道路及水、电、通风等已满足开工要求。

3. 开工报告

（1）开工报审表

可采用《建设工程监理规范》（GB 50319—2000）中规定的施工阶段工作的基本表式见表6-2。

（2）开工报告

开工报告见表6-3。

工程开工报审表

表 6-2

工程名称：_____ 编号：_____

致_____项目监理部：

我方承担的_____工程，已完成了开工前的各项准备工作，特申请于___年___月___日开工，请审查。

- ☐ 项目管理实施规划（施工组织设计）已审批；
- ☐ 施工图会审已进行；
- ☐ 各项施工管理制度和相应的作业指导书已制定并审查合格；
- ☐ 安全文明施工二次策划满足要求；
- ☐ 施工技术交底已进行；
- ☐ 施工人力和机械已进场，施工组织已落实到位；
- ☐ 物资、材料准备能满足连续施工的需要；
- ☐ 计量器具、仪表经法定单位检验合格；
- ☐ 特殊工种作业人员能满足施工需要。

承包单位（章）：_____
项目经理：_____
日　　期：_____

项目监理部审查意见：

项目监理部（章）：_____
总监理工程师_____
日　　期_____

建设管理单位审批意见：

建设管理单位（章）：_____
项目经理：_____
日　　期：_____

开工报告

表 6-3

建设单位：_____ 编号

工程名称				工程地点			
施工单位				监理单位			
建筑面积	m²			中标价格	万元	承包方式	
定额工期	天	计划开工日期		计划竣工日期		合同编号	

续表

建设单位：　　　　　　　　　　　　　　　　　　　　　　　　　　　　编号

说明	1 施工许可证办理情况； 2 施工图纸会审情况； 3 主要物资准备情况； 4 施工组织设计的编审情况； 5 "三通一平"情况； 6 工程预算编审情况； 7 施工队伍进场情况等。			
审核意见	建设单位 负责人　（公章） 年　月　日	监理单位 负责人　（公章） 年　月　日	施工企业 负责人　（公章） 年　月　日	施工单位 负责人　（公章） 年　月　日

【课后讨论】

1. 申请施工许可证必须具备的条件是什么？
2. 超过5m的深基坑支护施工方案发生改变，其施工组织设计是否需重新审批？

6.2　施工组织设计的实施

学习目标

1. 技术交底的内容及形式
2. 施工组织设计的实施细则

关键概念

技术交底

经过审批的施工组织设计，是组织工程施工活动的重要技术、经济文件，应分发给各有关部门和有关人员，成为各方进行工程施工管理的共同语言，共同目标。负责施工组织设计编制的主要负责人，应向参与施工的各有关部门和有关人员进行交底，说明该施工组织设计的基本方针、实施要点以及关键性的技术问题等，并将有关各方的职责分解落实，做到工作目标具体，责任义务明确。

施工组织设计的交底工作可分级进行。

6.2.1 技术交底

技术交底是一项技术性很强的工作，对保证质量至关重要，不但要领会设计意图，还有贯彻上一级技术领导的意图和要求。技术交底必须满足施工规范、规程、工艺标准、质量验收标准和建设单位的合理要求。整个工程施工、各分部分项工程、特殊和隐蔽工程、易发生质量事故与工伤事故的工程部位均须认真作技术交底。

1. 技术交底的目的及形式

技术交底的目的，一是使参加施工的领导、工程技术人员、作业班组明确所担负工程任务或作业项目的特点及技术要求、质量标准、安全措施，以便更好地组织施工。二是明确交底人和接受交底人间的责任。同时技术交底也必须安排在单位工程或分部、分项工程施工前进行，为施工留出适当的准备时间。

技术交底的形式有以下几种：

（1）书面交底。把交底的内容和技术要求以书面形式向施工的负责人和全体有关人员交底，交底人与接受人在交底完成后，分别在交底书上签字。

（2）会议交底。通过组织相关人员参加会议，向到会者进行交底。

（3）样板交底。组织技术水平较高的工人作出样板，经质量检查合格后，对照样板向施工班组交底。交底的重点是操作要领、质量标准和检验方法。

（4）挂牌交底。将交底的主要内容、质量要求写在标牌上，挂在操作场所。

（5）口头交底。适用于人员较小，操作时间比较短，工作内容比较简单的项目。

（6）模型交底。对于比较复杂的设备基础或建筑构件，可做模型进行交底，使操作者加深认识。

2. 技术交底的分类

技术交底一般包括下列几种：

（1）设计交底，即设计图纸交底。这是在建设单位主持下，由设计单位向各施工单位（土建施工单位与各设备专业施工单位）进行的交底，交底的内容主要有：

1）设计文件依据：上级批文、规划准备条件、人防要求、建设单位的具体要求及合同；

2）建设项目所处规划位置、地形、地貌、气象、水文地质、工程地质、地震烈度；

3）施工图设计依据：包括初步设计文件，市政部门要求，规划部门要求，公用部门要求，其他有关部门（如绿化、环卫、环保等）的要求，主要设计规范，甲方供

应及市场上供应的建筑材料情况等;

4) 设计意图:包括设计思想,设计方案比较情况,建筑、结构和水、暖、电、卫、煤、气等的设计意图;

5) 施工时应注意事项:包括建筑材料方面的特殊要求、建筑装饰施工要求、广播音响与声学要求、基础施工要求、主体结构设计采用新结构、新工艺对施工提出的要求。

(2) 施工组织设计交底。由施工组织设计编制单位(或编制人)向施工工地进行交底。将施工组织设计的全部内容进行交代,使施工人员对建筑概况、施工部署、施工方法与措施、施工进度与质量要求等方面,有一个较全面的了解,以便于在施工过程中充分发挥各方面的积极性。

(3) 分部、分项工程施工技术交底。这是一项工程施工前,由工地技术负责人向施工员(工长)、或施工员向施工班组进行的交底。通过交底,使直接生产操作者能抓住关键,顺利施工。

分部分项工程的施工技术交底,是最基层一级的技术交底,也是最直接的技术交底,是把技术工作落实到工程项目上的重要环节,应结合具体操作部位,认真贯彻落实有关技术要求、操作要点以及质量、安全措施等。技术交底工作应以书面交底为主,召开班前会议时以口头交底为辅,书面交底应有技术交底记录表(单),由交底人及被交底人签字,并存档一份。所有技术交底活动,在施工日记上都应有记录。

但并不是所有单位对此项工作都能予以足够的重视。有些单位仅仅是把技术交底作为"技术资料需要"的一部分,为"归档"而写交底,其内容往往只是简单地抄写施工规范或者工艺标准上的条文与要求而已。

3. 技术交底的内容

技术交底的主要内容:施工工艺、质量标准、安全措施、规范要求等。对于重点工程、特殊工程以及推行新结构、新工艺、新材料、新技术的工程,要编制专项施工方案,并作详细的技术交底工作。具体交底内容为:

(1) 工程概况与特点。

(2) 图纸及规范的主要要求:包括主要部位尺寸、标高、材料规格及使用要求、配合比要求等。

(3) 施工方法:包括工序搭接关系,垂直运输方法、主要机械的使用及操作要点。

(4) 对施工进度的要求。

(5) 质量标准、要求与保证质量措施。

(6) 可能发生的技术问题及处理方法。

(7) 节约、成品保护要求与措施。

(8) 安全、消防等要求与措施。

技术交底工作应注意以下几点:

(1) 因为工地的各项技术活动,均是以执行和实现施工组织设计的各项要求为目的，因此，技术交底也应以施工组织设计为主导内容。

（2）对技术交底的各项内容，要做到有标准，有要求，有预见性，有预防措施。

（3）交底要有针对性，既要根据各方面的特点，有针对性地提出操作要点与措施。这里所谓的特点包括工程状况、地质条件、气候情况（冬、雨季或旱季）、周围环境（如场地窄小、运输困难、周围对降噪防尘的要求等）、操作场地（如高空、深基、立体交叉作业、工序搭接紧密等）以及施工队伍素质特点（在哪方面技术薄弱）等方面。

（4）要明确指出哪些是关键部位或关键项目。关键部位包括：结构或装修重要部位、质量上易出问题部位、施工难度较大的部位，对总进度（或创造工作面）起决定作用的部位以及新材料、新工艺、新技术项目等。

（5）此外，凡是设计图纸上有变动的项目，一定要将设计变更洽商内容，及时向有关工长班组进行交底。

6.2.2 施工组织设计的实施

贯彻施工组织设计的实施细则，是属于保证施工组织设计顺利实施，达到预定目标的行政性措施，它在施工组织设计编制完成后，应立即着手编制。施工组织设计一经上级（有关）部门审查批准，在进行贯彻交底时，也应同时将实施细则进行交底。主要内容如下：

1. 明确责任制

将施工组织设计中明确的各方面内容分内外两个系统明确其职责，分解实施。

（1）外部系统

主要涉及建设单位、设计单位、监理单位、分包单位以及材料、构件、设备供应单位等。主要内容如施工准备中建设单位应完成的工作，诸如提供施工场地的三通一平的时间和要求；施工临时用水源、电源、气源的位置等；设计图纸提供的时间；材料、设备供应部门的供应时间和要求；分包单位对分包项目的进度和质量要求等。

（2）内部系统

主要涉及施工单位内部管理系统各职能部门和职能人员。如计划部门应负责施工组织设计中所确定的施工进度计划的编制、检查和落实工作；技术部门应负责施工组织设计中所确定的质量等级和各项技术措施的贯彻落实；现场施工人员应负责现场施工作业指挥和施工现场平面管理；财务人员应负责工程成本核算和经济效益指标的实现；材料、设备供应部门应负责材料、设备、构件的及时供应，并进行价格、质量的优选工作；宣传部门应负责做好工程建设情况及好人好事等报导工作；后勤部门负责工地施工人员的后勤保障等。做到各负其责，各司其职。

2. 建立定期会商制度

施工组织设计的正确实施，要靠上面所述内外两个系统的努力工作和密切配合。但情况的变化，特别是外部情况的变化是经常发生的，因此，在施工组织设计的实施过程中，也会受其影响。为保证施工组织设计的顺利实施，应建立定期的会商制度，其会商主要内容如下：

（1）各方面对施工组织设计内容实施情况的通报交流。

（2）施工组织设计实施过程中存在哪些具体问题；造成的原因是什么；影响程度和范围有多大；是需要修改、调整施工组织设计内容还是从管理上采取措施来进行解决。

（3）检查有关随意改动施工组织设计规定内容的行为。

除了上述定期召开综合会商会外，各专业部门还应经常性地召开一些施工组织设计实施情况的分析讨论会，分析情况，及时总结正反两方面的经验教训，以保证工程建设的顺利实施。

【课后讨论】

1. 什么情况下需做样板交底？
2. 技术交底需分级进行，最重要的技术交底是哪一级？为什么？

单元小结

贯彻执行施工组织设计，必须做好以下几个方面的工作，即施工组织设计的审批、施工组织设计的交底、贯彻施工组织设计的实施细则、施工组织设计的调整。通过本章的学习，要求学生掌握施工交底，熟悉施工组织设计的审批内容。

练习题

1. 简述施工组织设计审批的内容。
2. 中小型项目工程开工应具备哪些条件？
3. 简述施工技术交底的内容及形式。

单元7
施工项目技术管理

引 言

工程建设必须建立在一定的技术基础上,施工速度的快慢,施工质量的好坏,施工成本的高低等,主要取决于工人的技术水平和装备水平。但在一定的技术条件下,又往往取决于技术工作的管理水平。在现代化管理中,生产技术水平越高,技术装备越先进,对技术的组织工作要求也越严格,技术管理工作也越重要。本章主要介绍施工现场常见的几种技术管理制度。

学习目标

通过本章的学习,你将能够:
1. 了解技术管理工作的主要内容
2. 掌握技术交底、技术复核、施工日志、技术档案等制度

7.1 施工技术管理概述

学习目标

技术管理工作的主要内容

关键概念

技术管理

施工技术管理是施工管理的重要组成部分。在整个施工活动中会涉及许多技术问题，技术管理就是运用管理的职能去促进技术工作的开展，并非是指技术本身。通过技术管理可使施工顺利进行，使建筑工程达到工期短、质量好、成本低的目的。

7.1.1 施工技术管理的任务和原则

1. 施工技术管理的任务

建筑企业的技术管理，是对企业生产经营过程中各项技术活动和技术工作基本要素进行科学管理活动的总称。建筑企业技术管理的基本任务是：正确贯彻执行国家的各项技术政策、标准和规定，科学地组织各项技术工作，建立正常的生产技术秩序，充分发挥技术人员和技术装备的作用，不断改进原有技术和采用先进技术，保证工程质量，降低工程成本，推动企业技术进步，提高经济效益。

2. 技术管理工作应遵循以下原则

（1）按科学技术的规律办事，尊重科学技术原理，尊重科学技术本身的发展规律，用科学的态度和方法去进行技术管理，不能唯心地主观管理。

（2）讲究技术工作的经济效益。技术和经济是辩证的统一，先进的技术应带来良好的经济效益，良好的经济效益又要依靠先进技术。所以，在技术管理中应该把技术工作与经济效益联系起来，全面地分析、核算，比较各种技术方案的经济效果。有时，新技术、新工艺和新设备在研制和推广初期，可能经济效果欠佳，但是，从长远来看，可能具有较大的经济效益，应该通过技术经济分析，择优决策。

（3）认真贯彻国家的技术政策和建筑技术政策纲要，执行各项技术标准、规范和规程，并在实际工作中，从实际出发，不断完善和修订各种标准、规范和规程，改进技术管理工作。

7.1.2 施工技术管理的内容

施工技术管理可以分为基础工作和业务工作两大部分内容（见图7-1）。

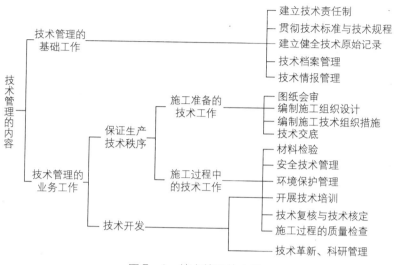

图7-1 技术管理的内容

1. 基础工作

技术管理的基础工作，是指为开展技术管理活动创造前提条件的最基本的工作。包括技术责任制、施工技术管理制度、技术标准与规程、技术原始记录、技术档案、技术情报等工作。

2. 业务工作

技术管理的业务工作，是指技术管理中日常开展的各项业务活动。包括：

（1）施工准备中的技术工作。如图纸会审、编制施工组织设计、技术交底等。

（2）施工过程中的技术管理工作。如技术复核、质量检督、技术处理、材料检验、安全技术管理等。

（3）技术开发工作。如科学研究、技术革新、技术引进、技术改造、技术培训、"五新"试验等。

基础工作和业务工作是相互依赖并存的，缺一不可。基础工作为业务工作提供必要的条件，任何一项技术业务工作都必须依靠基础工作才能进行。但企业搞好技术管理的基础工作不是最终目的，技术管理的基本任务必须要由各项具体的业务工作才能完成。本章主要介绍施工中常见的几种技术管理制度。

7.2 技术管理制度

学习目标

各种技术管理制度

关键概念

技术复核、施工日志、质量验收、技术档案

7.2.1 技术责任制

建立技术责任制的目的,是保证工程建设过程中的各个阶段、各种技术岗位都有技术负责人,使每个工程技术人员做到各有专职、各司其事、有职有权有责,充分发挥工程技术人员的积极性和创造性。

建立技术责任制,主要是要正确划分各级技术人员的管理权限,明确各级技术人员的职责。表 7-1 为某工程施工测量技术责任管理表。其责任明确,一目了然。

规模较大的工程一般应设总工程师、各工区(或分公司、项目部)主任工程师和单位工程技术负责人(施工员)三级负责制;规模较小的工程或单位工程,则一般仅设主任工程师和单位工程技术负责人(施工员)二级负责制。

×××工程施工测量管理表　　　　　表 7-1

序号	工作内容	项目经理	项目副经理	测量技术员	测工
1	编制测量方案	●	○	●	
2	测量方案实施保证		●	●	
3	测量设备的购置与检测	●		●	○
4	测量设备的保管、保养		○	○	●
5	测量培训		●	●	●
6	掌握测量方法			●	●
7	编写测量报告并签字		○	●	○
8	中途听取测量情况报告及决策处理	●	●	●	
9	测量表格、图文归档			●	
10	测量终值分析、研究纠偏方案	●	○	●	○

注:●直接负责;○间接负责。

1. 总工程师的主要职责

全面负责建设项目的技术管理工作,组织贯彻落实国家和上级颁发的技术标准、规范、规程及各项技术管理制度;领导编制施工组织总设计,施工组织大纲,审批工区(或分公司、项目部)上报的技术文件,主持技术会议;处理重大施工技术、质量事故和安全技术问题,组织审查技术革新、技术改造建议,签发和审定重大技术核定书;组织领导重要科研和试验项目,组织技术培训工作等。

2. 工区(或分公司、项目部)主任工程师的主要职责

负责建设项目中一个方面的技术管理工作,组织技术人员学习和贯彻执行各项技术政策、技术标准、规范和各项技术管理制度;主持编制中、小型工程的施工组织设计,审批单位工程施工方案,主持图纸会审和重点工程的技术交底;组织制订保证工程质量、安全生产的技术措施,主持主要工程的质量检查,处理施工技术、质量问题,签发和审定技术核定书;组织力量完成有关科研和试验项目;深入施工现场,指导施工,督促单位工程技术负责人遵守规范、规程和按图施工,发现问题及时帮助解决;主持工区(或分公司、项目部)技术会议,组织技术人员进行业务学习,不断提高施工技术水平。

3. 单位工程技术负责人的主要职责

具体内容详见单元 1 相关介绍。

7.2.2 图纸会审制度

图纸会审是一项极其重要和严肃的工作,做好图纸会审,对减少施工图纸中的差错、保证工程质量,有重要作用。具体内容详见单元 2 相关介绍。

7.2.3 技术交底制度

此部分在单元 6 已有详细介绍,这里不再赘述。

7.2.4 技术复核制度

技术复核是指在施工过程中,对重要的和涉及工程全局的技术工作,依据设计文件和有关技术标准进行的复查和校核。技术复核的目的是为避免发生重大差错,影响工程的质量和使用。以维护正常的技术工作秩序。

技术复核除按质量标准规定的复查、检查内容外,一般在分项工程正式施工前,应重点检查表 7-2 所列项目和内容。施工单位应将技术复核工作形成制度,发现问题及时纠正。

技术复核项目及内容表 表 7-2

项目	复核内容
建(构)筑物定位	测量定位的标准轴线桩、水平桩、龙门板、轴线标高
基础及设备基础	土质、位置、标高、尺寸

续表

项目	复核内容
模板	尺寸、位置、标高、预埋件、预留孔、牢固程度、模板内部的清理工作、湿润情况
钢筋混凝土	现浇混凝土的配合比、现场材料的质量和水泥品种、标号、预制构件的位置、标高、型号、搭接长度、焊缝长度、吊装构件的强度
砖砌体	墙身轴线，皮数杆、砂浆配合比
大样图	钢筋混凝土柱、屋架、吊车梁以及特殊项目大样图的形状、尺寸、预制位置
其他	根据工程需要复核的项目

凡用于工程上的各种原材料、材料、构配件等物资，都必须由供应部门提供合格证明文件。对那些没有合格证明文件，或者虽有合格证明文件，但技术领导或质量管理部门认为必要时，在使用前，必须进行抽查、复验，证明合格后，方可使用。

在建设工程质量检测中实行见证取样和送检制度，即在建设单位或监理单位人员见证下，由施工人员在现场取样，送至试验室进行试验。

1. 见证取样送检的范围

按规定下列试块、试件和材料必须实施见证取样和送检：

（1）用于承重结构的混凝土试块；

（2）用于承重墙体的砌筑砂浆试块；

（3）用于承重结构的钢筋及连接接头试件；

（4）用于承重墙的砖和混凝土小型砌块；

（5）用于拌制混凝土和砌筑砂浆的水泥；

（6）用于承重结构的混凝土中使用的掺加剂；

（7）地下、屋面、厕浴间使用的防水材料；

（8）国家规定必须实行见证取样和送检的其他试块、试件和材料。

见证取样数量：涉及结构安全的试块、试件和材料见证取样和送检的比例不得低于有关技术标准中规定应取样数量的30%。

2. 见证取样送检的程序

建设单位应向工程受监工程质量监督机构和工程检测单位递交"见证单位和见证人员授权书"。授权书应写明本工程现场委托的见证单位和见证人员姓名，以便工程质量监督机构和检测单位检查核对。

（1）施工企业取样人员在现场进行原材料取样和试块制作时，见证人员必须在旁见证。

（2）见证人员应对试样进行监护，并和施工企业取样人员一起将试样送至检测单位或采取有效的封样措施送样。

（3）见证人应在试件或包装上做好标识、封志、标明工程名称、取样日期、样品名称、数量及见证人签名。

（4）见证及取样人员应对见证试样的代表性和真实性负责。见证人员应作见证记录，并归入施工技术档案。

(5) 检测单位应按委托单，检查试样上的标识和封套，确认无误后，再进行检测。检测应符合有关规定和技术标准，检测报告应公正、真实、准确。检测报告除按正常报告签章外，还应加盖见证取样检测的专用章。

(6) 定期检查其结果，并与施工单位质量控制试块的评定结果比较，及时发现问题及时纠正。

目前在土建施工中必须进行试验、检验的材料、构配件如表7-3。

土建材料检验项目　　　　　　　　　　　表7-3

序号	名称	必验项目	必要时需验项目	备注
1	水泥	标号	安定性、凝结时间	
2	钢筋	屈服强度、极限强度、延伸率	冷弯、冲击韧性、化学成分、疲劳强度	包括结构用型钢，进口钢材
3	焊条	极限强度、延伸率、冲击韧性	化学成分	
4	砖	强度等级、外观规格	吸水率	
5	沥青	针入度、软化点、延伸率	闪火点、比重、沥青含量	
6	其他	根据工程情况、具体规定		

7.2.5 现场平面管理制度

为加强施工现场管理，合理使用场地，保证现场交通道路和排水系统畅通，建立良好的施工秩序和文明施工，施工现场各单位必须重视现场管理工作，并建立相应的管理制度。

施工总包单位应对施工现场平面管理总负责，以施工总平面规划为依据进行经常性的管理工作，并根据工程进展情况，负责施工现场平面的调整、修改工作，以满足不同时期的需要。进入现场的各施工单位（施工队、加工厂、分包单位及建设单位等）应尊重总包单位的意见，并在各自的施工区域范围内做好相应的施工平面管理工作，做到相互协调，密切配合。

规模较大的工程，应在施工管理部门设立负责现场平面管理的专职机构，一般工程应有专人负责协调工作。其经常性的协调工作主要有以下几个方面：

(1) 定期检查施工总平面规划的执行情况，督促按施工总平面规划规定兴建各项临时设施工程（包括各种管线工程）；

(2) 审批各单位需用场地的申请，根据不同的施工时期，科学合理地调整场地用地；

(3) 审定各建筑物、构筑物、管线、道路等工程的开工时间申请计划；

(4) 对运输大宗材料的车辆的进场时间、进场路线作出妥善规定，避免拥挤堵塞交通；

(5) 做好土石方的平衡工作，规定各单位取弃土石方的地点、数量和运输路线；

(6) 制止不听从现场管理的各种行为，必要时作出处罚处理。

7.2.6 施工日记制度

施工日记是工程项目整个施工阶段施工情况的记录,从工程开工时起,由单位工程负责人(施工员)进行逐日记录,直至工程竣工止。人员调动时,应办理交接手续,以保持其施工日记的完整性。施工日记是建筑施工技术资料中一份必不可少的技术资料,但由于施工日记不列入工程交工资料中,往往被忽视。一份完整的施工日记,它真实而全面地反映了施工实况,在分析、处理质量、安全事故、经济往来以及索赔事件中都有极重要的作用。在工程竣工验收时施工日记也是评定工程质量的重要依据之一。此外,在工程竣工若干年后,当工程进行返建、扩建或因耐久性、安全性发生问题时,施工日记也是制订施工方案或加固方案的依据之一。

施工日记的主要记载内容应是:

(1) 单位工程的开、竣工日期或主要分部分项的施工起讫日期;

(2) 设计变更情况,由设计人员在现场解决的设计问题和对施工图纸修改的记录;

(3) 重要工程的施工方法,或是紧急情况下,采取的特殊措施和施工方法的记录;

(4) 有关质量、安全、机械事故情况,发生原因及处理方法的记录;

(5) 有关领导或部门对工程施工活动所作的指示、决定或建议;

(6) 施工当天的气候、气温情况以及其他特殊情况(如停水、停电、停工待料等)的记录;

(7) 技术交底情况记录;

(8) 有关各种会议的情况记录。

7.2.7 工程质量验收制度

为了保证工程质量,在施工过程中,除根据国家规定的《建筑安装工程质量检验评定标准》逐项检查操作质量外,还必须根据建筑安装工程特点,对以下几方面进行检查和验收:

(1) 施工操作质量检查:有些质量问题是由于操作不当导致,因此必须实施施工操作过程中的质量检查,发现质量问题及时纠正。

(2) 工序质量交接检查:指前一道工序质量经检查签证后方能移交给下一道工序。

(3) 隐蔽工程检查验收:是指本道工序操作完成后将被下道工序所掩埋、包裹而无法再检查的工程项目,在隐蔽前所进行的检查与验收。如钢筋混凝土中的钢筋,基础工程中的地基土质和基础尺寸、标高等。

隐蔽工程需在下道工序施工前,由技术负责人主持,邀请监理、设计和建设单位代表共同进行检查验收。经检查后,办理隐检签证手续,列入工程档案,对不符合质量要求的问题要认真进行处理,未经检查合格者不能进行下道工序施工。

(4) 分项工程预先检查验收：一般是在某一分项工程完工后由施工队自己检查验收。但对主体结构、重点、特殊项目及推行新结构、新技术、新材料的分项工程，在完工后应由监理、建设、设计和施工共同检查验收，并签证验收记录纳入工程技术档案。

(5) 工程交工验收：是在所有建设项目和单位工程规定内容全部竣工后，进行一次综合性检查验收，评定质量等级。交工验收工作由建设单位组织，监理单位、设计单位和施工单位参加。

(6) 产品保护质量检查：产品保护质量检查，即对产品采取"护、包、盖、封"。护，就是提前保护；包，就是进行包裹，以防损伤或污染；盖，就是表面覆盖，防止堵塞、损伤；封，就是局部封闭，如楼梯口等。

为做好成品保护，还应合理安排施工顺序，防止后道工序损坏或污染前道工序。

7.2.8 技术档案制度

施工单位自工程中标后，应从工程准备开始，就建立工程技术档案，汇集、整理有关资料，并贯穿于整个施工过程，直到工程竣工验收交付使用。

建立工程技术档案制度是为了系统地积累施工技术经济资料，保证各工程项目的合理使用，并为日后维修、改造、扩建提供依据。

凡列入工程技术档案的技术文件、资料，都必须经项目技术负责人正式审定。所有的资料、文件都必须如实反映情况，不得擅自修改、伪造和事后补作。

工程技术档案包括两部分内容，第一部分是工程竣工验收后应移交给建设单位保存的，是评定工程质量等级、合理使用建筑物和日后进行维修、改造、扩建的参考文件；第二部分是施工单位自己保存的，是施工单位为系统地积累施工技术经济资料而汇集的技术资料。

第一部分工程技术档案资料主要有：

(1) 工程项目一览表（包括竣工工程项目名称、位置、结构、层数、建筑面积和附有的设备、装置、工具等）；

(2) 图纸会审记录、设计变更核定书（或技术业务联系单）；

(3) 材料、构件和设备的质量合格证明，有关试验、检验记录；

(4) 隐蔽工程验收记录（包括打桩、试桩、吊装记录等）；

(5) 工程质量、安全事故的发生和处理记录；

(6) 永久水准点的坐标位置，建筑物、构筑物及其基础深度等测量记录；

(7) 建筑物或构筑物的沉降、变形观察记录；

(8) 工程质量验收、竣工验收以及未完工程的中间交工验收记录；

(9) 由设计单位、施工单位提出的建筑物、构筑物使用注意事项的文件；

(10) 其他有关该项工程的技术决定等资料。

第二部分工程技术档案资料主要有：

(1) 施工组织总设计、施工组织设计和施工经验总结；

(2) 本工程初次采用的新结构、新技术、新工艺、新材料的试验研究资料和施工方法以及技术总结资料；

(3) 有关技术革新建议以及试验、采用和改进的记录；

(4) 重大工程质量、安全事故情况、原因分析及补救措施的记录；

(5) 有关重要的技术决定；

(6) 施工日记；

(7) 其他与该项工程有关的工程技术资料等。

工程技术档案资料是属于永久性保存的文件，必须严加管理，不能遗失、损坏，人员调动时必须办理交接手续。由施工单位保存的资料，根据工程性质，确定其保存使用年限。

【课后讨论】

1. 隐蔽工程的验收项目有哪些？
2. 成品保护可以采取"护、包、盖、封"等措施，试举例说明。

单元小结

本章主要介绍两部分内容：技术管理概述和技术管理制度介绍。要求学生熟悉技术责任制度、技术复核制度、施工平面管理制度和技术档案制度；重点掌握图纸会审制度、技术交底制度和施工日志制度。

练习题

1. 技术管理的内容有哪些？
2. 何谓技术责任制？
3. 技术交底的主要包括哪些？
4. 何谓隐蔽工程的检查验收？如何进行？
5. 简述工程交工验收的技术资料。

单元8
施工项目进度控制

引　言

为了保证施工项目能按合同规定的日期交工，实现建设投资预期的经济效益、社会效益和环境效益，施工单位需要对施工项目的进度进行控制，以使目标的实现。本章将教你如何进行施工进度的控制。

学习目标

通过本章的学习，你将能够：

1. 了解施工项目进度管理的原理
2. 实施项目的施工进度计划
3. 检查与调整进度计划

8.1　施工项目进度控制概述

学习目标

1. 项目进度控制的原理
2. 进度控制的措施

关键概念

进度计划、进度控制

项目进度控制是根据工程项目的进度目标，编制经济合理的进度计划，并据以检查工程项目进度计划的执行情况，若发现实际执行情况与计划进度不一致，就及时分析原因，并采取必要的措施对原工程进度计划进行调整或修正的过程。工程项目进度控制的目的就是为了实现最优工期，多快好省地完成任务。

工程项目是在动态条件下实施的，因此进度控制是一个动态、循环、复杂的过程，也是一项效益显著的工作。

进度计划控制的一个循环过程包括计划、实施、检查、调整四个小过程。计划是指根据施工项目的具体情况，合理编制符合工期要求的最优计划；实施是指进度计划的落实与执行；检查是指在进度计划的落实与执行过程中，跟踪检查实际进度，并与计划进度对比分析，确定两者之间的关系；调整是指根据检查对比的结果，分析实际进度与计划进度之间的偏差对工期的影响，采取切合实际的调整措施，使计划进度符合新的实际情况，在新的起点上进行下一轮控制循环，如此循环进行下去，直到完成施工任务。

通过进度计划控制，可以有效地保证进度计划的落实与执行，减少各单位和部门之间的相互干扰，确保施工项目工期目标以及质量、成本目标的实现。

8.1.1　施工项目进度控制的原理

1. 动态管理原理

施工项目进度管理是一个不断进行的动态管理，也是一个循环进行的过程。在进度计划执行中，由于各种干扰因素的影响，实际进度与计划进度可能会产生偏差，分析偏差的原因，采取相应的措施，调整原来计划，使实际工作与计划在新的起点上重合并继续按其进行施工活动。但是在新的干扰因素作用下，又会产生新的偏差，施工进度计划控制就是采用这种循环的动态控制方法的。

2. 系统原理

为了对施工项目实行进度计划控制,首先必须编制施工项目的各种进度计划,形成施工项目计划系统,包括施工项目总进度计划、单位工程进度计划、分部分项工程进度计划,季度、月(旬)作业计划。这些计划编制时从总体到局部,逐层进行控制目标分解,以保证计划控制目标的落实。计划执行时,从月(旬)作业计划开始实施,逐级按目标控制,从而达到对施工项目整体进度目标的控制。

由施工组织各级负责人如项目经理、施工队长、班组长和所属全体成员共同组成了施工项目实施的完整组织系统,都按照施工进度规定的要求进行严格管理,落实和完成各自的任务。为了保证施工项目按进度实施,自公司经理、项目经理到作业班组都设有专门职能部门或人员负责检查汇报、统计整理实际施工进度的资料,并与计划进度比较分析和进行调整,形成一个纵横连接的施工项目控制组织系统。

3. 信息反馈原理

应用信息反馈原理,不断进行信息反馈,及时将施工的实际信息反馈给施工项目控制人员,通过整理各方面的信息,经比较分析做出决策,调整进度计划,使其符合预定工期目标。施工项目进度控制过程就是信息反馈的过程。

4. 弹性原理

项目进度计划工期长、影响进度的原因多,其中有的已被人们掌握,因此要根据统计经验估计出影响的程度和出现的可能性,并在确定进度目标时,进行实现目标的风险分析。在计划编制者具备了这些知识和实践经验之后,编制施工项目进度计划时就会留有余地,使施工进度计划具有弹性。在进行工程项目进度管理时,便可以利用这些弹性,缩短有关工作的时间,或者改变它们之间的搭接关系,如检查之前拖延了工期,通过缩短剩余计划工期的方法,仍能达到预期的计划目标。这就是工程项目进度管理中对弹性原理的应用。

5. 封闭循环原理

项目进度管理是从编制项目施工进度计划开始的,由于影响因素的复杂和不确定性,在计划实施的全过程中,需要连续跟踪检查,不断地将实际进度与计划进度进行比较,如果运行正常可继续执行原计划;如果发生偏差,应在分析其产生的原因后,采取相应的解决措施和办法,对原进度计划进行调整和修订,然后再进入一个新的计划执行过程。这个由计划、实施、检查、比较、分析、纠偏等环节组成的过程就形成了一个封闭循环回路,见图8-1。而建设工程项目进度管理的全过程就是在许多这样的封闭循环中得到有效的不断调整、修正与纠偏,最终实现总目标的。

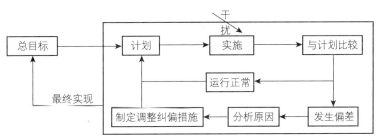

图8-1 建设工程项目进度管理的封闭循环原理

8.1.2 影响施工项目进度的因素

影响施工项目进度的因素很多，可归纳为人、技术、材料构配件、设备机具、资金、建设地点、自然条件、社会环境以及其他难以预料的因素。这些因素可归纳为以下三类。

1. 相关单位的影响

参与单位和部门的影响因素工程施工单位对工程项目施工进度起着决定性作用，但是建设单位、设计单位、银行信贷单位、材料设备供应部门、运输部门、水供应部门、电供应部门及政府的有关主管部门等，都可能给施工的某些方面造成困难而影响施工进度。其中设计单位图纸不及时和有错误，以及有关部门对设计方案的变动是经常发生和影响最大的因素；材料和设备不能按期供应，或质量、规格不符合要求，都将使施工停顿；资金不能保证也会使施工进度中断或速度减慢等。

2. 施工条件的变化因素

施工中工程地质条件和水文地质条件与勘查设计的不符，如地质断层、溶洞、地下障碍物、软弱地基等，使施工难度增大，都会对施工进度产生影响，造成工期拖延。在施工过程中，还可能出现恶劣的天气，如大风、暴雨、高温和洪水等，这些因素也将影响项目施工进度，造成临时停工或破坏。

3. 施工技术因素

施工技术因素主要有：低估项目施工技术难度；没有考虑某些设计或施工问题的解决方法；对项目设计意图和技术要求没有全部领会；采取的技术措施不当，施工中发生技术事故；在应用新技术、新材料或新结构方面缺乏经验，没有进行相应的科研和实验，导致盲目施工，以致出现工程质量缺陷等技术问题。

4. 施工组织管理因素

施工组织管理因素主要有：施工进度计划考虑不周，流水施工组织不合理；施工方案编制不科学，劳动力和施工机械选配不当；施工平面布置不合理、出现相互干扰和混乱；对工程施工中出现的问题解决不及时等，都将影响施工进度计划的执行。

5. 项目投资因素因资金不能保证到位，以至于影响项目施工进度

6. 不可预见因素

施工中可能出现意外的事件，如战争、内乱、工人罢工等政治事件；地震、洪水等严重的自然灾害；重大工程事故、试验失败、标准变化等技术事件；拖延工程款、通货膨胀、分包单位违约等经济事件都会影响施工进度计划的执行。

8.1.3 施工项目进度控制的措施

进度控制的措施包括组织措施、技术措施、合同措施、经济措施和信息管理措施等。

1. 组织措施

组织措施包括建立以项目经理为责任主体，由子项目负责人、计划人员、调度人

员、作业队长及班组长参加的项目进度控制体系。落实项目经理部的进度控制部门和人员，制定进度控制工作制度，明确各层次进度控制人员的任务和管理职责，对影响进度目标实现的干扰因素和风险因素进行分析，进行施工项目分解，实行目标管理。

进度控制工作包含了大量的组织和协调工作，而会议是组织和协调的重要手段，应进行有关进度控制会议的组织设计，以明确会议的类型；各类会议的主持人及参加单位和人员；各类会议的召开时间；各类会议文件的整理、分发和确认等。

完善各种影响进度的制度，如建立进度报告制度和进度信息沟通网络；建立进度协调会议制度；建立进度计划审核制度；建立进度控制检查制度和调度制度；建立进度控制分析制度；建立图纸审查、及时办理工程变更和设计变更手续的措施。

2. 技术措施

以加快施工进度的技术方法保证进度目标的实现。落实施工方案的部署，尽可能选用新技术、新工艺、新材料，调整工作之间的逻辑关系，缩短持续时间，加快施工进度。

施工方案对工程进度有直接的影响，在决策期选用时，不仅应分析技术的先进性和经济合理性，还应考虑其对进度的影响。在工程进度受阻时，应分析是否存在施工技术的影响因素，为实现进度目标有无改变施工技术、施工方法和施工机械的可能性；如组织流水作业，保证作业连续、均衡、有节奏；缩短作业时间、减少技术间歇的技术措施。

3. 合同措施

合同措施是以合同形式保证工期进度的实现，如签订分包合同、合同工期与计划的协调、合同工期分析、工期延长索赔等。

4. 经济措施

经济措施是指实现进度计划的资金保证措施，以及为保证进度计划顺利实施采取层层签订经济承包责任制的方法，采用奖惩手段等。

进度控制的具体经济方法主要有：承发包合同中写进有关工期和进度的条款；通过招标的进度优惠条件鼓励分包施工单位加快进度；通过工期提前奖励和延期罚款实施进度控制；通过物资的供应数量对进度实施进行控制；及时办理预付款及工程进度款支付手续；加强索赔管理等。

5. 信息管理措施

重视信息技术（包括相应的软件、局域网、互联网以及数据处理设备）在进度控制中的应用。虽然信息技术对进度控制而言只是一种管理手段，但它的应用有利于提高进度信息处理的效率、有利于提高进度信息的透明度、有利于促进信息的交流和项目各参与方的协同工作。同时还应建立监测、分析、调整、反馈系统，通过计划进度与实际进度的动态比较，提供进度比较信息，实现连续、动态的全过程进度目标控制。

【课后讨论】

1. 进度控制可以采取组织措施、技术措施、合同措施、经济措施和信息管理措施等，根据顶岗实习的经历，试举例说明。

2. 不可预见的因素是影响施工进度的因素之一，试举例说明。

8.2 施工项目进度计划的实施

学习目标
1. 进度计划审核的内容
2. 进度计划实施的步骤

关键概念
进度计划审核、进度计划实施

施工进度计划的实施就是用施工进度计划指导施工活动、落实和完成进度计划,保证各进度目标的实现。

施工项目的施工进度计划应通过编制年、季、月、旬、周施工进度计划并应逐级落实,最终通过施工任务书或将计划目标层层分解、层层签订承包合同,明确施工任务、技术措施、质量要求等,由施工班组来实施。

8.2.1 工程项目施工进度计划的审核

项目经理应进行施工进度计划的审核,其包括主要有以下内容。

(1) 进度安排是否符合施工合同确定的建设项目总目标和分目标的要求,是否符合其开工、竣工日期的规定;

(2) 施工进度计划中的内容是否有遗漏,分期施工是否满足分批交工的需要和配套交工的要求;

(3) 施工顺序安排是否符合施工程序的要求;

(4) 资源供应计划是否能保证施工进度计划的实现,供应是否均衡,分包人供应的资源是否满足进度要求;

(5) 施工图设计的进度是否满足施工进度计划要求;

(6) 总分包之间的进度计划是否相协调,专业分工与计划的衔接是否明确、合理;

(7) 对实施进度计划的风险是否分析清楚,是否有相应的对策;

(8) 各项保证进度计划实现的措施设计得是否周到、可行、有效。

8.2.2 施工项目进度计划的贯彻

1. 检查各层次的计划,形成严密的计划保证系统

施工项目的所有施工进度计划包括施工总进度计划、单位工程施工进度计划、分部分项工程施工进度计划，都是围绕一个总任务而编制的，它们之间关系是高层次的计划为低层次计划的依据，低层次计划是高层次计划的具体化。在其贯彻执行时应当首先检查是否协调一致，计划目标是否层层分解，互相衔接，组成一个计划实施的保证体系，以施工任务书的方式下达施工队以保证实施。

2. 层层明确责任或下达施工任务书

施工项目经理、施工队和作业班组之间分别签订承包合同，按计划目标明确规定合同工期、相互承担的经济责任、权限和利益，或者采用下达施工任务书，将作业下达到施工班组，明确具体施工任务、技术措施、质量要求等内容，使施工班组必须保证按作业计划时间完成规定的任务。

3. 进行计划的交底，促进计划的全面、彻底实施

施工进度计划的实施需要全体员工的共同行动，要使有关人员都明确各项计划的目标、任务、实施方案和措施，使管理层和作业层协调一致，将计划变成全体员工的自觉行动。在计划实施前要根据计划的范围进行计划交底工作，使计划得到全面、彻底的实施。

8.2.3 施工进度计划的实施

1. 编制施工作业计划

进度计划是通过作业计划下达给施工班组的，作业计划是保证进度计划落实与执行的关键措施。由于施工活动的复杂性，在编制施工进度计划时，不可能考虑到施工过程中的一切变化情况，因而不可能一次安排好未来施工活动中的全部细节，所以施工进度计划只能是比较概括的，很难作为直接下达施工任务的依据。因此，还必须有更为符合当时情况、更为细致具体的、短时间的计划，这就是施工作业计划。施工作业计划是根据施工组织设计和现场具体情况，灵活安排，平衡调度，以确保实现施工进度和上级规定的各项指标任务的具体的执行计划。它是施工单位的计划任务、施工进度计划和现场具体情况的综合产物，它把三者协调起来，并把任务直接下达给每一个执行者，成为群众掌握的、直接组织和指导施工的文件，因而成为保证进度计划的落实与执行的关键措施。

施工作业计划一般可分为月作业计划和旬作业计划。施工作业计划一般应包括以下三个方面内容。

（1）明确本月（旬）应完成的施工任务，确定其施工进度；

（2）根据本月（旬）施工任务及其施工进度，编制相应的资源需要量计划；

（3）结合月（旬）作业计划的具体实施情况，落实相应的提劳动生产率和降低成本的措施。

编制作业计划时，计划人员应深入现场，检查项目实施的实际进度情况，并且要深入施工队组，了解实际施工能力，同时了解设计要求，把主观和客观因素结合起来，征询各有关施工队组的意见，进行综合平衡，修正不合时宜的计划安排，提出作业计划指

标，最后召开计划会议，通过施工任务书将作业计划落实并下达到施工队组。

2. 签发施工任务书

施工任务书是给施工队组下达具体施工任务的计划技术文件，为便于工人掌握和领会，其表达形式应比作业计划更简明扼要，因此，施工任务书一般是以表格的形式下达的，但应反映出作业计划的全部指标，为此，施工任务书应包括如下内容。

（1）施工任务书是班组进行施工的主要依据，内容有项目名称、工程量、劳动定额、计划工数、开竣工日期、质量及安全要求等，见表8-1。

（2）小组记工单是班组的考勤记录，也是班组分配计件工资或奖励工资的依据。

（3）限额领料卡是班组完成任务所必需的材料限额，是班组领退材料和节约材料的凭证，见表8-2。

施工任务书应由工长编制并下达。

施工任务书　　　　　　　　　　　　　　表8-1

执行单位＿＿＿班　　签发日期：
单位工程名称＿＿＿　开工时间：　　竣工时间：

分项工程名称或工作内容	单位	计划				实际完成		
		工程量	定额编号	时间定额	定额工日	工程量	耗用工日	完成定额/%
1								
2								
3								
4								
质量及安全要求		质量评定		安全评定		限额领料		

签发：　　　定额员：　　　工长：

限额领料卡　　　　　　　　　　　　　　表8-2

　　　　　　　　　　　　　　　　　　　　年　月　日

材料名称	规格	计量单位	单位用量	限额用量		领料记录						退料数量	执行情况		
				按计划工程量	按实际工程量	第一次		第二次		第三次			实际耗用量	节约或浪费（+、-）	其中：返工损失
						日/月	数量	日/月	数量	日/月	数量				

3. 层层签订承包合同

施工项目经理和施工队及各种资源部门、施工队和作业班组之间分别签订承包合同，按计划目标明确规定工期、承担的经济责任、权限和利益，使有关责任人必须保证按作业计划时间完成规定的任务。这是保证施工计划落实与执行的有效手段。

4. 进行施工进度计划的交底

施工进度计划的实施是全体工作人员的共同行动，要使有关人员都明确各项计划的目标、任务、实施方案和措施，使管理层和作业层协调一致，将计划变成全体员工的自觉行动，在计划实施前可以根据计划的范围进行计划交底工作，以使计划得到全面、彻底的实施。

5. 跟踪记录，收集实际进度数据

在计划任务完成的过程中，各级施工进度计划的执行者都要跟踪做好施工记录，记载计划中每项工作的开始日期、工作进度和完成日期，为施工项目进度检查分析提供信息，因此要求实事求是记载，并填好有关图表。

收集数据的方式有两种：一是以报表的方式；二是进行现场实地检查。收集的数据质量要高，不完整或不正确的进度数据将导致不全面或不正确的决策。

收集到的施工项目实际进度数据，要进行必要的整理，按计划控制的工作项目进行统计，形成与计划进度具有可比性的数据、相同的量纲和形象进度。一般可以按实物工程量、工作量和劳动消耗量以及累计百分比整理和统计实际检查的数据，以便与相应的计划完成量相对比。

6. 将实际数据与计划进度对比

主要是将实际的数据与计划的数据进行比较，如将实际的完成量、实际完成的百分比与计划的完成量、计划完成的百分比进行比较。通常可利用表格形成各种进度比较报表或直接绘制比较图形来直观地反映实际与计划的差距。通过比较了解实际进度比计划进度拖后、超前还是与计划进度一致。

7. 做好施工中的调度工作

施工调度是指在施工过程中不断组织新的平衡，建立和维护正常的施工条件及施工程序所做的工作。主要任务是督促、检查工程项目计划和工程合同执行情况，调度物资、设备、劳力，解决施工现场出现的矛盾，协调内、外部的配合关系，促进和确保各项计划指标的落实。

为保证完成作业计划和实现进度目标，有关施工调度应涉及多方面的工作，包括以下内容。

（1）执行施工合同中对进度、开工及延期开工、暂停施工、工期延误、工程竣工的承诺。

（2）落实控制进度措施应具体到执行人、目标、任务、检查方法和考核办法。

（3）监督检查施工准备工作、作业计划的实施，协调各方面的进度关系。

（4）督促资料供应单位按计划供应劳动力、施工机具、材料构配件、运输车辆等，并对临时出现问题采取相应措施。

(5) 由于工程变更引起资源需求的数量变更和品种变化时，应及时调整供应计划。
(6) 按施工平面图管理施工现场，遇到问题作必要的调整，保证文明施工。
(7) 及时了解气候和水、电供应情况，采取相应的防范和调整保证措施。
(8) 及时发现和处理施工中各种事故和意外事件。
(9) 协助分包人解决项目进度控制中的相关问题。
(10) 定期、及时召开现场调度会议，贯彻项目主管人的决策，发布调度令。
(11) 当发包人提供的资源供应进度发生变化不能满足施工进度要求时，应督促发包人执行原计划，并对造成的工期延误及经济损失进行索赔。

【课后讨论】
应该采取哪些措施使施工作业计划的实施更具有可行性？

8.3 实际进度的监测

学习目标

1. 进度比较方法
2. 进度计划的调整方法

关键概念

进度计划检查、进度计划的调整

在工程项目的实施过程中，由于外部环境和条件的变化，进度计划的编制者很难事先对项目在实施过程中可能出现的问题进行全面的估计。气候的变化、不可预见事件的发生以及其他条件的变化均会对工程进度计划的实施产生影响，从而造成实际进度偏离计划进度，如果实际进度与计划进度的偏差得不到及时纠正，势必影响进度总目标的实现。为此，在进度计划的执行过程中，必须采取有效的监测手段对进度计划的实施过程进行监控，以便及时发现问题，并运用行之有效的进度调整方法来解决问题。

8.3.1 进度计划执行中的跟踪检查

在项目施工进度计划的实施过程中，由于各种因素的影响，原始计划的安排常常会被打乱而出现进度偏差。因此，在进度计划执行一段时间后，必须对执行情况进行动态检查，并分析进度偏差产生的原因，以便为施工进度计划的调整提供必要的信息。

1. 项目进度计划检查的内容

项目进度计划的检查应包括下列内容。

(1) 工作量的完成情况。
(2) 工作时间的执行情况。
(3) 资源使用及与进度的互配情况。
(4) 上次检查提出问题的处理情况。

2. 项目进度计划检查的方式

为了全面、准确地掌握进度计划的执行情况，监理工程师应认真做好以下三个方面的工作。

(1) 定期地、经常地收集由承包单位提交的有关进度报表资料

项目施工进度报表资料不仅是对工程项目实施进度控制的依据，同时也是核对工程进度的依据。在一般情况下，进度报表格式由监理单位提供给施工承包单位，施工承包单位按时填写完后提交给监理工程师核查。报表的内容根据施工对象及承包方式的不同而有所区别，但一般应包括工作的开始时间、完成时间、持续时间、逻辑关系、实物工程量和工作量，以及工作时差的利用情况等。承包单位若能准确地填报进度报表，监理工程师就能从中了解到建设工程的实际进展情况。

(2) 由驻地监理人员现场跟踪检查建设工程的实际进展情况

为了避免施工承包单位超报已完工程量，驻地监理人员有必要进行现场实地检查和监督。至于每隔多长时间检查一次，应视建设工程的类型、规模、监理范围及施工现场的条件等多方面的因素而定。可以每月或每半月检查一次，也可每旬或每周检查一次。如果在某一施工阶段出现不利情况时，甚至需要每天检查。

(3) 定期召开现场会议

定期召开现场会议，监理工程师通过与进度计划执行单位的有关人员面对面的交谈，既可以了解工程实际进度状况，同时也可以协调有关方面的进度关系。

一般说来，进度控制的效果与收集数据资料的时间间隔有关。究竟多长时间进行一次进度检查，这是监理工程师应当确定的问题。如果不经常地、定期地收集实际进度数据，就难以有效地控制实际进度。进度检查的时间间隔与工程项目的类型、规模、监理对象及有关条件等多方面因素有关，可视工程的具体情况，每月、每半月或每周进行一次检查。在特殊情况下，甚至需要每日进行一次进度检查。

8.3.2 实际进度与计划进度的对比分析

为了进行实际进度与计划进度的比较，必须对收集到的实际进度数据进行加工处理，形成与计划进度具有可比性的数据。例如，对检查时段实际完成工作量的进度数据进行整理、统计和分析，确定本期累计完成的工作量、本期已完成的工作量占计划总工作量的百分比等。为了直观反映实际进度偏差，通常采用表格或图形进行实际进度与计划进度的对比分析，从而得出实际进度比计划进度超前、滞后还是一致的结论。

常用的进度比较方法有横道图，前锋线比较法、S形曲线、香蕉形曲线和列表比较法，本节主要介绍前两种。

1. 横道图比较法

横道图比较法是指将项目实施过程中检查实际进度收集到的数据，经加工整理后直

接用横道线平行绘于原计划的横道线处，进行实际进度与计划进度的比较方法。采用横道图比较法，可以形象、直观地反映实际进度与计划进度的比较情况。

例如某工程项目基础工程的计划进度和截止到第 8 天末的实际进度如图 8-2 所示，其中细实线表示该工程计划进度，粗实线表示实际进度。从图中实际进度与计划进度的比较可以看出，到第 8 天末进行实际进度检查时，挖土方和做垫层两项工作已经完成；砌砖基础按计划应该完成 50%，但实际只完成 25%，任务量拖欠 25%。

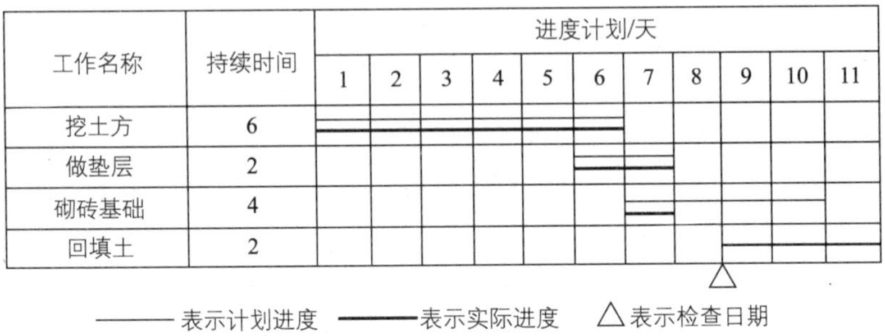

工作名称	持续时间	进度计划/天										
		1	2	3	4	5	6	7	8	9	10	11
挖土方	6											
做垫层	2											
砌砖基础	4											
回填土	2											

———— 表示计划进度　　━━━━ 表示实际进度　　△ 表示检查日期

图 8-2　某基础工程实际进度与计划进度比较图

根据各项工作的进度偏差，进度控制者可以采取相应的纠偏措施对进度计划进行调整，以确保该工程按期完成。

图 8-2 所表达的比较方法仅适用于工程项目中的各项工作都是均匀进展的情况，即每项工作在单位时间内完成的任务量都相等的情况。事实上，工程项目中各项工作的进展不一定是匀速的。根据工程项目中各项工作的进展是否匀速，可分别采用以下两种方法进行实际进度与计划进度的比较。

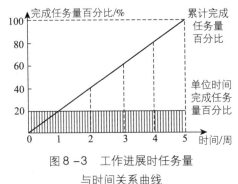

图 8-3　工作进展时任务量与时间关系曲线

（1）匀速进展横道图比较法

匀速进展是指在工程项目中，每项工作在单位时间内完成的任务量都是相等的，即工作的进展速度是均匀的。此时，每项工作累计完成的任务量与时间呈线性关系，如图 8-3 所示。完成的任务量可以用实物工程量、劳动消耗量或费用支出表示。为了便于比较，通常用上述物理量的百分比表示。

采用匀速进展横道图比较法时其步骤如下：

1）编制横道图进度计划。

2）在进度计划上标出检查日期。

3）将检查收集到的实际进度数据经加工整理后按比例用涂黑的粗线标于进度的计划下方，如图 8-2 所示。

4）对比分析实际进度与计划进度

　A. 如果涂黑的粗线右端落在检查日期左侧，表明实际进度拖后；

　B. 如果涂黑的粗线右端落在检查日期右侧，表明实际进度超前；

　C. 如果涂黑的粗线右端与检查日期重合，表明实际进度与计划进度一致。

必须指出，该方法仅适用于各作从开始到结束的整个过程中，其进展速度均为固定不变的情况。如果工作的进展速度是变化的，则不能采用这种方法进行实际进度与计划进度的比较；否则，会得出错误的结论。

（2）非匀速进展横道图比较法

当工作在不同单位时间里的进展速度不相等时，累计完成的任务量与时间的关系就不可能是线性关系。此时，应采用非匀速进展横道图比较法进行工作实际进度与计划进度的比较。

非匀速进展横道图比较法在用涂黑粗线表示工作实际进度的同时，还要标出其对应时刻完成任务量的累计百分比，并将该百分比与其同时刻计划完成任务量的累计百分比相比较，判断工作实际进度与计划进度之间的关系。

采用非匀速进展横道图比较法时，其步骤如下：

1）编制横道图进度计划；

2）在横道线上方标出各主要时间工作的计划完成任务量累计百分比；

3）在横道线下方标出相应时间工作的实际完成任务量累计百分比；

4）涂黑粗线标出工作的实际进度，从开始之日标起，同时反映出该工作在实施过程中的连续与间断情况；

5）通过比较同一时刻实际完成任务量累计百分比和计划完成任务量累计百分比，判断工作实际进度与计划进度之间的关系：

A. 同一时刻横道线上方累计百分比大于横道线下方累计百分比，表明实际进度拖后，拖欠的任务量为二者之差；

B. 同一时刻横道线上方累计百分比小于横道线下方累计百分比，表明实际进度超前，超前的任务量为二者之差；

C. 同一时刻横道线上下方两个累计百分比相等，表明实际进度与计划进度一致。

可以看出，由于工作进展速度是变化的，因此，在图中的横道线，无论是计划的还是实际的，只能表示工作的开始时间、完成时间和持续时间，并不表示计划完成的任务量和实际完成的任务量。

此外，采用非匀速横道图比较法，不仅可以进行某一时刻（如检查日期）实际进度与计划进度的比较，而且还能进行某一时间段实际进度与计划进度的比较。当然，这需要实施部门按规定的时间记录当时任务的完成情况。

【例8-1】某工程项目中的钢筋混凝土工程按施工进度计划安排需要6周完成，每周计划完成的任务量百分比如图8-4所示，绘制非匀速进展横道图。

【解】根据已知条件：

（1）编制横道图进度计划，如图8-5所示；

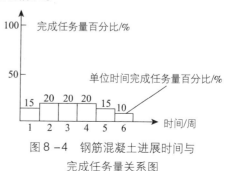

图8-4 钢筋混凝土进展时间与完成任务量关系图

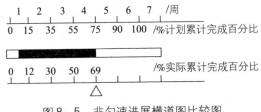

图 8-5 非匀速进展横道图比较图

(2) 在横道线上方标出钢筋混凝土工程每周计划累计完成任务量的百分比，分别 15%、35%、55%、75%、90% 和 100%；

(3) 在横道线下方标出第 1 周至检查日期（第 4 周）每周实际累计完成任务量的百分比，分别为 12%、30%、50%、69%；

(4) 用涂黑粗线标出实际投入的时间。图 8-5 表明，该工作实际开始时间晚于计划开始时间，在开始后连续工作，没有中断。

(5) 比较实际进度与计划进度。从图 8-5 中可以看出，该工作在第一周实际进度比计划进度拖后 3%，以后各周末累计拖后分别为 5%、5% 和 6%。

横道图比较法虽有记录和比较简单、形象直观、易于掌握、使用方便等优点，但由于其以横道计划为基础，因而带有不可克服的局限性。在横道计划中，各项工作之间的逻辑关系表达不明确，关键工作和关键线路无法确定。一旦某些工作实际进度出现偏差时，难以预测其对后续工作和工程总工期的影响，也就难以确定相应的进度计划调整方法。因此，横道图比较法主要用于工程项目中某些工作实际进度与计划进度的局部比较。

2. 前锋线比较法

前锋线比较法是通过绘制某检查时刻工程项目实际进度前锋线，进行工程实际进度与计划进度比较的方法，它主要适用于时标网络计划。所谓前锋线，是指在原时标网络计划上，从检查时刻的时标点出发，用点划线依次将各项工作实际进展位置点连接而成的折线，如图 8-6 所示。前锋线比较法就是通过实际进度前锋线与原进度计划中各工作箭线交点的位置来判断工作实际进度与计划进度的偏差，进而判定该偏差对后续工作及总工期影响程度的一种方法。

采用前锋线比较法进行实际进度与计划进度的比较，其步骤如下：

(1) 绘制时标网络计划图

工程项目实际进度前锋线是在时标网络计划图上标示，为清楚起见，可在时标网络计划图的上方和下方各设一时间坐标。

(2) 绘制实际进度前锋线

一般从时标网络计划图上方时间坐标的检查日期开始绘制，依次连接相邻工作的实际进展位置点，最后与时标网络计划图下方坐标的检查日期相连接。

工作实际进展位置点的标定方法有两种：

1) 按该工作已完成任务量比例进行标定

假设工程项目中各项工作均为匀速进展，根据实际进度检查时刻该工作已完成任务量占其计划完成总任务量的比例，在工作箭线上从左至右按相同的比例标定其实际进展位置点。

2）按尚需作业时间进行标定

当某些工作的持续时间难以按实物工程量来计算而只能凭经验估算时，可以先估算出检查时刻到该工作全部完成尚需作业的时间，然后在该工作箭线上从右向左逆向标定其实际进展位置点。

(3) 进行实际进度与计划进度的比较

前锋线可以直观地反映出检查日期有关工作实际进度与计划进度之间的关系。对某项工作来说，其实际进度与计划进度之间的关系可能存在以下三种情况：

1）工作实际进展位置点落在检查日期的左侧，表明该工作实际进度拖后，拖后的时间为二者之差；

2）工作实际进展位置点与检查日期重合，表明该工作实际进度与计划进度一致；

3）工作实际进展位置点落在检查日期的右侧，表明该工作实际进度超前，超前的时间为二者之差。

(4) 预测进度偏差对后续工作及总工期的影响

通过实际进度与计划进度的比较确定进度偏差后，还可根据工作的自由时差和总时差预测该进度偏差对后续工作及项目总工期的影响。由此可见，前锋线比较法既适用于工作实际进度与计划进度之间的局部比较，又可用来分析和预测工程项目整体进度状况。

值得注意的是，以上比较是针对匀速进展的工作。对于非匀速进展的工作，比较方法较复杂，此处不再赘述。

【例8-2】某工程项目时标网络计划如图8-6所示。该计划执行到第6周末检查实际进度时，发现工作A和B已经全部完成，工作D、E分别完成计划任务量的20%和50%，工作C尚需3周完成，试用前锋线法进行实际进度与计划进度的比较。

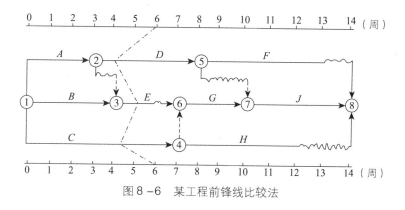

图8-6 某工程前锋线比较法

【解】根据第6周末实际进度的检查结果绘制前锋线，如图8-6中点划线所示。通过比较可看出：

(1) 工作D实际进度拖后2周，将使其后续工作F的最早开始时间推迟2周，并使总工期延长1周；

(2) 工作E实际进度拖后1周，既不影响总工期，也不影响其后续工作的正常进行；

（3）工作 C 实际进度拖后 2 周，将使其后续工作 G、H、J 的最早开始时间推迟 2 周，由于工作 G，J 开始时间的推迟，从而使总工期延长 2 周。

综上所述，如果不采取措施加快进度，该工程项目的总工期将延长 2 周。

8.3.3 进度计划实施中的调整方法

网络计划的调整时间一般应与网络计划的检查时间一致，根据计划检查结果可进行调整。

1. 分析进度偏差的原因

由于工程项目的工程特点，尤其是较大和复杂的工程项目，工期较长，影响进度因素较多。编制计划、执行和控制工程进度计划时，必须充分认识和估计这些因素，才能克服其影响，使工程进度尽可能按计划进行，当出现偏差时，应考虑有关影响因素，分析产生的原因。其主要影响因素有：

（1）工期及相关计划的失误

1）计划时遗漏部分必需的功能或工作。

2）计划值（例如计标工作量、持续时间）不足，相关的实际工作量增加。

3）资源或能力不足，例如计划时没考虑到资源的限制或缺陷，没有考虑如何完成工作。

4）出现了计划中未能考虑到的风险或状况，未能使工程实施达到预定的效率。

5）在现代工程中，上级（业主、投资者、企业主管）常常在一开始就提出很紧迫的工期要求，使承包商或其他设计人、供应商的工期太紧。而且许多业主为了缩短工期，常常压缩承包商的做标期、前期准备的时间。

（2）工程条件的变化

1）工作量的变化。可能是由于设计的修改、设计的错误、业主新的要求、修改项目的目标及系统范围的扩展造成的。

2）外界（如政府、上层系统）对项目新的要求或限制，设计标准的提高可能造成项目资源的缺乏，使得工程无法及时完成。

3）环境条件的变化。工程地质条件和水文地质条件与勘察设计不符，如地质断层、地下障碍物、软弱地基、溶洞以及恶劣的气候条件等，都对工程进度产生影响，造成临时停工或破坏。

4）发生不可抗力事件。实施中如果出现意外的事件，如战争、内乱、拒付债务、工人罢工等政治事件；地震、洪水等严重的自然灾害；重大工程事故、试验失败、标准变化等技术事件；通货膨胀、分包单位违约等经济事件都会影响工程进度计划。

（3）管理过程中的失误

1）计划部门与实施者之间，总分包商之间，业主与承包商之间缺少沟通。

2）工程实施者缺乏工期意识，例如管理者拖延了图纸的供应和批准，任务下达时缺少必要的工期说明和责任落实，拖延了工程活动。

3）项目参加单位对各个活动（各专业工程和供应）之间的逻辑关系（活动链）没有清楚地了解，下达任务时也没有做详细的解释，同时对活动的必要的前提条件准备不足，各单位之间缺少协调和信息沟通，许多工作脱节，资源供应出现问题。

4）由于其他方面未完成项目计划规定的任务造成拖延。例如设计单位拖延设计、运输不及时、上级机关拖延批准手续、质量检查拖延、业主不果断处理问题等。

5）承包商没有集中力量施工，材料供应拖延，资金缺乏，工期控制不紧。这可能是由于承包商同期工程太多，力量不足造成的。

6）业主没有集中资金的供应，拖欠工程款，或业主的材料、设备供应不及时。

(4) 其他原因

例如由于采取其他调整措施造成工期的拖延，如设计的变更，质量问题的返工，实施方案的修改。

2. 分析进度偏差对后续工作及总工期的影响

在工程项目实施过程中，当通过实际进度与计划进度的比较，发现有进度偏差时，需要分析该偏差对后续工作及总工期的影响，从而采取相应的调整措施对原进度计划进行调整，以确保工期目标的顺利实现。进度偏差的大小及其所处的位置不同，对后续工作和总工期的影响程度是不同的，分析时需要利用网络计划中工作总时差和自由时差的概念进行判断。分析步骤如下：

(1) 分析出现进度偏差的工作是否为关键工作

如果出现进度偏差的工作为关键工作，则无论其偏差有多大，都将对后续工作和总工期产生影响，必须采取相应的调整措施；如果出现偏差的工作是非关键工作，则需要根据进度偏差值与总时差和自由时差的关系作进一步分析。

(2) 分析进度偏差是否超过总时差

如果工作的进度偏差大于该工作的总时差，则此进度偏差必将影响其后续工作和总工期，必须采取相应的调整措施；如果工作的进度偏差未超过该工作的总时差，则此进度偏差不影响总工期。至于对后续工作的影响程度，还需要根据偏差值与其自由时差的关系作进一步分析。

(3) 分析进度偏差是否超过自由时差

如果工作的进度偏差大于该工作的自由时差，则此进度偏差将对其后续工作产生影响，此时应根据后续工作的限制条件确定调整方法；如果工作的进度偏差未超过该工作的自由时差，则此进度偏差不影响后续工作，原进度计划可以不做调整。

进度偏差的分析判断过程如图8-7所示。通过分析，进度控制人员可以根据进度偏差的影响程度，制订相应的纠偏措施进行调整，以获得符合实际进度情况和计划目标的新进度计划。

在施工项目实施过程中，项目进度表控制人员每天应在项目网络进度计划图上标画出实际施工进度前锋线，检查网络进度计划执行情况。一般每周做一次检查结果分析，并向主管部门提出相应的施工进度控制报告。

3. 施工进度计划的调整方法

(1) 增加资源投入

通过增加资源投入，缩短某些工作的持续时间，使工程进度加快，并保证实现计

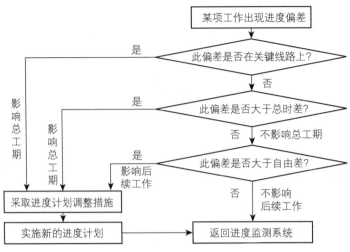

图 8-7 进度偏差对后续工作和总工期影响分析过程

划工期。这些被压缩持续时间的工作是位于由于实际进度的拖延而引起总工期增长的关键线路和某些非关键线路上的工作,同时这些工作又是可压缩持续时间的工作。它会带来如下问题:

1) 造成费用的增加,如增加人员的调遣费用、周转材料一次性费用、设备的进出场费;

2) 由于增加资源造成资源使用效率的降低;

3) 加剧资源供应的困难。如有些资源没有增加的可能性,加剧项目之间或工序之间对资源激烈的竞争。

(2) 改变某些工作间的逻辑关系

在工作之间的逻辑关系允许改变的条件下,可改变逻辑关系,达到缩短工期的目的。例如可以把依次进行的有关工作改成平行的或互相搭接的,以及分成几个施工段进行流水施工等,都可以达到缩短工期的目的。这可能产生如下问题:

1) 工作逻辑上的矛盾性;

2) 资源的限制,平行施工要增加资源的投入强度;

3) 工作面限制及由此产生的现场混乱和低效率问题。

(3) 资源供应的调整

如果资源供应发生异常,应采用资源优化方法对计划进行调整,或采取应急措施,使其对工期影响最小。例如将服务部门的人员投入到生产中去,降低风险准备资源,采用加班或多班制工作。

(4) 增减工作范围

包括增减工作量或增减一些工作包(或分项工程)。增减工作内容应做到不打乱原计划的逻辑关系,只对局部逻辑关系进行调整。在增减工作内容以后,应重新计算时间参数,分析对原网络计划的影响。当对工期有影响时,应采取调整措施,保证计划工期不变。但这可能产生如下影响:

1) 损害工程的完整性、经济性、安全性、运行效率，或提高项目运行费用。

2) 必须经过上层管理者，如投资者、业主的批准。

(5) 提高劳动生产率

改善工具器具以提高劳动效率；通过辅助措施和合理的工作过程，提高劳动生产率。要注意如下问题：

1) 加强培训，且应尽可能的提前；

2) 注意工人级别与工人技能的协调；

3) 工作中的激励机制，例如奖金、小组精神发扬、个人负责制、目标明确；

4) 改善工作环境及项目的公用设施；

5) 项目小组时间上和空间上合理的组合和搭接；

6) 多沟通，避免项目组织中的矛盾。

(6) 将部分任务转移

如分包、委托给另外的单位，将原计划由自己生产的结构构件改为外购等。当然这不仅有风险，产生新的费用，而且需要增加控制和协调工作。

(7) 将一些工作包合并

特别是在关键线路上按先后顺序实施的工作包合并，与实施者一道研究，通过局部地调整实施过程和人力、物力的分配，达到缩短工期。

【例 8 - 3】某工程项目双代号时标网络计划如图 8 - 8 所示，该计划执行到第 40 天下班时刻检查时，其实际进度如图中前锋线所示。试分析目前实际进度对后续工作和总工期的影响，并提出相应的进度调整措施。

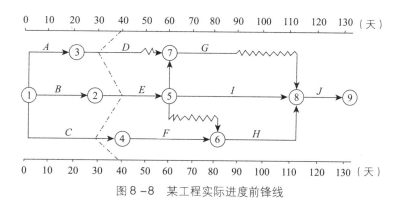

图 8 - 8 某工程实际进度前锋线

【解】从图中可看出：

(1) 工作 D 实际进度拖后 10 天，但不影响其后续工作，也不影响总工期；

(2) 工作 E 实际进度正常，既不影响后续工作，也不影响总工期；

(3) 工作 C 实际进度拖后 10 天，由于其为关键工作，故其实际进度将使总工期延长 10 天，并使其后续工作 F、H 和 J 的开始时间推迟 10 天。

如不进行调整，则现在拖延工期的网络计划如图 8 - 9 所示。

如果该工程项目总工期不允许拖延，则为了保证其按原计划工期 130 天完成，必

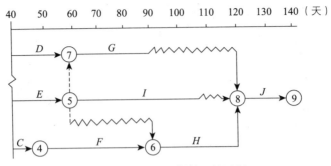

图 8-9 拖延工期的网络计划

须缩短关键线路上后续工作的持续时间。现假设工作 C 的后续工作 F、H 和 J 均可以压缩 10 天,通过比较,压缩工作 J 的持续时间所增加的费用最小,故将工作 J 的持续时间由 20 天缩短为 10 天。调整后的网络计划如图 8-10 所示。

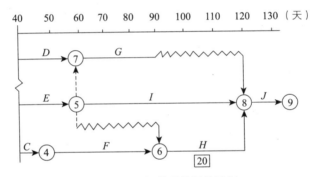

图 8-10 调整后的网络计划

【工程案例】

图 8-11 是某工程用前锋线法检查施工进度的一个案例。该图有四条前锋线,分别记录了 6 月 25 日、6 月 30 日、7 月 5 日和 7 月 10 日四次检查结果。

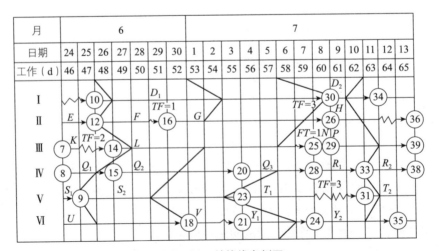

图 8-11 前锋线实例图

分析：实际进度前锋线的功能包括两方面：分析当前进度和预测未来的进度。

(1) 分析当前进度

以表示检查时刻的日期为基准，前锋线可以看成描述实际进度的波折线。处于波峰上的线路，其进度相对于相邻线路超前，处于波谷上的线路，其进度相对于相邻线路落后。在基准线前面的线路比原计划超前，在基准线后面的线路比原计划落后。按一定时间间隔检查进度计划，并画出每次检查时的实际进度前锋线，可形象地描述实际进度与计划进度的差异。检查时刻愈短，描述愈精确。

(2) 预测未来进度

通过当前时刻和过去时刻两条前锋线的分析比较，可根据过去和目前情况，在一定范围内对工程未来的进度变化趋势做出预测。可引进进度比概念进行定量预测。

前后两条前锋线间某线路上截取的线段长度 ΔX 与这两条前锋线之间的时间间隔 ΔT 之比叫进度比，用 B 表示。进度比 B 的数学计算式为：

$$B = \frac{\Delta X}{\Delta T}$$

B 的大小反映了该线路的实际进展速度的大小。某线路的实际进展速度与原计划相比是快、是慢或相等时，B 相应的大于1、小于1或等于1。根据 B 的大小，就有可能对该线路未来的进度做出定量的分析。

图 8-11 中，6 月 25 日和 6 月 30 日两条前锋线的时间间隔是 5 天，它们在线路上截取的长度为 6 天，则有：

$$B = \frac{\Delta X}{\Delta T} = \frac{6}{5} = 1.2$$

即平均每天完成原定 1.2 天的任务。6 月 30 日线路 Ⅰ 比原计划超前 2 天，如果进展速度不变，可以预测再过 5 天，即到 7 月 5 日，线路 Ⅰ 的前锋线将到达 7 月 8 日位置，比原计划超前 3 天，实际情况如图 8-11 中 7 月 5 日前锋线所示。又如线路 Ⅲ，在该时段内 $B = 4/5 = 0.8$，6 月 30 日实际进度比原计划超前 1 天，到 7 月 5 日它将不再超前，说明该时段内进度减慢了。

【课后讨论】

1. 缩短某些工作的持续时间也可以达到调整进度计划的目的，那么，缩短工作的持续时间时应考虑哪些因素？

2. 横道图比较法的优缺点有哪些？

单元小结

本章重点涉及三部分内容：建筑工程项目进度控制的概述、施工项目进度计划的实施及建筑工程项目进度控制的方法。要求学生熟悉建筑工程项目进度管理的程序、进度管理的原理；熟悉建筑工程项目进度计划的实施；重点掌握建筑工程项目进度控制的几种方法。

通过本章的学习使学生对建筑工程项目进度管理的全过程有一个正确、全面的认识。首先根据进度目标制定工程项目进度计划，在计划执行过程中不断检查工程实际进展情况，并将实际状况与计划安排进行对比，从中得出偏离计划的信息。然后在分析偏差及其产生原因的基础上，通过采取组织、技术、经济措施，维持原计划，使之能正常实施；如果采取措施后仍不能维持原计划，则需对原进度计划进行调整或修正，再按新的进度计划实施。这样在进度计划的执行过程中进行不断的检查和调整，以保证建设工程进度得到有效的控制。

练习题

1. 简述工程项目进度管理的原理。
2. 施工进度计划的调整常采用哪些方法？
3. 匀速进展与非匀速进展进度横道图比较法的区别是什么？
4. 影响工程进度的原因有哪些？
5. 如何应用前锋线法进行实际进度和计划进度的比较？
6. 某工程各工作逻辑关系及工作持续时间见表 8-3。

某工程工序逻辑关系及作业持续时间表　　　表 8-3

本工作	A	B	C	D	E	F	G	H
工作持续时间（d）	3	4	3	2	1	5	3	2
紧前工作		A	A	A	D	B	BCD	D

问题：

(1) 绘制时标网络计划图。

(2) 施工进度计划调整的内容有哪些？调整的类型有哪些？

(3) 该项目实施过程中，第 5 天末检查实际进度，B、D 工作均拖延 1 天，C 工作超前一天，试绘出实际进度前锋线。

(4) 判断按此进度，如果后序工作按计划完成，工程能否如期完工，并说明原因。

(5) 该工程施工进度出现偏差时，施工单位应按怎样的步骤进行调整？

单元9
施工项目质量控制

引　言

　　"百年大计，质量第一"是我国多年来在工程建设方面所贯彻的基本方针。质量是建设工程的生命，质量管理则是建设工程项目管理的主要目标之一，没有质量就没有一切。工程的质量不仅关系到工程的适用性和投资效果，而且关系到国家的发展，企业的生存以及人们的健康和安全。本章主要介绍质量管理的相关内容。

学习目标

　　通过本章的学习，你将能够：
　　1. 了解影响施工质量的因素
　　2. 设置施工质量控制点
　　3. 进行施工过程的质量检验

9.1 工程项目质量管理概述

学习目标

1. 工程项目质量的特点
2. 项目质量管理的 PDCA 法

关键概念

PDCA 循环

9.1.1 工程项目质量

工程项目质量是指工程满足业主需要的，符合国家法律、法规、技术规范标准、设计文件及合同规定的要求。从施工项目的使用价值和功能来看，工程项目质量表现出适用性、耐久性、安全性、可靠性、经济性和协调性等特性。

（1）适用性。即功能，是指工程满足使用目的的各种性能。包括物理性能、化学性能、结构性能、使用性能和外观性能等。

（2）耐久性。即寿命，是指工程在规定的条件下，满足规定功能要求的使用年限，也就是工程竣工后的合理使用寿命周期。

（3）安全性。是指工程建成后在使用过程中保证结构安全、保证人身和环境免受危害的程度。建设工程产品的结构安全度、抗震、耐火及防火能力及抗辐射、抗核污染、抗爆炸波等能力。

（4）可靠性。是指工程建在规定的时间和规定的条件下完成规定功能的能力。工程不仅要求在交工验收时要达到规定的指标，而且在一定的使用时期内要保持应有的正常功能。

（5）经济性。是指工程从规划、勘察、设计、施工到整个产品使用寿命周期内的成本和消耗的费用。

（6）与环境的协调性。是指工程与其周围生态环境协调，与所在地区经济环境协调以及与周围已建工程项目协调，以适应可持续发展的要求。

9.1.2 施工项目质量管理

施工项目质量管理是在施工项目质量方面指挥和控制施工项目组织协调的活动。这里包括施工项目的质量目标制定、施工过程和施工必要资源的规定、施工项目施工各阶段的质量控制、施工项目质量的持续改进等。

1. 工程项目质量管理的原则

(1) 质量第一

建设工程质量不仅关系到工程的适用性和建设项目投资效果，而且关系到人民群众生命财产的安全。所以，应坚持"百年大计，质量第一"，在工程建设中自始至终把"质量第一"作为对工程质量管理的基本原则。

(2) 以人为核心

人是工程建设的决策者、组织者、管理者和操作者。工程建设中各单位、各部门、各岗位人员的工作质量水平和完善程度，都直接和间接地影响工程质量。在工程质量管理中，要以人为核心，重点控制人的素质和人的行为，充分发挥人的积极性和创造性，以人的工作质量保证工程质量。

(3) 预防为主

工程质量管理应事先对影响质量的各种因素加以控制，如果出现质量问题后再进行处理，则已造成不必要的损失。所以，质量管理要重点做好质量的事先控制和事中控制，以预防为主，加强过程和中间产品的质量检查和控制。

(4) 坚持质量标准

质量标准是评价产品质量的尺度，工程质量是否符合合同规定的质量标准要求，应通过质量检验并和质量标准对照，符合质量标准要求的才是合格，不符合质量标准要求的就是不合格，必须返工处理。

2. 施工项目质量管理的 PDCA 循环

PDCA 循环原理循环是质量管理的基本理论，也是工程项目质量管理的基本理论，如图 9-1 所示。PDCA 循外为计划→实施→检查→处置，以计划和目标控制为基础，通过不断循环，质量得到持续改进，质量水平得到不断提高。在 PDCA 循环的任一阶段内又可套用 PDCA 小循环，即循环套循环。

(1) 计划 P (Plan)。为质量计划阶段，明确目标并制订实现目标的行动方案。在建设工程项目的实施中，"计划"是指各相关主体根据其任务目标和责任范围，确定质量控制的组织制度、工作程序、技术方法、业务流程、资源配置、检验试验要求、质量记录方式、不合格处理、管理措施等具体内容和做法的文件，"计划"还须对其实现预期目标的可行性、有效性、经济合理性进行分析论证，按照规定的程序与权限审批执行。

(2) 实施 D (Do) 包含两个环节，即计划行动方案的部署和交底。交底目的在于使具体的作业者和管理者，明确计划的意图和要求，掌握标准，从而规范行为，全面地执行计划的行动方案，步调一致地

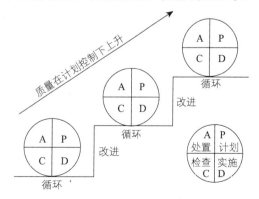

图 9-1 PDCA 循环图

去努力实现预期的目标。

(3) 检查 C (Check)。指对计划实施过程进行各种检查,包括作业者的自检、互检和专职管理者专检。各类检查都包含两个方面:一是检查是否严格执行了计划的行动方案;实际条件是否发生了变化;不执行计划的原因。二是检查计划执行的结果,即产出的质量是否达到标准的要求,对此进行确认和评价。

(4) 处置 A (Action)。对于质量检查所发现的质量问题或质量不合格,及时进行原因分析,采取必要的措施,予以纠正,保持质量形成的受控状态。处理分纠偏和预防两个步骤。前者是采取应急措施,解决当前的质量问题;后者是提出目前质量状况信息,并反馈管理部门,反思问题症结或计划时的不周,为今后类似问题的质量预防提供借鉴。

9.1.3 施工阶段质量管理过程划分

工程项目的施工是由投入资源(人力、材料、设备、机械)开始,通过施工生产,最终形成产品的过程。所以工程施工阶段的质量控制就是从投入资源的质量控制开始,经过施工生产过程的质量控制,直到产品(成品)的质量控制,从而形成一个施工质量控制的系统如图 9-2 所示。

投入资源的质量控制 → 施工过程的质量控制 → 施工产品(成品)的质量控制

图 9-2 工程施工质量控制系统

1. 按施工质量的影响因素划分

影响施工阶段工程质量的因素很多,但归纳起来主要有五个方面,即人(Man)、材料(Material)、机械(Machine)、方法(Method)和环境(Environment),简称为 4M1E 因素。其中人的因素主要是施工操作人员的质量意识、技术能力和工艺水平,施工管理人员的经验和管理能力;材料因素包括原材料、半成品和构配件的品质和质量,工程设备的性能和效率;方法因素包括施工方案、施工工艺技术和施工组织设计的合理性、可行性和先进性;环境因素主要是指现场的自然环境、施工质量管理环境和劳动作业环境。上述五方面因素都在不同程度上影响到工程的质量,所以施工阶段的质量控制,实质上就是对这五个方面的因素实施监督和控制的过程。

2. 按施工过程的阶段划分

工程项目是从施工准备开始,经过施工和安装到竣工检验这样一个过程,逐步建成的,所以施工阶段的质量控制,就是由前期(事前)质量控制或称施工准备质量控制,经过施工过程(事中)质量控制,到后期(事后)质量控制或竣工阶段质量控制。如图 9-3 所示。

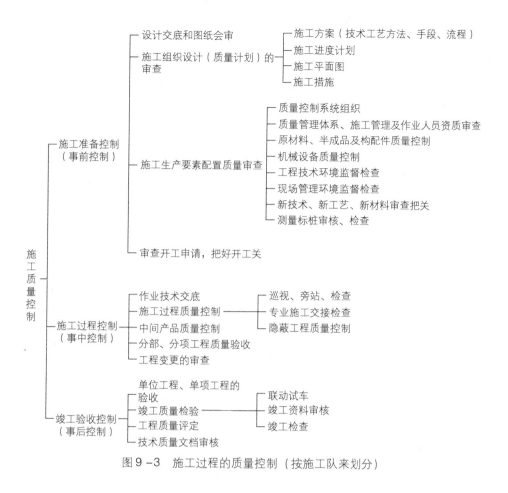

图 9-3 施工过程的质量控制（按施工队来划分）

（1）施工准备控制（事前控制）

指在各工程对象正式施工活动开始前，对各项准备工作及影响质量的各因素进行控制，这是确保施工质量的先决条件。

（2）施工过程控制（事中控制）

指在施工过程中对实际投入的生产要素质量及作业技术活动的实施状态和结果所进行的控制，包括作业者发挥技术能力过程的自控行为和来自有关管理者的监控行为。

（3）竣工验收控制（事后控制）

它是指对于通过施工过程所完成的具有独立功能和使用价值的最终产品（单位工程或整个工程项目）及有关方面（例如质量文档）的质量进行控制。

3. 按工程项目的施工层次划分

工程项目一般可以划分为若干施工层次。根据有关标准，工程项目施工可以划分为单项工程、单位工程、分部工程、分项工程、检验批等不同层次，各组成部分之间具有一定的施工先后顺序的逻辑关系。施工作业（工序）过程的质量控制是工程施工最基本的质量控制，施工作业（工序）质量由检验批质量描述。检验批质量形成分项工程质量，分项工程质量形成分部工程质量，分部工程质量形成单位工程质量，单位工程质量最终决定单项工程质量，如图9-4所示。

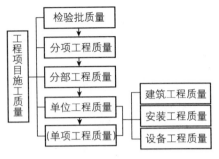

图9-4 施工产品的质量控制
（按施工层次来划分）

【课后讨论】

1. 工程项目的施工质量特点是什么？
2. 常说的2080原则你了解吗？

9.2 项目施工质量控制

9.2.1 施工项目质量影响因素的控制

1. 人的控制

人，是指直接参与工程施工的组织者、指挥者和操作者。人，作为控制的对象，是避免产生失误；作为控制动力，是充分调动人的积极性，发挥人的主导作用。人的控制内容包括组织机构的整体素质和每一个个体的技术水平、知识、能力、生理条件、心理行为、质量意识、组织纪律、职业道德等。其目的就是要做到合理用人，充分调动人的积极性、主动性和创造性。

人的控制的主要措施和途径如下：

（1）以项目经理的管理目标和管理职责为中心，合理组建项目管理机构，配备称职的管理人员。

（2）严格实行分包单位的资质审查，确保分包单位的整体素质，包括领导班子素质、职工队伍素质、技术素质和管理素质。

（3）施工作业人员要做到持证上岗，特别是重要技术工种、特殊工种和危险作业等。

（4）强化施工项目全体人员的质量意识，加强操作人员的职业教育和技术培训。

（5）严格施工项目的施工管理各项制度，规范操作人员的作业技术活动和管理人员的管理活动行为。

（6）完善奖励和处罚机制，充分发挥项目全体人员的最大工作潜能。

2. 材料的控制

材料包括原材料、成品、半成品、构配件、仪器仪表、生产设备等，是工程项目的物质基础，也是工程项目实体的组成部分。材料质量控制包括以下几个环节：

（1）材料的采购。施工所需要采购的材料应根据工程特点、施工合同、材料性能、施工的具体要求等因素综合考虑。保证适时、适地、按质、按量、全套齐备地供应施工生产所需要的各种材料。为此，要选择符合采购要求的供方。建立有关采购的制度。对采购人员要进行技术培训等。

（2）材料的试验和检验。材料质量检验的目的，是通过一系列的检测手段，将所取得的材料质量数据与材料的质量标准相对照，借以判断材料质量的可靠性，能否使用于工程中；同时，还有利于掌握材料质量信息。

材料质量检验方法有：书面检验、外观检验、理化检验、无损检验等。

根据材料质量信息和保证资料的具体情况，其质量检验程度分为免检、抽检和全部检查等三种。

（3）材料的选用。材料的选择和使用不当，均会严重影响工程质量或造成质量事故。为此，必须针对工程特点，根据材料的性能、质量标准、适用范围和对施工要求等方面进行综合考虑，慎重地选择和使用材料。

例如，贮存期超过 3 个月的过期水泥或受潮、结块的水泥，需重新检定其强度，并且不允许用于重要工程中；不同品种、强度等级的水泥由于水化热不同，故不能混合使用；硅酸盐水泥、普通水泥因水化热大，适宜用于冬期施工，而不适宜用于大体积混凝土工程；矿渣水泥适用于配制大体积混凝土和耐热混凝土，但具有泌水性大的特点，易降低混凝土的匀质性和抗渗性。

3. 机械设备的控制

机械设备的控制包括施工机械设备的控制和建筑设备的控制。

施工机械设备是现代建筑施工必不可少的设施，是反映一个施工企业力量强弱的重要方面，对工程项目的施工进度和质量有直接影响。说到底对其质量控制就是使施工机械设备的类型、性能参数与施工现场条件、施工工艺等因素相匹配。

（1）承包商应按照技术先进、经济合理、生产适用、性能可靠、使用安全的原则选择施工机械设备，使其具有特定工程的适用性和可靠性。如预应力张拉设备，根据锚具的形式，从适用性出发，对于拉杆式千斤顶，只适用于张拉单根粗钢筋的螺丝端杆锚具、张拉钢丝束的锥形螺杆锚具或 DM5A 型墩头锚具。

（2）应从施工需要和保证质量的要求出发，正确确定相应类型的性能参数，如千斤顶的张拉力，必须大于张拉程序中所需的最大张拉值。

（3）在施工过程中，应定期对施工机械设备进行校正，以免误导操作，如锥螺纹接头的力矩扳手就应经常校验，保证接头质量的可靠。另外，选择机械设备必须有与之相配套的操作工人相适应。

建筑设备应从设备选择采购、设备运输、设备检查、设备安装和设备调试方面考虑：

（1）设备选择采购　除参考前面材料采购外，尚应指派相关专业人员专门负责，大型设备如无定型产品，还需联系厂家定制；有的设备还需相应政府部门审批。在有设备供应分包商时，应特别注意设备供应分包合同的管理。

（2）设备运输　设备生产厂家距工程项目施工地点可能很远，甚至从国外进口，为此，应对运输过程中的设备保护特别重视，并通过运输投保转移风险。当然，如果设备供应分包负责运至工地，总承包商就不存在上面的问题了。

（3）设备检查验收　承包商对运至现场的设备应会同有关人员开箱检查，主要检查设备外观、部件、配件数量、书面资料等是否合格齐全，同时注意开箱时避免破坏设备。

（4）设备安装　设备安装应符合有关技术要求和质量标准。由于设备安装通常以土建工作为先导，同时有交叉作业，所以应特别注意两者的交叉作业；设备安装通常进行专业分包，所以选择合适的分包单位和对之有效的管理就显得非常重要。

（5）设备调试　设备调试是设备正常运转并保证其质量的必经环节，应按照要求和一定步骤顺序进行，对调试结果分析以判断前续工作效果。

4. 施工方法的控制

施工方法的控制主要包括施工方案、施工工艺、施工组织设计、施工技术措施等方面的控制。对施工方法的控制，应着重抓好以下几个方面内容：

（1）施工方案应随工程进展而不断细化和深化。

（2）选择施工方案时，对主要项目要拟订几个可行方案，找出主要矛盾，明确各个方案的主要优缺点，通过反复论证和比较，选出最佳方案。

（3）对主要项目、关键部位和难度较大的项目，如新结构、新材料、新工艺、大跨度、高大结构部位等，制订方案时要充分估计到可能发生的施工质量问题和处理方法。

5. 环境的控制

施工环境的控制主要包括现场自然环境、施工质量管理环境和施工作业环境等。

（1）现场自然环境的控制，主要是掌握施工现场水文、地质和气象、周边建筑、地下管道及其他不可抗力因素。在编制施工方案、施工计划和措施时，能够从自然环境的特点和规律出发，制定地基与基础施工对策，防止地下水、地面水对施工的影响，保证周围建筑物及地下管线的安全；从实际条件出发做好冬雨期施工项目的安排和防范措施；加强环境保护和建设公害的治理。

（2）施工质量管理环境的控制，主要是要按照承发包的合同结构，明确承包商和分包商的工作关系，建立现场施工组织系统运行机制及施工项目质量管理体系；正确处理好施工过程安排和施工质量形成的关系，使两者能够相互协调、相互促进、相互制约；做好与施工项目外部环境的协调，包括与邻近单位、居民及有关各方面的沟通、协调，以保证施工顺利进行，提高施工质量，创造良好的外部环境和氛围。

（3）施工作业环境的控制，首先是做好施工平面图的合理规划和管理，规范施工现场的机械设备、材料构件、道路管线和各种临时设施的布置。其次是落实现场安全的各种防护措施，做好明显标识，注意确保施工道路畅通，安排好特殊环境下施工作业的通风照明措施。第三，加强施工作业场所的清理工作，每天下班前应留出5分钟进行场所清理收拾。

9.2.2 施工项目的事前、事中和事后的质量控制

为了保证工程项目的施工质量,应对施工全过程进行质量控制。根据工程项目质量形成阶段的时间,施工项目的质量控制可分为事前控制、事中控制和事后控制三个阶段。

1. 施工项目的事前质量控制

施工项目的事前质量控制,其具体内容有以下几个方面:

(1) 技术准备,包括图纸的熟悉和会审、对施工项目所在地的自然条件和技术经济条件的调查和分析、编制施工组织设计、编制施工图预算及施工预算、对工程中采用的新材料、新工艺、新结构、新技术的技术鉴定书的审核、技术交底等。制定施工质量控制计划,设置质量控制点(所谓质量控制点是根据施工项目的特点,为保证工程质量而确定的重点控制对象、关键部位或薄弱环节),明确关键部位的质量管理点。

(2) 施工现场准备,包括控制网、水准点、标桩的测量工作;协助业主实施"三通一平";临时设施的准备;组织施工机具、材料进场;拟订试验计划及贯彻"见证试验管理制度"的措施;项目技术开发和进一步计划等。

(3) 物资准备,包括施工所需原材料的准备、构配件和制品的加工准备、施工机具准备、生产所需设备的准备等。

(4) 组织准备,包括选聘委任施工项目经理、组建项目组织班子、分包单位资质审查、签订分包合同、编制并评审施工项目管理方案、集结施工队伍并对其培训教育、建立和完善施工项目质量管理体系、完善现场质量管理制度等。

(5) 施工分包单位的选择和资质的审查。对分包商资格与能力的控制是保证工程施工质量的一个重要方面,确定分包内容、选择分包单位及分包方式,既直接关系到施工总承包方的利益和风险,更关系到建设工程质量的保证问题。因此,施工总承包企业必须有健全有效的分包选择程序,同时,按照我国现行法规的规定,在订立分包合同前,施工单位必须将所联络的分包商情况,报送项目监理机构进行资格审查。

2. 施工项目的事中质量控制

施工项目的事中质量控制是指施工过程中的质量控制。具体内容包括以下几个方面:

(1) 进行技术交底(详见单元6)

(2) 测量控制

项目开工前应编制测量控制方案,经项目技术负责人批准后实施。对相关部门提供的测量控制点应做好复核工作,经审批后进行施工测量放线,并保存测量记录。在施工过程中应对设置的测量控制点线妥善保护,不准擅自移动。同时在施工过程中必须认真进行施工测量复核工作,其复核结果应报送监理工程师复核确认后,方能进行后续相关工序的施工。

(3) 计量控制

计量控制是保证工程项目质量的重要手段和方法,是施工项目开展质量管理的一

项重要基础工作。施工过程中的计量工作，包括施工生产时的施工测量、监测计量、投料计量及对项目、产品或过程的测试、检验、分析计量等。计量控制的工作重点是：建立计量管理部门和配置计量人员；建立健全和完善计量管理的规章制度；严格按规定有效控制计量器具的使用、保管、维修和检验；监督计量过程的实施，保证计量的准确。

（4）工序施工质量控制

施工过程是由一系列相互联系和制约的工序构成，工序是人、材料、机械设备、施工方法和环境因素对工程质量起综合作用的过程，所以对施工过程的质量控制，必须以工序质量控制为基础和核心。工序施工质量控制主要包括工序施工条件质量控制和工序施工效果质量控制。

（5）特殊过程的控制

特殊过程是指该施工过程或工序施工质量不易或不能通过其后的检验和试验而得到充分验证的过程，或者万一发生质量事故则难以挽救的施工对象。特殊过程的质量控制是施工阶段质量控制的重点，对在项目质量计划中界定的特殊过程，应设置工序质量控制点，抓住影响工序施工质量的主要因素进行强化控制。

（6）工程变更的控制

工程变更的范围包括设计变更、工程量的变动、施工时间的变更、施工合同文件的变更等。

3. 施工项目的事后质量控制

施工项目的事后质量控制，主要是进行已完施工的成品保护、质量验收和不合格的处理，以保证最终验收的建设工程质量。

（1）已完施工成品保护

所谓成品保护，一般是指在项目施工过程中，某些部位已经完成，而其他部位还在施工，在这种情况下，施工单位必须负责对已完成部分采取妥善的措施予以保护，以免因成品缺乏保护或保护不善而造成损伤或污染，影响工程的实体质量。通常可采取防护、覆盖、封闭、包裹等相应措施进行保护。

（2）施工质量检查验收

施工质量检查验收作为事后控制的途径，强调按照施工质量验收统一标准规定的质量验收划分，从施工作业工序开始，依次做好检验批、分项工程、分部工程及单位工程的施工质量验收。通过多层次的设防把关，严格验收，控制建设工程项目的质量目标。

（3）建筑工程项目竣工质量验收

建筑工程项目竣工质量验收分为3个阶段，即竣工验收的准备阶段、初步验收和正式验收。参与工程建设的各方应做好竣工验收的准备工作。包括建设单位、监理工程师、施工单位、设计单位等。

9.2.3 工序质量控制

1. 工序及工序质量

工序就是人、机、料、法、环境对产品（工程）质量起综合作用的过程，是工程施工过程中质量特性发生变化的"单元"。工序的划分主要取决于生产（施工）技术的客观要求，同时也取决于分工和提高劳动生产率的要求。

施工工序是产品（工程）构配件或零部件生产（施工）制造过程的基本环节，是构成生产的基本单位，也是质量检验和管理的基本环节。

工序质量是指工序过程的质量。在生产（施工）过程中，由于各种因素的影响而造成产品（工程）产生质量波动，工序质量就是去发现、分析和控制工序质量中的质量波动，使影响每道工序质量的制约因素都能控制在一定范围内，确保每道工序的质量，不使上道工序的不合格品转入下道工序。工序质量决定了最终产品（工程）的质量。因此，对于施工企业来说，搞好工序质量就是保证单位工程质量的基础。

好的产品或工程质量是通过一道道工序逐渐形成的，要确保工程项目施工质量，就必须对每道工序的质量进行控制，这是施工过程中质量控制的重点。

2. 工序质量控制的程序

工序质量控制就是通过工序子样检验来统计、分析和判断整道工序质量，从而实现工序质量控制。工序质量控制的程序是：

（1）选择和确定工序质量控制点；

（2）确定每个工序控制点的质量目标；

（3）按规定检测方法对工序质量控制点现状进行跟踪检测；

（4）将工序质量控制点的质量现状和质量目标进行比较，找出二者差距及产生原因；

（5）采取相应的技术、组织和管理措施，消除质量差距。

3. 工序质量控制的要点

（1）确定工序质量控制工作计划。一方面要求对不同的工序活动制定专门的保证质量的技术措施，做出物料投入及活动顺序的专门规定；另一方面须规定质量控制工作流程、质量检验制度等。

（2）主动控制工序活动条件的质量。工序活动条件主要指影响质量的五大因素，即人、材料、机械设备、方法和环境等。

（3）及时检验工序活动效果的质量。主要是实行班组自检、互检、上下道工序交接检，特别是对隐蔽工程和分项（部）工程的质量检验。

（4）设置工序质量控制点（工序管理点），实行重点控制。工序质量控制点是针对影响质量的关键部位或薄弱环节而确定的重点控制对象。正确设置控制点并严格实施是进行工序质量控制的重点。

9.2.4 施工现场质量管理的基本环节

施工质量控制过程，不论是从施工要素着手，还是从施工质量的形成过程出发，都必须通过现场质量管理中一系列可操作的基本环节来实现。

现场质量管理的基本环节包括图纸会审、技术复核、技术交底、设计变更、三令管理、隐蔽工程验收、三检制、级配管理、材料检验、施工日记、质保材料、质量检验、成品保护等。其中一部分内容已在其他相关章节中进行了阐述，在此，仅对以下内容进行介绍：

1. 三检制

三检制是指操作人员的自检、互检和专职质量管理人员的专检相结合的检验制度。它是确保现场施工质量的一种有效的方法。

自检是指由操作人员对自己的施工作业或已完成的分项工程进行自我检验，实施自我控制、自我把关，及时消除异常因素，以防止不合格品进入下道作业。互检是指操作人员之间对所完成的作业或分项工程进行相互检查，是对自检的一种复核和确认，起到相互监督的作用。互检的形式可以是同组操作人员之间的相互检验，也可以是班组的质量检查员对本班组操作人员的抽检，同时也可以是下道作业对上道作业的交接检验。专检是指质量检验员对分部、分项工程进行的检验，用以弥补自检、互检的不足。专检还可细分为专检、巡检和终检。

实行三检制，要合理确定好自检、互检和专检的范围。一般情况下，原材料、半成品、成品的检验以专职检验人员为主，生产过程的各项作业的检验则以施工现场操作人员的自检、互检为主，专职检验人员巡回抽检为辅。成品的质量必须进行终检认证。

2. 技术复核

技术复核是指工程在未施工前所进行的预先检查。技术复核的目的是保证技术基准的正确性，避免因技术工作的疏忽差错而造成工程质量事故。因此，凡是涉及定位轴线、标高、尺寸，配合比，皮数杆，横板尺寸，预留洞口，预埋件的材质、型号、规格，吊装预制构件强度等，都必须根据设计文件和技术标准的规定进行复核检查，并做好记录和标识。

3. 设计变更

施工过程中，由于业主的需要或设计单位出于某种改善性考虑，以及施工现场实际条件发生变化，导致设计与施工的可行性发生矛盾，这些都将涉及施工图的设计变更。设计变更不仅关系到施工依据的变化，而且还涉及工程量的增减及工程项目质量要求的变化，因此，必须严格按照规定程序处理设计变更的有关问题。

一般的设计变更需设计单位签字盖章确认，监理工程师下达设计变更令，施工单位备案后执行。

4. 三令管理

在施工生产过程中，凡沉桩、挖土、混凝土浇灌等作业必须纳入按命令施工的管理范围,即三令管理。三令管理的目的在于核查施工条件和准备工作情况,确保后续施工作业的连续性、安全性。

5. 级配管理

施工过程中所涉及的砂浆或混凝土,凡在图纸上标明强度或强度等级的,均需纳入级配管理制度范围。级配管理包括事前、事中和事后管理三个阶段。事前管理主要是级配的试验、调整和确认;事中管理主要是砂浆或混凝土拌制过程中的监控;事后管理则为试块试验结果的分析,实际上是对砂浆或混凝土的质量评定。

【课后讨论】

1. 应该从哪几方面对钢筋质量进行控制?
2. 如何通过材料的控制来降低厚大体积混凝土施工时裂缝的产生?

9.3 质量控制点的设置

质量控制点就是根据施工项目的特点、为保证工程质量而确定的重点控制对象、关键部位或薄弱环节。

9.3.1 质量控制点设置的对象

设置质量控制点并对其进行分析是事前质量控制的一项重要内容。因此,在项目施工前应根据施工项目的具体特点和技术要求,结合施工中各环节和部位的重要性、复杂性,准确、合理地选择质量控制点。也就是选择那些保证质量难度大、对质量影响大的或是发生质量问题时危害大的对象作为质量控制点。质量控制点设置的对象如下:

(1) 关键的分部、分项及隐蔽工程,如框架结构中的钢筋工程、大体积混凝土工程、基础工程中的混凝土浇筑工程等。

(2) 关键的工程部位,如民用建筑的卫生间、关键工程设备的设备基础等。

(3) 施工中的薄弱环节,即经常发生或容易发生质量问题的施工环节,或在施工质量控制过程中无把握的环节,如一些常见的质量通病(渗水、漏水问题)。

(4) 关键的作业,如混凝土浇筑中的振捣作业、钻孔灌注桩中的钻孔作业。

(5) 关键作业中的关键质量特性,如混凝土的强度、回填土的含水量、灰缝的饱满度等。

(6) 采用新技术、新工艺、新材料的部位或环节。

进行质量预控,质量控制点的选择是关键。在每个施工阶段前,应设置并列出相应的质量控制点,如大体积混凝土施工的质量控制点应为:原材料及配合比控制、混凝土坍落度控制及试块（抗压、抗渗）取样、混凝土浇捣控制、浇筑标高控制、养护控制等。

凡是影响质量控制点的因素都可以作为质量控制点的对象，因此人、材料、机械设备、施工环境、施工方法等均可以作为质量控制点的对象，但对特定的质量控制点，它们的影响作用是不同的，应区别对待，重要因素，重点控制。

9.3.2 质量控制点的设置原则

在什么地方设置质量控制点，需要通过对工程的质量特性要求和施工过程中的各个工序进行全面分析来确定。设置质量控制点一般应考虑以下原则：

(1) 对产品（工程）的适用性（性能、寿命、可靠性、安全性）有严重影响的关键质量特性、关键部位或重要影响因素，应设置质量控制点。

(2) 对工艺上有严格要求，对下道工序的工作有严重影响的关键质量特性、部位应设置质量控制点。

(3) 对经常容易出现不良产品的工序，必须设立质量控制点，如门窗装修。

(4) 对会影响项目质量的某些工序的施工顺序，必须设立质量控制点，如冷拉钢筋要先对焊后冷拉。

(5) 对会严重影响项目质量的材料质量和性能，必须设立质量控制点，如预应力钢筋的质量和性能。

(6) 对会影响下道工序质量的技术间歇时间，必须设立质量控制点。

(7) 对某些与施工质量密切相关的技术参数，要设立质量控制点，如混凝土配合比。

(8) 对容易出现质量通病的部位，必须设立质量控制点，如屋面油毡铺设。

(9) 某些关键操作过程，必须设立质量控制点，如预应力钢筋张拉程序。

(10) 对用户反馈的重要不良项目应建立质量控制点。

(11) 对紧缺物资或可能对生产安排有严重影响的关键项目应建立质量控制点。

建筑产品（工程）在施工过程中应设置多少质量控制点，应根据产品（工程）的复杂程度，以及技术文件上标记的特性分类、缺陷分级的要求而定。

9.3.3 质量控制点的实施

(1) 交底。将控制点的"控制措施设计"向操作班组进行认真交底，必须使工人真正了解操作要点。

(2) 质量控制人员在现场进行重点指导、检查、验收。

(3) 工人按作业指导书认真进行操作，保证每个环节的操作质量。

(4) 按规定做好检查并认真做好记录，取得第一手数据。

(5) 运用数据统计方法，不断进行分析与改进，直至质量控制点验收合格。

(6) 质量控制点实施中应明确工人、质量控制人员的职责。

9.3.4 工序质量控制点设置实例

1. 某工程工序质量控制点设置一览表（表9-1）

工序质量控制点设置　　　　　　　　　　　　　表9-1

编号	名称	编号	名称
基-1	防止深基础塌方	结-7	预应力张拉
基-2	钢筋混凝土桩垂直度控制	结-8	混凝土砂浆试块强度
基-3	砂垫层密实度	结-9	试块标准养护
基-4	独立基础钢筋绑扎	装-1	阳台地坪
结-1	高层建筑垂直度控制	装-2	屋面油毡
结-2	楼面标高控制	装-3	门窗装修
结-3	大模板施工	装-4	细石混凝土地坪
结-4	墙体混凝土浇捣	装-5	木制品油漆
结-5	砖墙粘结率	装-6	水泥砂浆粉刷
结-6	混合结构内外墙同步砌筑		

2. 工序质量控制点的内容、要求（表9-2）

独立基础钢筋绑扎（基-4）　　　　　　　　　　　表9-2

工作内容	执行人员	标准	检查工具	检查频次
防止插筋偏位保护层达到规范要求	施工员 质量员 技术员	钢筋位置位移控制在±5mm，箍筋间距±10mm，搭接长度不少于35d，有垫块确保保护层20mm厚，混凝土浇捣时不能一次卸料	钢尺 线坠 目测	逐个检查

技术要求：

（1）在垫层上先弹线，经技术员复核验收后，才能绑扎钢筋。

（2）先扎底板及基础梁钢筋，最后扎柱头插铁钢筋。

（3）插筋露面处，固定环箍不少于3个。

（4）基础面与柱交接处，应固定牢中心线并位置正确，控制钢筋位置垂直以及保护层和中距位置。

（5）木工施工员、技术员要验收位置及标高。

（6）浇混凝土时，振捣要注意插筋位置，不得将振捣棒振偏钢筋，看模工注意钢筋位置。

（7）插筋露面、环箍大小，钢筋翻样要严格按图进行，不能任意改动。

（8）钢筋与基础相连部位，必要时用电焊固定。

【课后讨论】

1. 请编写表9-1"墙体混凝土浇捣"工序质量控制点的内容和要求。

2. 质量控制点按其重要性和控制程度的不同，可区分为"见证点"和"停止点"。举例说明施工过程中常见的"见证点"和"停止点"。

9.4 施工质量检查及评定

9.4.1 施工质量检查

1. 质量检查的意义

质量检查（或称检验）的定义是"对产品、过程或服务的一种或多种特性进行测量、检查、试验、计量，并将这些特性与规定的要求进行比较以确定其符合性的活动"。在施工过程中，为了确定建筑产品是否符合质量要求，就需要借助于某种手段或方法对产品（工程）的质量特性进行测定，然后把测定的结果同该特性规定的质量标准进行比较，从而判定该产品（工程）是合格品、优良品或不合格品，因此，质量检查是保证工程（产品）质量的重要手段，意义在于：

（1）对进场原材料、外协件和半成品的检查验收，可防止不合格品进入施工过程，造成工程的重大损失。

（2）对施工过程中关键工序的检查和监督，可保证工程的要害部位不出差错。

（3）对交工工程进行严格的检查和验收，可维护用户的利益和本企业的信誉，提高社会、经济效益。

（4）可为全面质量管理提供大量、真实的数据，是全面质量管理信息的源泉，是建筑企业管理走向科学化、现代化的一项重要的基础工作。

2. 质量检查的内容

质量检查的内容由施工准备的检验、施工过程的检验以及交工验收的检验三部分内容组成。

（1）施工准备的检验内容

1）对原材料、半成品、成品、构配件以及新产品的试制和新技术的推广，须进行预先检验。用直观的方法检验外形、规格、尺寸、色泽和平整度等；用仪器设备测试隔声、隔热、防水、抗渗、耐酸、耐碱、绝缘等物理、化学性能，以及构配件和结构性材料的抗弯、抗压、抗剪、抗震等力学性能检验工作。

对于混凝土和砂浆，还必须按设计配合比做试件检验，或采用超声波、回弹仪等测试手段进行混凝土的非破损的检验。

2）对工程地质、地貌、测量定位、标高等资料进行复核检查。

3）对构配件放样图纸有无差错进行复核检查。

(2) 施工过程的检验内容

在施工过程中，检验的内容包括分部分项工程的各道工序以及隐蔽工程项目。一般采用简单的工具，如线锤、直尺、长尺、水平尺、量筒等进行直观的检查，并作出准确的判断。如墙面的平整度与垂直度，灰缝的厚度；各种预制构件的型号是否符合图纸；模板的搭设标高、位置和截面尺寸是否符合设计；钢筋的绑扎间距、数量、规格和品种是否正确；预埋件和预留洞槽是否准确，隐蔽验收手续是否及时办理完善等。此外，施工现场所用的砂浆和混凝土都必须就地取样做成试块，按规定进行强度等级测试。坚持上道工序不合格不能转入下道工序施工。同时，要求在施工过程中收集和整理好各种原始记录和技术资料，把质量检验工作建立在让数据说话的基础之上。

(3) 交工验收的检验内容

1) 检查施工过程的自检原始记录。

2) 检查施工过程的技术档案资料。如隐蔽工程验收记录、技术复核、设计变更、材料代用以及各类试验、试压报告等。

3) 对竣工项目的外观检查。主要包括室内、外的装饰、装修工程，屋面和地面工程，水、电及设备安装工程的实测检查等。

4) 对使用功能的检查。包括门窗启闭是否灵活；屋面排水是否畅通；地漏标高是否恰当；设备运转是否正常；原设计的功能是否全部达到。

3. 质量检查的依据和方式

(1) 质量检查的依据

1) 国家颁发的《建筑工程施工质量验收统一标准》GB 50300—2001、各专业工程施工质量验收规范及施工技术操作规程。

2) 原材料、半成品以及构配件的质量检验标准。

3) 设计图纸及施工说明书等有关设计文件。

(2) 质量检查的方式

1) 全数检验：指对批量中的全部工程进行检验，此种检验一般应用于非破损性检查，检查项目少以及检验数量少的成品。这种检查方法工作量大，花费的时间长且只适用于非破坏性的检查。在建筑工程中，往往对关键性的或质量要求特别严格的分部分项工程，如对高级的大理石饰面工程，才采用这种检查方法。

2) 抽样检验：指对批量中抽取部分工程进行检验，并通过检验结果对该批产品（工程）质量进行估计和判断的过程。抽样的条件是：产品（工程）在施工过程中质量基本上是稳定的，而抽样的产品（工程）批量大、项目多。如对分部分项工程，按一定的比例从总体中抽出一部分子样来分析，判断总体中所有检验对象的质量情况。这种检查与全数检查相对照，具有投入人力少，花费时间短和检查费用低的优点，因此，在一般分部分项工程中普遍采用。

3) 审核检验：即随机抽取极少数样品，进行复核性的检验，察看质量水平的现状，并作出准确的评价。

4. 质量检查计划及工作步骤

(1) 质量检查计划

质量检查计划通常包含于质量计划中,是以书面形式,将质量检查的内容、方法,进行时间、评价标准及有关要求等表述清楚,使质量检查人员工作有所遵循的技术性计划(即质量检查技术措施)。

质量检查计划应由项目部有比较丰富质量管理经验的专业管理人员根据工程实际情况编写,经工程项目的技术负责人审核、批准后,即为该工程质量检查工作的技术性作业指导文件。

一般来说,质量检查计划应包括以下内容:①工程项目名称(单位工程);②检查项目及检查部位;③检查方法(量测、无损检测、理化试验、观感检查);④检查所依据的标准、规范;⑤判定合格标准;⑥检查程序(检查项目、检查操作的实施顺序);⑦检查程序及执行原则(是抽样检查还是全数检查,抽样检查的原则);⑧不合格处理的原则程序及要求;⑨应填写的质量记录或签发的检查报告;等等。

(2) 质量检查工作的步骤

质量检查是一个过程,一般包括明确质量要求、测试、比较、判定和处理五个工作步骤。

1) 明确质量要求:一项工程、一种产品在检查之前,必须依据检验标准规定,明确要检查哪些项目以及每个项目的质量指标,如果是抽样检查,还要明确如何抽检,此外,生产组织者、操作者以及质量检查员都要明确合格品、优良品的标准。

2) 测试:规定用适当的方法和手段测试产品(工程),以得到正确的质量特性值和结果。

3) 比较:将测得数据同规定的质量要求比较。

4) 判定(评定)。a. 根据比较的结果判定分项、分部或单位工程是合格品或不合格品。b. 批量产品是合格批或不合格批。

5) 处理:对不合格品有以下几种处理方式:

A. 对分项工程经质量检查评定为不合格品时,应返工重做。

B. 对分项工程经质量检查评定为不合格品时,经加固补强或经法定检测单位鉴定达到设计要求的,其质量只能评为"合格"。

C. 对分项工程经质量检验评定为不合格品时,经法定检测单位鉴定达不到设计要求,但经设计单位和建设单位认为能满足结构安全和使用功能要求时可不加固补强;或经加固补强改变了原设计结构尺寸或造成永久性缺陷的,其质量可评为"合格",所在分部工程不应评为"优良"。

记录所测得的数据和判定结果反馈给有关部门,以便促使其改进质量。

在质量检查中,操作者和检查者必须按规定对所测得的数据进行认真记录,原始数据记录不全、不准,便会影响对工程质量的全面评价和进一步改进提高。

5. 质量检查的方法

检查方法选择是否适当,对检测结果和评价产品(工程)质量的正确性有重大关系。若检查方法选择不当，往往严重损害检测结果的准确性和可信度，甚至会把不合格品判为合格品，把合格品判为不合格品，导致不应有的损失，甚至还会造成严重的后果。

建筑施工企业现有的检测方法，基本上分为物理与化学检验和感官检验两大类。

(1) 物理与化学检验

凡是主要依靠量具、仪器及检测设备、装置，应用物理或化学方法对受检物进行检验而获得检验结果的方法，叫做物理或化学检验。

目前施工过程中对建筑物轴线、标高、长、宽、平整、垂直等的检验；对砖、砂、石、钢筋等原材料的检验均使用了水平仪、经纬仪、尺、塞尺等仪器、量具、检测设备、装置及物理或化学分析等方法，这是检验方法的主体，随着现代科学技术的进步，建筑施工企业的检测方法也将不断得到改进和发展。

(2) 感官检验

依靠人的感觉器官来进行有关质量特性或特征的评价判定的活动，称为感官检验。如对于粘结的牢固程度用手抚摸，砌砖出现了几处通缝要用眼观看等，这些往往是依靠人的感觉器官来评价的。

感官检验在把感觉数量化及比较判定的过程中，都不时地受到人的"条件"影响，如错觉、时空误差、疲劳程度、训练效果、心理影响、生理差异等。但建筑工程中仍有许多质量特性和特征仍然需要依靠感官检验来进行鉴别和评定，为了保证判定的准确性，应注意不断提高人的素质。

9.4.2 施工质量验收

为了加强建筑工程质量管理，统一建筑工程施工质量的验收、保证工程质量，于 2001 年 7 月 20 日建设部与国家质量监督检验检疫总局联合发布了《建筑工程施工质量验收统一标准》（GB 50300—2001），于 2002 年 1 月 1 日实施，原《建筑安装工程质量检验评定统一标准》（GBJ 300—88）同时废止。具体内容这里不在赘述。

【课后讨论】

1. 单位工程质量验收合格的规定有哪些？
2. 经有资质的检测单位鉴定达不到设计要求但经原设计单位核算认可能满足结构安全和使用安全的房屋可以验收吗？

单元小结

本章简要介绍了项目质量及项目质量管理的概念；详细阐述了施工过程的质量控制和质量控制点的设置；根据工程项目的特点，介绍了施工质量检查及评定。通过本章的学习，使学生对施工项目质量控制有一个清晰、完整的认识；熟悉影响施工质量的因素及质量控制的三个阶段，掌握工序的质量控制、施工现场质量管理的基本环节、控制点的设置和施工质量检查及评定。

练习题

1. 何谓施工项目质量、施工项目质量管理和控制？控制施工项目质量的基本要求是什么？
2. 影响施工项目质量的因素有哪些？如何进行控制？
3. 施工项目质量控制分几个阶段？各阶段控制内容是什么？
4. 工序质量控制的程序和要点是什么？
5. 质量控制点设置的原则是什么？
6. 质量检查的内容、依据和方式是什么？

单元10
施工项目成本控制

引 言

成本控制是现代成本管理中最重要的环节,是成本管理的核心。一个企业如果成本控制工作没有做好,成本管理任务是很难完成的。只有抓住成本控制,才能落实其他成本管理环节,促使工程成本不断降低,获得较好的经济效益。

学习目标

通过本章的学习,你将能够:
1. 了解施工成本的构成与划分要素
2. 掌握施工成本控制的内容
3. 进行施工成本的控制

10.1 施工项目成本控制概述

学习目标
1. 施工项目成本的定义
2. 施工成本的划分

关键概念
直接成本　间接成本

10.1.1 施工项目成本的定义

施工项目成本是指建筑企业以施工项目作为成本核算对象的施工过程中所耗费的生产资料转移价值和劳动者的必要劳动所创造的价值的货币形式,也就是某一施工项目在施工中所发生的全部施工费用的总和。施工费用具体包括所消耗的主要材料、结构件、其他材料、周转材料的摊销费,施工机械的台班费或租赁费,支付给施工工人的工资、奖金以及项目经理部为组织和管理工程施工所发生的全部费用支出。

在项目施工过程中所消耗的主辅材料、构配件、周转材料、租赁费、施工机械台班费、人工费等降低,表明劳动生产率提高,施工项目的成本降低;反之,劳动生产率降低,施工成本会增加。于是,对施工项目成本进行管理,可及时发现施工项目施工和管理中的问题,以便采取措施,降低施工项目成本。施工项目成本的降低是施工单位盈利的关键。

10.1.2 施工项目成本的划分

根据管理的需要,可将成本划分为不同的形式。

1. 按成本要素控制要求划分

(1) 预算成本

根据施工图及全国统一的工程量计算规则计算出来的工程量,按全国统一的建筑、安装工程基础定额和各地区的市场劳务价格、材料价格信息及价差系数,并按有关取费的指导性费率进行计算。工程预算成本是反映各地区建筑业的平均成本水平。预算成本是确定工程造价的基础,也是编制计划成本的依据和评价实际成本的依据。

(2) 计划成本

施工项目计划成本是指施工项目经理部根据计划期的有关资料(如工程的具体条

件和施工企业为实施该项目的各项技术组织措施),在实际成本发生前预先计算的成本,亦即施工企业考虑降低成本措施后的成本计划数,反映了企业在计划期内应达到的成本水平。它对于加强施工企业和项目经理部的经济核算,建立和健全施工项目成本管理责任制,控制施工过程中生产费用,降低施工项目成本具有十分重要的作用。

(3) 实际成本

它是施工项目在报告期内实际发生的各项生产费用的总和。把实际成本与计划成本比较,可揭示成本的节约和超支,考核企业施工技术水平、技术组织措施的贯彻执行情况及企业的经营效果,反映出工程的盈亏情况。因此,计划成本和实际成本都是反映施工企业成本水平的,它受企业本身的生产技术、施工条件及生产经营管理水平所制约。

2. 按生产费用计入成本的方法划分

(1) 直接成本

直接成本是指直接耗用于工程并能直接计入工程对象的费用。

(2) 间接成本

间接成本是指非直接用于也无法直接计入工程对象,但为进行工程施工所必须发生的费用,通常是按照直接成本的比例进行计算。

3. 按生产费用与工程量关系划分

(1) 固定成本

固定成本是指在一定期间和一定的工程范围内,发生的成本额不受工程量增减变动的影响而相对固定的成本,如折旧费、管理人员工资等。固定成本是为了保持企业一定的生产经营条件而发生的。

(2) 变动成本

指发生总额随着工程量的增减变动而成正比例变动的费用,如直接用于工程的材料费、实际计划工资制的人工费等。所谓变动,也是就其总额而言,对于单位分项工程上的变动费用往往是不变的。

针对一个具体的工程项目,开展施工过程的成本控制时,主要还是按照生产费用计入成本方法的不同来划分生产成本,其具体内容详见表10-1。

施工项目成本构成的内容   表10-1

成本的形式	费用项目	内容及说明
直接成本	人工费	指支付给直接从事建筑安装工程施工的生产工人的各项费用,包括工资、奖金、工资性质的津贴、生产工人辅助工资、职工福利费、生产工人劳动保护费等
	材料费	包括施工过程中耗用的,构成工程实体的原材料、辅助材料、构配件、零件、半成品的费用和周转材料的摊销及租赁费用等
	机械使用费	包括施工过程中使用的自有施工机械所发生的机械使用费和租用外单位(含内部机械设备租赁市场)施工机械的租赁费,以及施工机械安装、拆卸和进出场费等
	其他直接费	包括施工过程中发生的材料二次搬运费、临时设施摊销费、生产工具使用费、检验试验费、工程定位复测费、工程点交费、场地清理费等。建筑安装工程费用项目组成还列有:冬雨期施工增加费、夜间施工增加费、仪器仪表使用费、特殊工程培训费、特殊地区施工增加费等

续表

成本的形式	费用项目	内容及说明
间接成本	工作人员薪金	指现场项目管理人员的工资、奖金、工资性质的津贴等
	劳动保护费	指现场管理人员的按规定标准发放的劳动保护用品的购置费及修理费,防暑降温费,在有碍身体健康环境中施工的保健费用等
	职工福利费	指按现场项目管理人员工资总额的14%提取的福利费
	办公费	指现场管理办公用的文具、纸张、账表、印刷、邮电、书报、会议、水、电、烧水和集体取暖用煤等费用
	差旅交通费	指职工因公出差期间的旅费、住勤补助费、市内交通费和误餐补助费、职工探亲路费、劳动力招募费、职工离退休及职工退职一次性路费、工伤人员就医路费、工地转移费以及现场管理使用的交通工具的油料、燃料、养路费及牌照费等
	固定资产使用费费用	指现场管理及试验部门使用的属于固定资产的设备、仪器等的折旧、大修理、维修费或租赁费等
	工具用具使用费	指现场管理使用的不属于固定资产的工具、器具、家具、交通工具和检验、试验、测绘、消防用具等的购置、维修和摊销费等
	保险费	指施工管理用财产、车辆保险及高空、井下、海上作业等特殊工种安全保险等
	工程保修费	指工程施工交付使用后在规定的保修期内的修理费用
	工程排污费	指施工现场按规定交纳的排污费用
	其他费用	按项目管理的要求,凡发生于项目的可控费用,均应下沉到项目核算,不受层次限制,以便落实项目管理经济责任,所以还应包括下列费用项目:工会经费、教育经费、业务活动经费、税金、劳保统筹费、利息、其他财务费用

10.1.3 施工项目成本管理的环节

成本管理的环节,一般包括成本预测、成本决策、成本计划、成本控制、成本核算、成本分析、成本考核七个环节。这七个环节互为条件、相互促进,构成了现代化成本管理的全部过程。它们之间的相互关系如图10-1。

图10-1 成本管理各环节的关系

1. 成本预测

施工项目成本预测是通过成本信息和施工项目的具体情况,采用一定的预测方法,对未来的成本水平及其可能发展趋势作出科学的估计。它可以使项目经理部在满足业主和企业要求的前提下,选择成本低、效益好的最佳方案;并能在施工项目成本形成过程中，针对薄弱环节，加强成本控制，克服盲目性，提高预见性。

2. 成本决策

成本决策是对企业未来成本进行计划和控制的一个重要步骤。

成本决策是根据成本预测情况，经参与决策人员认真细致地分析研究而做出的决策。正确的决策能够指导人们正确的行动，顺利完成预定的成本目标，起到避免盲目性和减少风险性的导航作用。项目经理部的施工经营活动错综复杂，所涉及的部门、单位很多，为了顺利完成施工项目的建设任务、实现成本目标，需要参与决策的人的认真研究，以选择最优的方案。一个项目经理部如果不重视成本决策或决策失误，就会造成不必要的损失和浪费，使成本大幅度上升，出现亏损，甚至无法再承担新的施工项目。

3. 成本计划

施工项目成本计划是以货币形成编制的施工项目在计划期内的生产费用、成本水平、成本降低率以及为降低成本所采取的主要措施和规划的书面方案，它是建立施工项目成本管理责任制、开展成本控制和核算的基础，是施工项目降低成本的指导文件，是建立目标成本的依据。可以说，成本计划是目标成本的一种形式。

4. 成本控制

施工项目成本控制是指项目在施工过程中，对影响施工项目成本的各种因素加强管理，并采取各种有效措施，将施工实际发生的各种消耗和支出严格控制在成本计划范围内，严格审查各项费用是否符合标准，计算实际成本和计划成本之间的差异并进行分析，消除施工中的浪费现象。

施工项目成本控制应贯穿于施工项目从投标阶段开始直到项目竣工验收的全过程，它是企业全面成本管理的重要环节。施工成本控制可分为事先控制、事中控制（过程控制）和事后控制。在项目的施工过程中，需按动态控制原理对实际施工成本的发生过程进行有效控制。

5. 成本核算

施工项目成本核算是对项目施工过程中所发生的各种费用和形成施工项目成本进行的核算。施工项目成本核算所提供的各种成本信息，是成本预测、成本计划、成本控制、成本分析和成本考核等各个环节的依据。

6. 成本分析

施工项目成本分析是在成本形成过程中，根据成本核算资料和其他有关资料，对施工项目成本进行的对比评价和总结，将实际成本与目标成本、预算成本以及类似施工项目实际成本等进行比较，了解成本的变动情况，检查成本计划的合理性，并通过成本分析，深入揭示成本变动的规律，寻找降低施工项目成本的途径和潜力。

7. 成本考核

施工项目成本考核是在施工项目完成后，对施工项目成本形成中的各责任者，按施工项目成本目标责任制的有关规定，评定施工项目成本计划的完成情况和各责任者的业绩，并给予相应的奖励和处罚。

在成本管理中，以上七个环节形成了工程成本管理的循环。在成本形成之前，企业要进行成本预测、决策和计划，可以说是成本管理的设计阶段；在成本形成过程中，企业要进行核算和控制，可以说是成本管理的执行阶段；在成本形成之后，企业要进行分析和考核，可以说是成本的考核阶段。这七个环节依次循环，紧密衔接，前一个环节为后一个环节奠定基础，后一个环节对前一个环节进行检验，前后配合、互为条件、互相交错、关系密切。通过成本管理，可以达到推动成本管理水平不断提高，使工程成本不断降低的目的。

应当指出，成本控制是成本管理的核心。

【课后讨论】
1. 工程的合同价如何确定的？
2. 中小型施工机械司机的工资属于直接人工费还是施工机械使用费？

10.2 施工项目成本控制的内容

学习目标
1. 成本控制的原则、依据和步骤
2. 施工成本控制的内容

关键概念
成本控制

10.2.1 施工项目成本控制的原则

1. 开源与节流相结合的原则

在成本控制中，坚持开源与节流相结合的原则，要求做到：每发生一笔金额较大的成本费用，都要查一查有无与其相对应的预算收入，是否支大于收；在经常性的分部分项工程成本核算和月度成本核算中，也要进行实际成本与预算收入的对比分析，以便从中探索成本节约或超支的原因，纠正项目成本的不利偏差，实现降低成本的目标。

2. 全面控制原则

（1）项目成本的全员控制。施工项目成本控制是一项综合性很强的工作，它涉及项目组织中各个部门、单位和班组的工作业绩，仅靠项目经理和专业成本管理人员及少数人的努力是无法收到预期效果的，应形成全员参与项目成本控制的成本责任体系，明确项目内部各职能部门、班组和个人应承担的成本控制责任，其中包括各部门、各单位的责任网络和班组经济核算等。

（2）项目成本的全过程控制。施工项目成本的全过程控制是在工程项目确定以后，从施工准备到竣工交付使用的施工全过程中，对每项经济业务，都要纳入成本控制的轨道，使成本控制工作随着项目施工进展的各个阶段连续进行，既不能疏漏，又不能时紧时松，自始至终使施工项目成本置于有效的控制之下。

3. 中间控制原则

又称动态控制原则。对于具有一次性特点的施工项目来说，应特别强调项目成本的中间控制。计划阶段的成本控制，只是确定成本目标、编制成本计划、制订成本控制方案，为今后的成本控制做好准备，只有通过施工过程的实际成本控制，才能达到降低成本的目标。而竣工阶段的成本控制，由于成本盈亏已经基本定局，即使发生了偏差，也来不及纠正了。因此，成本控制的重心应放在项目的施工过程中。

4. 例外管理原则

在工程项目施工过程中，对一些不经常出现的问题，称为"例外"问题。这些"例外"问题，往往是关键性问题，对成本目标的顺利完成影响很大，必须予以高度重视。如在成本管理中常见的成本盈亏异常现象，即盈余或亏损超过了正常的比例，本来是可以控制的成本，突然发生失控现象；某些暂时的节约，但有可能对今后的成本带来隐患（如由于平时机械维修费的节约，可能会造成未来的停工修理和更大的经济损失）等，都应视为"例外"问题，进行重点检查，深入分析，并采取相应的积极措施加以纠正。

5. 节约原则

节约人力、物力、财力的消耗，是提高经济效益的核心，也是成本控制的一项最主要的基本原则。节约要从三方面入手：一是严格执行成本开支范围、费用开支标准和有关财务制度，对各项成本费用的支出进行限制和监督；二是提高施工项目的科学管理水平，优化施工方案，提高生产效率，节约人、财、物的消耗；三是采取预防成本失控的技术组织措施，制止可能发生的浪费。做到以上三点，成本目标就能实现。

6. 责、权、利相结合的原则

要使成本控制真正发挥及时有效的作用，必须严格按照经济责任制的要求，贯彻责、权、利相结合的原则。在项目施工过程中，项目经理、工程技术人员、业务管理人员以及各单位和生产班组都负有一定的成本控制责任，从而形成整个项目的成本控制责任网络。

10.2.2 施工项目成本控制的依据和步骤

1. 施工项目成本控制的依据

施工项目成本控制的依据包括以下内容：

（1）工程承包合同：施工项目成本控制要以工程承包合同为依据，围绕降低工程成本这个目标，从预算收入和实际成本两方面，努力挖掘增收节支潜力，以求获得最大的经济效益。

(2) 施工项目成本计划：施工成本计划是根据施工项目的具体情况制订的施工成本控制方案，既包括预定的具体成本控制目标，又包括实现控制目标的措施和规划，是施工成本控制的指导文件。

(3) 进度报告：进度报告提供了每一时刻工程实际完成量，工程施工成本实际支付情况等重要信息。施工成本控制工作正是通过实际情况与施工成本计划相比较，找出二者之间的差别，分析偏差产生的原因，从而采取措施改进以后的工作。此外，进度报告还有助于管理者及时发现工程实施中存在的隐患，并在事态还未造成重大损失之前采取有效措施，尽量避免损失。

(4) 工程变更：在项目的实施过程中，由于各方面的原因，工程变更是很难避免的。工程变更一般包括设计变更、进度计划变更、施工条件变更、技术规范与标准变更、施工次序变更、工程数量变更等。一旦出现变更，工程量、工期、成本都必将发生变化，从而使得施工成本控制工作变得更加复杂和困难。因此，施工成本管理人员就应当通过对变更要求当中各类数据的计算、分析，随时掌握变更情况，包括已发生工程量、将要发生工程量、工期是否拖延、支付情况等重要信息，判断变更以及变更可能带来的索赔额度等。

除了上述几种施工成本控制工作的主要依据以外，有关施工组织设计、分包合同文本等也都是施工成本控制的依据。

2. 施工项目成本控制的步骤

在确定了施工成本计划之后，必须定期地进行施工成本计划值与实际值的比较，当实际值偏离计划值时，分析产生偏差的原因，采取适当的纠偏措施，以确保施工成本控制目标的实现。其步骤如下：

(1) 比较：按照某种确定的方式将施工成本计划值与实际值逐项进行比较，以发现施工成本是否已超支。

(2) 分析：在比较的基础上，对比较的结果进行分析，以确定偏差的严重性及偏差产生的原因。这一步是施工成本控制工作的核心，其主要目的在于找出产生偏差的原因，从而采取有针对性的措施，减少或避免相同原因的再次发生或减少由此造成的损失。

(3) 预测：根据项目实施情况估算整个项目完成时的施工成本。预测的目的在于为决策提供支持。

(4) 纠偏：当工程项目的实际施工成本出现了偏差，应当根据工程的具体情况、偏差分析和预测的结果，采取适当的措施，以期达到使施工成本偏差尽可能小的目的。纠偏是施工成本控制中最具实质性的一步。只有通过纠偏，才能最终达到有效控制施工项目成本的目的。

(5) 检查：它是指对工程的进展进行跟踪和检查，及时了解工程进展状况以及纠偏措施的执行情况和效果，为今后的工作积累经验。

10.2.3 施工项目成本控制的内容和任务

施工项目的成本控制应伴随项目建设的进程渐次展开。要注意各个时期的特点和要求，各个阶段的工作内容不同，成本控制的主要任务也不同。

1. 施工前期的成本控制

（1）工程投标阶段

在投标阶段成本控制的主要任务是编制适合本企业施工管理水平、施工能力的报价。

1）根据工程概况、招标文件及建筑市场和竞争对手的情况，进行成本预测，提出投标决策意见。

2）中标以后，应根据项目的建设规模组建与之相适应的项目经理部，同时以标书为依据确定项目的成本目标，并下达给项目经理部。

（2）施工准备阶段

1）根据设计图纸和有关技术资料，对施工方法、施工顺序、作业组织形式、机械设备类型、技术组织措施等进行认真地研究分析，制定科学先进、经济合理的施工方案。

2）根据企业下达的成本目标，以分部分项工程实物工程量为基础，根据劳动定额、材料消耗定额和技术组织措施的节约计划，在优化的施工方案的指导下编制明细而具体的成本计划，并按照部门、施工队和班组的分工进行分解，作为部门、施工队和班组的责任成本落实下去，为今后的成本控制做好准备。

3）根据项目建设时间的长短和参加建设人数的多少编制间接费用预算，并对上述预算进行明细分解，以项目经理部有关部门（或业务人员）责任成本的形式落实下去，为今后的成本控制和绩效考评提供依据。

2. 施工期间的成本控制

施工阶段成本控制的主要任务是确定项目经理部的成本控制目标；由项目经理部建立成本管理体系；项目经理部对各项费用指标进行分解，以确定各个部门的成本控制指标；加强成本的过程控制。

（1）加强施工任务单和限额领料单的管理，特别要做好每一个分部分项工程完成后的验收（包括实际工程量的验收和工作内容、工程质量、文明施工的验收）及实耗人工、实耗材料的数量核对，以保证施工任务单和限额领料单的结算资料绝对正确，为成本控制提供真实可靠的数据。

（2）将施工任务单和限额领料单的结算资料与施工预算进行核对，计算分部分项工程的成本差异，分析差异产生的原因并采取有效的纠偏措施。

（3）做好月度成本原始资料的收集和整理，正确计算月度成本，分析月度预算成本与实际成本的差异。对于一般的成本差异要在充分注意不利差异的基础上认真分析有利差异产生的原因，以防对后续作业成本产生不利影响或因质量低劣而造成返工损失；对于盈亏比例异常的现象，则要特别重视，并在查明原因的基础上，采取果断措施，尽快加以纠正。

（4）在月度成本核算的基础上，实行责任成本核算。也就是利用原有会计核算的资料，重新按责任部门或责任者收集成本费用，每月结算一次，并与责任成本进行对比，由责任部门或责任者自行分析成本差异和产生差异的原因，自行采取措施纠正差异，为全面实现责任成本创造条件。

(5) 经常检查对外经济合同的履约情况，为顺利施工提供物质保证。如遇拖期或质量不符合要求时，应根据合同规定向对方索赔；对缺乏履约能力的分包商或供应商，要采取断然措施，立即中止合同，并另找可靠的合作伙伴，以免影响施工，造成经济损失。

(6) 定期检查各责任部门和责任者的成本控制情况，检查成本控制责、权、利的落实情况（一般为每月一次）。发现成本差异偏高或偏低的情况，应会同责任部门或责任者分析产生差异的原因，并督促他们采取相应的对策来纠正差异；如有因责、权、利不到位而影响成本控制工作的情况，应针对责、权、利不到位的原因，调整有关各方的关系，落实责、权、利相结合的原则，使成本控制工作得以顺利进行。

3. 竣工验收阶段的成本控制

(1) 精心安排、干净利落地完成工程竣工扫尾工作。从现实情况看，很多工程一到竣工扫尾阶段，就把主要施工力量抽调到其他在建工程上，以致扫尾工作拖拖拉拉，战线拉得很长，机械、设备无法转移，成本费用照常发生，使在建阶段取得的经济效益逐步流失。因此，一定要精心安排，把竣工扫尾时间缩短到最低限度。

(2) 重视竣工验收工作，顺利交付使用。在验收以前，要准备好验收所需要的各种书面资料（包括竣工图），以及送建设单位备查；对验收中建设单位提出的意见，应根据设计要求和合同内容认真处理，如果涉及费用，应请建设单位签证，列入工程结算。

(3) 及时办理工程结算。在施工过程中，有些按实结算的经济业务，是由财务部门直接支付的，项目预算员不掌握资料，往往在工程结算时遗漏。因此，在办理工程结算以前，要求项目预算员和成本员进行一次认真全面的核对。

(4) 在工程保修期间，应由项目经理指定保修工作的责任者，并责成保修责任者根据实际情况提出保修计划（包括费用计划），以此作为控制保修费用的依据。

【课后讨论】

1. 降低工程成本，还可以通过转移风险，请举例说明如何转移风险？
2. 如何通过合同管理来降低工程成本？

10.3 施工项目成本控制的实施

学习目标

1. 成本控制的方法
2. 降低施工成本的途径

10.3.1 成本控制的方法

施工项目成本控制的方法，按照成本发生的时间可以分为项目成本计划预控、施工过程的消耗控制（事中控制）和事后纠偏控制。

1. 成本计划预控

（1）建立以项目经理为核心的项目成本控制体系

项目经理负责制是项目管理的特征之一。实行项目经理负责制，就是要求项目经理对项目建设的进度、质量、成本、安全和现场管理标准化等全面负责，特别要把成本控制放在首位。因为一旦成本失控，必然影响项目的经济效益，难以完成预期的成本目标，更无法向职工交代。项目成本控制体系的模式见图 10-2。

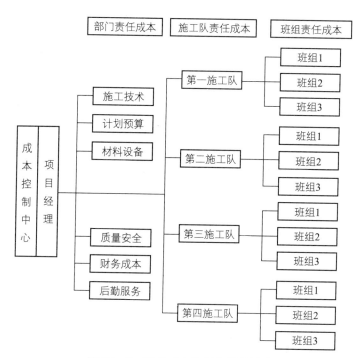

图 10-2 项目成本控制体系的模式

（2）建立项目成本管理责任制

项目管理人员的成本责任不同于工作责任。有时工作责任已经完成，甚至完成得相当出色，但成本责任却没有完成。例如，项目工程师贯彻工程技术规范认真负责，对保证工程质量起到了积极的作用，但往往强调了质量，忽视了节约，影响了成本。又如，材料员采购及时，供应到位，配合施工得力，值得赞扬，但在材料采购时就远不就近，就次不就好，就高不就低，既增加了采购成本，又不利于工程质量。因此，应该在原有职责分工的基础上，还要进一步明确成本管理责任，使每一个项目管理人员都有在完成工作责任的同时还要为降低成本精打细算、为节约成本开支严格把关的认识。施工项目管理人员的成本责任见表 10-2。

施工项目管理人员成本责任 表 10-2

责任人	主要职责
预算员	编制两算、办理项目增减、负责外包和对外结算，进行工程变更的成本控制
技术员	参与编制施工组织设计，优化施工方案，负责各项技术节约措施
质量员	质量检查验收，控制质量成本
成本核算员	编制项目目标成本（计划成本），及时核算项目实际成本，作两算对比，进行分部、分阶段的三算分析
计划员	编制各类施工进度计划、控制施工工期
统计员	及时做好形象进度，施工产值统计
材料员	编制材料使用计划、负责限额发料、进料验收及台账记录，负责提供材料耗用月报，控制材料采购成本
安全员	负责安全教育、安全检查工作，落实安全措施，预防事故发生
场容管理员	负责保持场容整洁、坚持各项工作工完料尽场地清，落实修旧利废节约代用等降低成本措施
机管员	编制机械台班使用计划，提供项目实际使用机械台班资料，提高机械完好率、利用率，负责机械租赁费的控制

(3) "两算"对比

"两算"对比是指施工图预算成本与施工预算成本的比较。施工图预算成本反映生产建筑产品平均社会劳动消耗水平，是建筑产品价格的基础。施工预算成本则是反映具体施工企业根据自身的技术和管理水平，在最经济合理的施工方案下，计划完成的劳动消耗。两者都是工程项目的事前成本，但两者的工程量计算规则不同，使用的定额不同，计费的单价不同，就产生了"两算"的定额差。各个施工企业由于劳动生产率、技术装备、施工工艺水平不同，在施工预算上存在着差异。施工图预算与施工预算之差，反映施工企业进行成本预控的计划成果，即计划施工盈利。

如果把各种消耗都控制在"两算"的定额差以内，计划成本就低于预算成本，施工项目就取得了一定的经济效益。

在投标承包制的条件下，由于市场竞争，施工图预算成本往往因压价而降低，因此，施工企业必须根据压价情况和中标的合同价格，调整施工图预算（或投标预算）成本，形成反映工程承包价格的合同预算文件。从而使两算对比建立在合同预算成本与施工预算成本的对比上，前者为预算成本收入，后者为计划成本支出，两者差反映项目成本预控的成果，即项目施工计划盈利。

2. 过程消耗控制

工程实施过程中，各生产要素逐渐被消耗掉，工程成本逐渐发生。由于施工生产对要素的消耗巨大，对它们的消耗量进行控制，对降低工程成本有着明显的意义。

(1) 定额管理

定额管理一方面可以为项目核算、签订分包合同、统计实物工程量提供依据；另一方面它也是签发任务单、限额领料的依据。定额管理是消耗控制的基础，要求准确及时、真实可靠。

在计划预控阶段，预算员已经做了施工图预算和施工预算，并进行了"两算"对比等预控工作，但这只是成本管理工作的开始，当项目开始实施，预算员还应做好以下几项工作：

1）施工中出现设计修改、施工方案改变、施工返工等情况是不可避免的，由此会引起原预算费用的增减，项目预算员应根据设计变更单或新的施工方案、返工记录及时编制增减账，并在相应的台账中进行登记。

2）为控制分包费用，避免效益流失，项目预算人员要协助项目经理审核和控制分包单位的预（结）算，避免"低进高出"，保证项目获得预期的效益。

3）竣工决算的编制质量，直接影响到企业的收入和项目的经济效益，必须准确编制竣工结算书，按时结算的费用要凭证齐全，对与实际成本差异较大的，要进行分析、核实，避免遗漏。

4）随着大量新材料、新工艺问世，简单地套用现有定额编制工程预算显然不行。预算人员还要及时了解新材料的市场价格，熟悉新工艺、新方法，测算单位消耗，自编估价表或补充定额。

5）项目预算人员应经常深入到现场了解施工情况，熟悉施工过程，不断提高业务素质。对由于设计考虑不周，导致施工现场进行技术处理、返工等，可以随时发现并督促有关人员及时办妥签证，作为追加预算的依据。

（2）材料费的控制

在建筑安装工程成本中，材料费约占70%，因此，材料成本是成本控制的重点。控制材料消耗费主要包括材料消耗数量的控制和材料价格的控制两个方面。为此要做好以下工作：

1）主要材料消耗定额的制定。材料消耗数量主要是按照材料消耗定额来控制。为此，制定合理的材料消耗定额是控制原材料消耗的关键。消耗定额，是指在一定的生产、技术、组织条件下，企业生产单位产品或完成单位工作量所必须消耗的物资数量的标准，它是合理使用和节约物资的重要手段。材料消耗定额也是企业编制施工预算、施工组织设计和作业计划的依据，是限额领料和工程用料的标准。严格按定额控制领发和使用材料，是施工过程中成本控制的重要内容，也是保证降低工程成本的重要手段。

2）材料供应计划管理。及时制订材料供应计划是在施工过程中做好材料管理的首要环节。项目的材料计划主要有以下几种。

A. 单位工程材料总计划：是项目材料员运用材料预算定额编制的单位工程施工预算材料计划，用来预测材料需求总量和控制材料消耗，一般要求在项目单位工程开工前编制完毕。

B. 材料季度计划：是根据季度计划期内的工程实物量和施工预算定额编制的预控和实施性计划。

C. 材料月度计划：是根据月度计划期内的工程实物量和施工预算定额编制的材料计划，是组织材料供应和控制用料的执行性计划。

D. 周用料计划：是月度计划的分阶段计划，由项目材料员根据项目实际施工进度与现场材料的储存情况编制。

3）材料领发的控制。严格的材料领发制度，是控制材料成本的关键。控制材料领发的办法主要是实行限额领料制度，用限额领料来控制工程用料。

限额领料单一般由项目分管人员签发。签发时，必须按照限额领料单上的规定栏目要求填写，不可缺项；同时分清分部分项工程的施工部位，实行一个分项一个领料单制度，不能多项一单。

项目材料员收到限额领料单后，应根据预算人员提供的实物工程量与项目施工员提供的实物工程量进行对照复核，主要复核限额领料单上的工程量、套用定额、计算单位是否正确，并与单位工程的材料施工预算进行核对，如有差异，应分析原因，及时反馈。签发限额领料单的项目分管人员应根据进度的要求，下达施工任务，签发任务单，组织施工。

(3) 分包控制

在总分包制组织模式下，总承包公司必须善于组织和管理分包商。要选择企业信誉好、质量保证能力强、施工技术有保证、符合资质条件的分包商。如果其中一家分包商拖延工期或者因质量低劣而返工，则可能引起连锁反应，影响与之相关的其他分包商的工作进程。特别是因分包商违约而中途解除分包合同，承包商将会碰到难以预料的困难。

应善于用合同条款和经济手段防止分包商违约。还要做好各项协调和管理工作，使多家公司紧密配合，协同完成全部工程任务。在签订的合同条款中，要特别避免主从合同的矛盾，即总承包商与业主签订的合同与总承包商与分包商签订的合同之间产生矛盾。专项工程分包单位与总承包单位签订了合同后，应严格按照合同的有关条款，约束自己的行为，配合总承包单位的施工进度，接受总承包单位的管理。总承包单位亦应在材料供应、进度、工期、安全等方面对所有分包单位进行协调。

(4) 施工管理费控制

施工管理费包括现场管理费和企业管理费，是按一定费率提取的，在工程成本中占的比重较大。在成本预控中，管理费应依据费用项目及其分配率按部门进行拆分。项目实施后，将计划值与实际发生的费用进行对比，对差异较大者给予重点分析。应采取以下措施控制施工管理费的支出。

1）提高劳动生产率，采取各种技术组织措施以缩短工期，减少施工管理费的支出。

2）编制施工管理费用支出预算，严格控制其支出。按计划控制资金支出的用量和投入的时间，使每一笔开支在金额上最合理、在时间上最恰当，并控制在计划之内。

3）项目经理在组建项目经理班子时，要本着"精简、高效"的原则，防止人浮于事。

4）对于计划外的一切开支必须严格审查，除应由成本控制工程师签署意见外，还应由相应的领导人员审批。

5）对于虽有计划但超出计划数额的开支，也应由相应的领导人员审查和核定。

总之，精简管理机构，减少层次，提高工作质量和效率，实行费用定额管理，才能把施工管理费用的支出真正降下来。

（5）制度控制

成本控制是企业的一项重要的管理工作，因此，必须建立和健全成本管理制度，作为成本控制的一种手段。在企业中，一般有以下几种制度：基本制度、工作制度、责任制度、工程技术标准和技术规程、奖惩制度。

3. 事后纠偏控制

成本的事后分析控制是指在某项工程任务完成时（或某个报告期末），对成本计划的执行情况进行检查分析，目的在于对实际成本与标准（或定额）成本的偏差分析，查明差异的原因，确定经济责任的归属，借以考核责任部门和单位的业绩；对薄弱环节及可能发生的偏差，提出改进措施；通过调整下一阶段的工程成本计划指标进行反馈控制，进一步降低成本。

（1）找出偏差

由于施工过程中存在各种可变因素，即使做好了事前计划预控、事中动态控制，也无法避免出现偏差。通常寻找偏差可用成本对比的方法进行，即将施工中不断记录的实际成本与计划成本进行对比，从而找出偏差。

（2）分析偏差产生的原因

对成本偏差必须分析寻找出其发生的原因，才能有的放矢地采取措施纠偏改正，当费用偏差出现以后，成本控制人员要从各个方面分析偏差是由何原因造成的。通常造成成本偏差的原因有：

1）设计变更和修改的原因。

2）施工技术和组织原因：如施工顺序不当、施工方案不佳、技术能力不足等。

3）业主提高了建筑功能要求、质量要求或装饰标准等业主的原因。

4）外界客观条件的变化：如地基变形、材料涨价、停水、停电等客观条件的变化。

5）不可抗拒的原因：如地震、暴雨、战争等。

（3）采取切实纠偏措施

要针对分析得出的偏差发生原因，采取切实纠偏措施，加以纠正。由于偏差已发生，纠正偏差的重点应放在今后的施工过程中，成本纠偏的措施包括组织措施、技术措施、经济措施和合同措施等。

在成本偏差的控制过程中，分析是关键，纠偏是核心。

10.3.2 降低施工项目成本的主要途径

降低施工项目成本的途径就是降低建筑安装工程施工中活劳动和物化劳动的消耗。但是根据建筑业的特点，施工项目竣工后根据预算总价值来结算，如果工程预算偏低，就会直接影响企业的成本降低额。因此，降低施工项目成本的途径，应该是既开源又节流，或者说既增收又节支。只开源不节流，或者只节流不开源，都不能达到降低成本的目的，至少是不会有理想的成本降低效果。降低施工项目成本的途径，主要有以下几方面：

1. 认真审查图纸

在施工过程中，施工单位必须按图施工。但是，图纸一般是由设计单位按照用户要求和项目所在地的自然地理条件设计的，往往很少考虑为施工单位提供方便，有时甚至还给施工单位出些难题。因此，施工单位应该在满足用户要求和保证工程质量的条件下，对设计图纸进行认真会审，并提出积极的修改意见，在取得用户和设计单位的同意后，修改设计图纸，同时办理增减账。

2. 加强合同预算管理，增加工程预算收入

（1）正确编制施工图预算

在编制施工图预算时，要充分考虑可能发生的成本费用，包括合同规定的属于包干性质的各项定额外补贴，并将其全部列入施工图预算，然后通过工程结算向建设单位取得补偿。在这过程中应该坚持一个原则，即凡是政策允许的，要做到该收的点滴不漏，保证项目的预算收入。但不能将项目管理不善造成的损失，也列入施工图预算，更不得违反政策高估冒算或乱收费。

（2）合同规定的"开口"项目作为增加预算收入的重要方面

一般来说，按照设计图纸和预算定额编制的施工图预算必须受预算定额的制约，很少有灵活的余地，而"开口"项目的取费则是项目创收的来源。例如，预算定额缺项的项目，可由施工方参照相近定额估算。又如，根据工程变更资料，及时办理增减账等。

3. 合理组织施工，正确选择施工方案，提高经营管理水平

施工项目过程，是形成最终建筑产品全过程的主要环节。每一个建筑企业必须对施工过程进行科学地计划、组织、控制，充分利用人力和物力，以保证全面、均衡、优质、低消耗地完成施工任务。

4. 落实技术组织措施

建筑企业为了保证完成和超额完成工程成本降低任务，应当编制降低工程成本技术组织措施计划。

5. 提高劳动生产率

建筑企业为了不断提高劳动生产率，必须做到以下几方面：

（1）提高职工的科学技术水平和劳动熟练程度

在一切物质生产过程中，人的劳动是最根本、最积极的要素。努力提高企业领导人员、工程技术人员、管理人员和生产工人的科学水平、业务能力和劳动熟练程度，是降低工程成本、提高经济效益的关键。因此，企业应当加强职工思想政治工作，开展劳动竞赛，实行合理的工资奖励制度，以调动广大职工群众的积极性；同时，要十分注意人才的培养，有效地提高职工的科学技术水平和劳动熟练程度，并注意不断改善生产劳动组织，以适应现代化施工的需要。

(2) 提高设备利用率

提高设备利用率，就是充分利用施工机械设备，发挥现有施工机械设备的效能，加快施工进度、缩短工期、降低成本、提高经济效益。

6. 节约材料消耗

在工程成本中，材料费占有很大的比重，一般土建工程的材料费约占工程成本的 60%~70%。随着机械化程度的提高、技术的进步及劳动生产率的不断提高，材料费在工程成本中所占的比重还会不断增大。所以，在施工过程中，大力节约材料消耗是降低工程成本的主要途径。

【课后讨论】

1. 在管理层和业务层分离的条件下，项目经理部和施工队之间需要通过劳务合同建立发包与承包的关系，同时按合同规定支付劳务费用。至于施工队成本的节约或超支，属于施工队自身的管理范畴，项目经理无权过问，也不该过问。那么项目经理对施工队分包成本的控制，应该从哪几个方面考虑？

2. "建筑工地，黄金遍地"。结合你顶岗实习的经历，举例说明还有哪些降低工程成本的措施。

单元小结

本章简要介绍了施工项目成本的概念和划分，系统阐述了施工项目成本控制的内容、控制的原则、控制的方法及降低施工成本的途径。通过本章的学习，使学生对工程项目成本控制有一个清晰、完整的认识；熟悉施工项目成本控制的三个阶段；掌握施工成本控制的内容、成本控制的方法和降低施工成本的主要途径。

练习题

1. 施工项目成本有哪些形式？其构成内容有哪些？
2. 什么是成本管理的环节有哪些？他们之间的关系如何？
3. 开展成本控制需遵循哪些原则？
4. 施工项目成本的事中控制的内容有哪些？
5. 简述事后控制的步骤。
6. 简述降低施工项目成本的主要途径。

参 考 文 献

[1] 赵毓英，饶巍等．建筑工程项目施工组织与管理．第二版．北京：中国环境科学出版社，2007．
[2] 危道军．建筑施工组织．第二版．北京：中国建筑工业出版社，2008．
[3] 鲁春梅．建筑施工组织．第一版．哈尔滨：哈尔滨工程大学出版社，2008．
[4] 张贵良．施工项目管理．第一版．北京：科学出版社，2004．
[5] 尹军，夏瀛．建筑施工组织与进度管理．第一版．北京：化学工业出版社，2005．
[6] 国家标准．GB/T 50326—2006 建设工程项目管理规范．北京：中国建筑工业出版社，2006．
[7] 《建筑施工手册》编写组．建筑施工手册．第四版．北京：中国建筑工业出版社，2006．
[8] 范红岩，宋岩明．建筑工程项目管理．第一版．北京：北京大学出版社，2008．
[9] 全国一级建造师执业资格考试用书编写委员会．建筑工程项目管理．第二版．北京：中国建筑工业出版社，2007．
[10] 建设工程施工管理．北京：中国建筑工业出版社，2007．
[11] 蔡雪峰．建筑工程施工组织管理．第一版．北京：高等教育出版社，2006．